Volker Sommer

Lob der Lüge

Volker Sommer

Lob der Lüge

Täuschung und Selbstbetrug bei Tier und Mensch

Verlag C. H. Beck München

Mit 24 Abbildungen und 2 Tabellen

Die Deutsche Bibliothek – CIP-Einheitstitelaufnahme

Sommer, Volker:
Lob der Lüge : Täuschung und Selbstbetrug bei Tier und Mensch / Volker Sommer. – München : Beck, 1992

ISBN 3 406 36446 2

ISBN 3 406 36446 2

Satz: Fotosatz Janß GmbH, Pfungstadt
Druck- und Bindearbeiten: Ebner Ulm
Gedruckt auf alterungsbeständigem (säurefreiem) Papier, gemäß der ANSI-Norm für Bibliotheken
Printed in Germany

Inhalt

Anhang

Erstes Kapitel

«Der Welt Wagen und Pflug sind Lug und Betrug»

Aufruf, eine Untugend freizusprechen

> Wir klammern uns an die Lüge von der Kraft der Wahrheit und wollen die Wahrheit von der Macht der Lüge nicht einsehen.
>
> Henryk Broder[1]

«In meiner Jugend auf Reisen / hernach bey meinen 33jährigen Diensten / besonders richterlichen Ambte / ist mir mancher Betrug vor Augen und zu Ohren gekommen / und da ich mitleidig so öffters darüber klagen hören / bin ich auf die Gedancken gefallen / es werde meinem Neben-Christen nicht unverdiensam seyn / hievon einige Entdeckung zu thun.» Selbiges erklärt der Jurist, Schriftsteller und Docktor Georg Paul Hönn (1662–1747) in der Vorrede vom 20. Dezember 1720 zu der ersten Ausgabe seines *Betrugs-Lexicon worinnen die meisten Betrügereyen in allen Ständen nebst denen darwider guten Theils dienenden Mitteln entdecket.* Georg Paul Hönns erklärtes Ziel ist, «den Deckel von dem Betrugs-Hafen / an welchem sich bißher / meines Wissens / noch niemand verbrennen wollen / abzunehmen / und denen vorne leckenden hinten aber kratzenden Katzen die Schellen anzuhängen».[2] Seine Publikation fand überaus helles Echo, erlebte sie doch fünf Originalausgaben und eine nicht mehr feststellbare Zahl von Nachdrucken.

Vorwiegend stellt Hönn Warenverfälschungen oder unlautere Dienstleistungen einzelner Berufsstände und Bevölkerungsgruppen seiner Zeit bloß. Bei den meisten Betrügereien werde versucht, größere als die tatsächlich vorhandenen Mengen oder höherwertige Qualität vorzutäuschen. Bäckern etwa wirft Hönn vor, sie würden «mit Fleiß altes, müchtendes und von Würmern halb ausgefressenes Getreid, wovon nicht nur das Meel schwartz wird, sondern auch das Brod einen üblen Geschmack bekommt / wohlfeil einkauffen / und sich doch das davon gebackene Brod ebenso theuer / als das gute / bezahlen lassen». Außerdem würden sie «das Brod nicht nach dem gesetzten Gewicht verkauffen, sondern dasselbe um ein merckliches kleiner und geringer machen».[3] Die Schuhmacher wiederum verkauften gebrauchte Schuhe nach Lackieren der Sohlen und gutem Putzen als neue, während Weißgerber betrügen würden, indem sie «Geiß- oder Ziegenleder vor Bockleder» ausgeben.[4] Bereits der Volksprediger Abraham a Sancta Clara hatte sich hinsichtlich der Moral beim Geschäftemachen keinerlei Illusionen hingegeben: «Wann zu einer jeden Lug solte bey dem Verkauffen sich ein Baum biegen, so wurde in kurtzer Zeit ein ganzer Wald bucklet.»[5] Karl Marx läßt in *Das Kapital* den französischen Chemiker J. B. A. Chevallier zu Wort kommen, der im 19. Jahrhundert 10 Verfälschungsmöglichkeiten für Butter, 19 für Milch, 20 für Brot, 23 für Branntwein, 24 für Mehl, 28 für Schokolade, 30 für Wein und 32 für Kaffee kannte.[6] Kein Zweifel: Es gehört zumindest zum Wesen des Kapitalismus – wenn nicht gar zum Wesen des Menschen –, daß die Profitgier nach stets raffinierteren Wegen der Mehrwerterwirtschaftung sucht. Diese Neigung sorgt auch im Europa des ausgehenden 20. Jahrhunderts immer wieder für Schlagzeilen: Zucker im Moselwein; Glykol im Bardolino; Känguruhfleisch, das als argentinisches Rindersteak ausgegeben wird. Mutmaßliche sprachliche Ableitungen des Wortes «Lüge» werden so sinnfällig illustriert – diejenige aus dem altslavischen *lovu,* das «Beute» bedeutet, und die von lateinisch *lucrum,* das «Gewinn» meint.[7]

Zum eigenen Vorteil größere als die tatsächlich vorhandene Menge vorzutäuschen oder eine höherwertige Qualität – das macht bereits jeder Schimpanse, der durch Fellsträuben seinen Körperumriß vergrößert: Die Welt der Kultur ist der Welt der Natur in mannigfaltiger Hinsicht ähnlich, weil – und darum geht es in dieser Abhandlung – sie aus ein und demselben Ursprung zu begreifen sind. Für Georg Paul Hönn bestand kein Zweifel, daß sich die Menschheit seit ihren frühesten Anfängen mit der Lüge herumplagte – noch vor Erfindung von Spinnrocken und Pflug, die das aus dem Paradies vertriebene erste Menschenpaar bedienen mußte: «Der Welt Wagen und Pflug ist nur Lug und Betrug! // Welt und Betrug / gleich und gleich, / gesellen sich gerne. Beyde sind nicht ungleiches Alter. Der Fürst der Welt und Uhrheber des Betrugs legte sein erstes Meisterstück an unser aller Mutter / der Eva / ab als welche er so grausam betrogen, daß ihr und uns Nachkommen darüber billigst die Augen übergehen mögen.»[8] Die moderne Verhaltensforschung ist allerdings der Meinung, daß es einen Garten Eden voller Unschuld niemals gab. Die Lüge ist nicht erst ein kreatürlicher Makel, seit das Menschengeschlecht der Tücke des Teufels zum Opfer fiel. Niemals lagen Böcklein und Bären, Wölfe und Lämmer friedlich beieinander, niemals fraßen die Löwen Gras. Vielmehr versuchten auch all die Geschöpfe der ersten «vormenschlichen» Genesistage, einander hinters Licht der Wahrheit zu führen.

Verdummung allerdings zog die allgegenwärtige Lüge nicht nach sich. Das bißchen Verstand, was wir Überheblichen den Schafen zubilligen, haben sie nur entwickelt, weil sie vor dem Wolf im Schafspelz beständig auf der Hut sein mußten. Ein führender Kopf der modernen Evolutionsbiologie – der Amerikaner Robert Trivers – vermutet sogar, ein Großteil unserer psychischen Grundausstattung – Neid, Schuldgefühle, Dankbarkeit, Sympathie, Mißtrauen, Vergeßlichkeit – sei von der natürlichen Auslese in unseren Gehirnen herangezüchtet worden, damit wir Betrüger rascher entlarven und selber besser vermeiden können, bei Betrugsmanövern aufzufallen. Mit einiger Wahrscheinlichkeit hat sich unser Gehirn im Laufe der «Hominisation», der Menschwerdung, ständig vergrößert und seine ausgefallene Eignung für mathematisches Denken entwickelt, weil wir mit stetig raffinierterem Lug und Trug konfrontiert wurden und unsere eigenen Betrugsmanöver sich mit den immer perfekter werdenden Lügendetektoren in den Hirnen unserer Mitmenschen auseinandersetzen mußten.[9]

Eine weitere, heutzutage immer brisanter werdende Ware ist deshalb seit langem Material für Manipulationen: «die Information». Auch darüber erfahren wir bereits bei Georg Paul Hönn. Er mahnt, Professoren und akademische Lehrer würden betrügen, «wenn sie in ihren Collegiis mehr Schnacken, Schertz und Possen reißen, als Realitäten vorbringen, um dadurch mehrere Auditores an sich zu ziehen».[10] Die vorliegende Abhandlung werden jene akademischen Autoritäten wohl gleichfalls als Scherz und Posse werten, welche meinen, «die Lüge» habe keine reale Entsprechung außerhalb der Kulturwelt des Menschen. Deshalb sei klar gesagt: die unselige Trennung zwischen «dem Menschen» einerseits und «dem Tier» andererseits gehört in den Reißwolf des Wissenschaftsbetriebes. Zwar mag der Mensch diese und jene Besonderheit haben, die ihn von anderen Lebewesen unterscheidet. Doch Besonderheiten – besser gesagt: «Einzigartigkeiten» – sind auch allen anderen Lebewesen zuzugestehen, hörten wir nun endlich auf, unseren Denkapparat für des Pudels Kern zu halten. Wenn wir schon in Wettbewerb treten wollen: Die anderen Kreaturen können ebenfalls vieles, was wir Menschen nicht können. Eine Honigbiene kann mit unbebrilltem Auge ultraviolettes Licht erkennen, eine Zecke kann kleinste Mengen Buttersäure wahrnehmen.

Neben derartigen Unterschieden interessiert die Evolutionsbiologie vor allem das Verbindende – die gemeinsamen Abschnitte der Stammesgeschichte, bevor Eigenentwicklungen eingeschlagen wurden. Durch Vergleiche mit unseren Verwandten – vor allem den Affen und Menschenaffen – können wir vieles von unserer Herkunft besser begreifen und vielleicht sogar unsere Zukunft besser prognostizieren. *Ein* roter Faden durchzieht besonders dick und deutlich dieses geistige Gewebe: eben die Lüge.

Der Versuch, eine komplexe Entwicklung nachzuzeichnen, kann leicht schiefgehen. Das hat Georg Paul Hönn ebenfalls gewußt. Entsprechende Warnungen gehen an Leser von Büchern. Erstens: «Bücher-Schreiber betriegen / wenn sie ihren Büchern grosse / weitläufftige und sehr prächtige Titul geben, und darinnen mehr versprechen, als in dem Buch selbst praestiret und zu finden ist.» Zweitens: «Bücher-Schreiber betriegen / wenn sie in ihren Büchern viele und weitläufftige Digressiones oder Ausschweifungen machen / und Dinge mit einmischen / die gar nicht zur Sache gehören / nur damit Ihnen vom Verleger desto mehrere Bogen bezahlet werden.» Drittens: «Bücher-Schreiber betriegen / wenn sie die Bücher der Alten, so gut sind / vernichten, das Ihrige aber selbst aus denselben nehmen / und sie nicht einmal allegiren. / Wenn sie aus vielen Büchern etwas zusammen schreiben, und es nachgehends vor ihre eigene Invention ausgeben.» Viertens: «Bücher-Schreiber betriegen / wenn sie aus der Bibel, denen Patribus, Corpore Juris und andern guten Schrifften Loca allegiren, das beste aber, und insbesonderheit, was ihrer Hypothesi zuwider, nach Art des Satans, aussen lassen.» Fünftens: «Bücher-Schreiber betriegen / wenn sie in ihren Vorreden erwehnen / daß gelehrte oder renommierte Leute, ihr Scriptum der gelehrten Welt oder dem Publico zum Nutzen heraus zu geben, sie angefrischet / da doch wohl niemand davon gedacht / sondern ihre Eigen-Ehre oder Eigen-Nutz sie allein darzu bewogen.»[11] Ob sich all diese «Lügen» auch in diesem Buch finden lassen, das mögen die Leser am Ende selbst entscheiden.

Schließlich warnt Hönn die Leser vor betrügerischen Buchhändlern, die «ihren schlechten Büchern von vornehmen Leuten Praefationes vorsetzen, und solche darinnen aufs beste recommendiren lassen, damit die Käuffere dadurch desto mehr angelocket werden». Auf diese Werbewirksamkeit wurde verzichtet. Wehrlos jedoch (mit der angenehmen Begleiterscheinung, daß sie ihre Hände diesbezüglich in Unschuld waschen) sind Autoren gegen Büchermacher, die «ihre Verlags-Bücher durch die Herren Journalisten in ihren Monaths-Schriften mit vielen Lobsprüchen [...] recensiren lassen, damit sich die Liebhabere dazu desto eher und begieriger finden mögen».[12]

Ihren Haupttitel – *Lob der Lüge* – entlehnt diese Schrift einer berühmten Vorgängerin – der *Morias Enkomion Seu Laus Stultitiae,* einem bis heute lebendig gebliebenen Werk des Erasmus von Rotterdam, welches der berühmte Humanist in wenigen Tagen des Sommers 1508 niederschrieb. Dabei trieb er ein Wortspiel mit dem Namen seines Freundes und Gastgebers Thomas Morus, bedeutet das griechische *moros* doch «Tor». *Lob der Torheit* ist eine von schwereloser Heiterkeit durchwehte Schrift, welche zwei Botschaften verkündet: Torheit ist die wahre Weisheit; eingebildete Weisheit ist wahre Torheit. Während der kritische Verstand Fehler und Schwächen bei anderen und bei sich selbst durchschaut und die Lebensfreude abtötet, verleiht Torheit dem Menschen Vitalität, erlaubt ihm, Fesseln abzuwerfen und sich zu reiner Freiheit zu erheben. Erasmus läßt die Torheit selbst zu Worte kommen, und diese macht sich von Anbeginn zum eigenen Anwalt: «Ich wundere mich manchmal über die menschliche Undankbarkeit und Säumigkeit, da seit Anbeginn der Welt bisher noch keiner aufstand und mit dankbarer Rede [mein Lob] feierte, wo doch alle voll Eifer in meinem Dienst stehen und mit Freude meine Wohltaten wahrnehmen.»[13]

Was gemeinhin getadelt wird, preist Erasmus also, entpuppt es sich doch bei näherer Betrachtung als wesentliche Triebfeder der Lebenskraft. Der Ruf des Tadelnswerten eilt auch der Lüge voran, während der Leumund ihrer sauberen Schwester, der Wahrheit, als unbefleckt gilt. Es scheint an der Zeit, eine Rehabilitierung der Lüge voranzutreiben. Denn nähere Betrachtung lehrt hier gleichfalls, daß die Lebewesen «voll Eifer» in ihrem Dienste stehen, und daß – weit davon entfernt, nur Verdruß zu bereiten – die Lüge vielerlei Wohltaten bereithält. Wenn allerdings die Torheit sich rühmt: «Verstellung gibt es bei mir nicht, und man sieht mir immer an, was ich denke»,[14] dann hat die Lüge in dieser Beziehung mehr Ähnlichkeit mit der Weisheit. Was ein weiterer Grund ist, endlich ein herzhaftes *Lob der Lüge* auszusprechen – einschließlich ihrer Geistesverwandten unter den Haupt- und Tätigkeitswörtern, welche laut Auskunft einschlägiger Synonym-Lexika einen erklecklichen Anteil deutschen Wortschatzes stellen: Unwahrheit; das Blaue vom Himmel herunter lügen; Unwahres; verkohlen; Erfindung; fabulieren; Legende; sich etwas aus den Fingern saugen; Lügenmärchen; lügen, daß sich die Balken biegen; Räuberpistole; Lügen auftischen; Ammenmärchen; vortäuschen; Lug und Trug; unaufrichtig sein; Bluff; schwindeln; Jägerlatein; flunkern; Seemannsgarn; benebeln; Schaumschlägerei; aufschneiden; Münchhausiade; verdrehen; Heuchelei; scheinheilig sein ...[15]

Parteigänger sind selten. Gewagt wird dies zuweilen im Feuilleton, wo sich kürzlich der Publizist Henryk Broder zu fruchtbarer Querdenkerei hinreißen ließ: «Befolgten die Menschen die Aufforderung, die Lüge zu lassen und die Wahrheit zu reden, wären die Folgen entsetzlich. Das ganze soziale Gefüge bräche zusammen, die Menschen sagten sich nicht nur gnadenlos ins Gesicht, was sie dächten, sondern auch, was sie voneinander hielten. Dies wäre das Ende aller Beziehungen, der privaten, der beruflichen und der öffentlichen.»[16] Broder wehrt sich gegen das Sprichwort, Lügen hätten kurze Beine, indem er an die erfolgreichen Karrieren von Verstellungskünstlern erinnert: an den Vertrauensmann der Jüdischen Gemeinde in Deutschland, Werner Nachmann, der 30 Millionen Mark unterschlug, an den markigen Rock Hudson, der ein Leben lang den Frauenhelden mimte, selbst aber Männer liebte – ganz wie es Walter Sedlmayr tat, die Inkarnation blau-weißer Folklore. Die Liste ließe sich beliebig verlängern, beispielsweise um den an seinem Ehrenwort scheiternden Uwe Barschel, den amerikanischen Moralapostel Jimmy Swaggart, der vor dem Wohnwagen einer Prostituierten, aber nach frischer Tat erwischt wurde, oder Hans Filbinger, den seine geleugnete Nazi-Vergangenheit einholte. «Es komme jetzt keiner und sage, es sei bei allen, von Nachmann bis Swaggart, am Ende doch schiefgegangen», gibt Broder zu bedenken: «Denn erstens hat es bei allen, von Hudson bis Filbinger, bis zum Ende vorzüglich geklappt, und zweitens stellen die Genannten [...] nur die berühmte Spitze des Eisbergs dar. Geredet wird nur darüber, was rauskommt, der größere Teil bleibt verborgen.»[17] Dies macht es in der Tat schwer, über die Lüge Erkenntnis zu gewinnen. Denn ihr Wesen ist die Larve, und wir sollten erwarten, daß die perfekten Masken gar nicht als solche zu erkennen sind. Und wie wir sehen werden, ist die raffinierteste Maske diejenige, von der wir gar nicht wissen, daß wir sie tragen: der Selbstbetrug.

Einer hat sich besonders intensiv auf dem Maskenball umgeschaut, auf dem die Menschen ihr Leben lang tanzen: Kirchenvater Augustinus. Freilich erhob er auch seinen Zeigefinger am höchsten und avancierte zum strengsten Richter der Lüge. Zaghaftigkeit des Denkens kann ihm allerdings nicht vorgeworfen werden. Da wir ihm überdies ordentliche Definitionen zu danken haben, ist seine Stimme schicklich genug, um – sicher ganz entgegen seinem Sinne – den Anfang einer Untersuchung über die Evolution von Lüge, Täuschung und Selbstbetrug zu markieren: «Ein schweres Problem ist die Frage, die die Lüge betrifft, eine Frage, die uns gerade bei unseren tagtäglichen Handlungen oft beunruhigt. Wir dürfen ja auf der einen Seite nicht voreilig als Lüge brandmarken, was keine Lüge ist, und auf der anderen uns nicht dahin festlegen, in gewissen Fällen dürfe man sich einer durchaus ehrenhaften, pflichtmäßigen, barmherzigen Lüge bedienen. [...] Gar reich an Verstecken ist ja die Frage, und oft treibt sie gleichsam durch manche Krümmungen voller Löcher ihr Spiel mit der Anstrengung des Suchenden. [...] Mag dabei ein Irrtum unterlaufen [...] so stehe ich auf dem Standpunkt, daß ein Irrtum niemals weniger gefährlich ist, als wenn man ihn aus übergroßer Liebe zur Wahrheit und übertriebener Verwerfung der Unwahrheit begeht. [...] Auf jeden Fall, lieber Leser, übe erst Kritik, wenn du das Ganze gelesen hast. [...] Kunstvolle Sprache aber erwarte nicht! Haben wir doch unsere große Not mit dem Inhalt gehabt.»[18]

Zweites Kapitel

Die Not mit der Notlüge
Zweck und Mittel auf der Waage der Ethik

> Lüge ist die absichtliche bewußte Verläugnung der Wahrheit: sie ist also das Laster, wo man anders redet und sich gibt, als man innerlich denkt und gesinnt ist; eine Disharmonie unserer Worte und der Gedanken unseres Herzens.
>
> Gottfried Büchners Hand-Konkordanz[1]

Für Hugh Trevor-Roper, Historiker in Oxford, sind Täuschungsmanöver der rote Faden der Weltgeschichte. Denn diese sei «nicht nur das, was geschah: Sie ist das, was geschah, auf dem Hintergrund dessen, was eigentlich hätte geschehen können.» Kriegsstrategische Entscheidungen gingen oft auf jenen Leim, den der Gegner auslegte. Berühmte Finten sind der Wald von Birnam, dessen Laub die Feinde beim Angriff auf Macbeths Schloß zur Tarnung vor sich hertrugen, oder die Phantom-Armeen des Zweiten Weltkrieges: Die Amerikaner statteten in der Operation WEDLOCK ihre Pazifik-Flotte mit Polarkleidung aus, um japanische Truppen an die strategisch unbedeutenden Aleuten zu locken; die Engländer bauten eine Armada von Flugzeugattrappen, damit Hitler nicht an eine Invasion des Kontinents von der See her glaubte. «In Kriegszeiten», philosophierte Winston Churchill, «ist die Wahrheit so kostbar, daß sie durch eine Leibgarde von Lügen geschützt werden muß».[2]

Lug und Trug haben die Welt bewegt und bewegen sie noch. So pendelt das Urteil der ethischen Bewertung dieser Konstanten gewöhnlich zwischen unbedingter Verurteilung und pragmatischer Lizenz. In notgedrungen knapper Auswahl sollen diese Schwingungen im folgenden nachvollzogen werden, um deutlich werden zu lassen, in welches Spannungsfeld sich eine evolutionsbiologische Deutung des Phänomens begibt.

Platon:
Unwissenheit ist Lüge

Ein Wandeln in Wahrhaftigkeit haben die Menschen des griechischen Altertums ihren Göttern und Helden wahrhaftig nicht unterstellt und offenbar auch nicht verlangt. Fleißig und mit Raffinesse lügen sie und betrügen einander: Zeus verwandelt sich in jegliche passende Gestalt, um mit Sterblichen ein Kind zu zeugen, was seine Gemahlin Hera nicht minder trickreich zu vereiteln versucht. Der erfindungsreiche Odysseus besiegt die Troer listig mittels des hölzernen Pferdes und narrt den Zyklopen mit der berühmten Niemandslüge. Lügen war für Odysseus geradezu integraler Bestandteil seines Charakters. Zum Vorwurf wurde ihm das nicht gemacht, sondern er wurde im Gegenteil dafür hoch gepriesen und gefeiert. In Hermes schließlich fand die Lüge ihren eigenen Gott – wobei es vermutlich kein Zufall ist, daß in den Zuständigkeitsbereich des geflügelten Götterboten auch Handel und kaufmännischer Vertragsabschluß gehörten.[3] Wie es mit dem Hang der Kaufleute zur Wahrhaftigkeit bestellt ist, kann sich jeder ausmalen, dem eingedenk der Feststellungen in Hönns *Betrugslexicon* die marktbeherrschenden Prinzipien der Gewinnmaximierung einleuchten.

Wenn der erfindungsreiche Odysseus im Türkischen der «verlogene» Odysseus genannt wird, meldet sich bereits gewandeltes sittliches Bewußtsein zu Wort. Denn der altgriechischen Sprache fehlt ein eindeutiger Ausdruck für Lüge oder Lügen. Unter *mendos* wird zugleich Irrtum *und* Lüge verstanden, während das Verb *mendesthai* gleichermaßen für «sich täuschen» und «lügen» steht. So bleibt das moralische Problem zunächst außen vor. Auch eine der schillerndsten Gestalten der klassischen Philosophie interessierte sich für die Wahrheit weniger unter dem Aspekt, ob sie Gutes widerspiegelt oder korrekte Information transportiert: Sokrates (470–399 v. Chr.) setzt Tugend gleich Wissen. Die eigentliche Lüge besteht für ihn in der Unwissenheit – weshalb er sich zu der zugespitzten Aussage versteigt, eine ungewollt gesagte Unwahrheit sei weit schlimmer als eine mit Willen gesagte. Erst in zweiter Linie sieht Sokrates in der Lüge ein Laster, das die Menschen verunstaltet.[4] Mit Notlügen hat er deswegen keine Probleme, sondern erlaubt sie ausdrücklich – beispielsweise gegenüber Staatsfeinden. Das Recht – ja die Pflicht! – zu lügen muß auch Ärzten wie Obrigkeit zum Schutze des Staates zugebilligt werden.[5]

Die eingehendste antike Studie zum Problem der Lüge findet sich in einer Schrift von Sokrates' vornehmstem geistigen Erben: Platons (427–347 v. Chr.) Dialog *Kleinerer Hippias* ist nach dem gleichnamigen Sophisten benannt. Ausgangspunkt ist die seinerzeit populäre Frage, welche der beiden großen Epen des Homer besser sei, die *Ilias* oder die *Odyssee,* eine Frage, die meist auf einen Vergleich der beiden Hauptheldcn Achilles und Odysseus hinauslief. Gewöhnlich wurde entschieden, der wahrheitsliebende Achilles sei moralisch überlegen, Odysseus hingegen sei ein Meister der Lüge. Auch Hippias vertritt diesen Standpunkt. Platon bezieht eine Gegenposition, indem er sich in diesem Dialog durch den Mund des Sokrates äußert: Der wendet gegen Hippias ein, auch Achill habe Falsches gesagt, da er angeblich entschlossen aus Troja abfahren wollte, doch hierfür nicht die geringsten Vorkehrungen traf. Hippias läßt diesen Einwand allerdings nicht gelten: Unabsichtliche Unwahrheit liege dem Verhalten des Achill zugrunde. Sokrates versteigt sich nun zu der geschilderten Position: In diesem Falle sei Odysseus sogar der Bessere, weil der freiwillig

Handelnde stets besser sei als der unfreiwillig Handelnde. Es sei ja auch der freiwillig Hinkende körperlich besser als der unfreiwillig Hinkende, mithin der Lügende seelisch-moralisch besser als der Irrende. Platon läßt durch den Mund des Sokrates allerdings zu verstehen geben, seine Gedanken spiegelten lediglich Schwierigkeiten wider, die er ohne Hilfe eines Weisen nicht lösen könne. Bei einer grundsätzlichen Bewertung stellte Platon den Lügenden nämlich weit unter den Irrenden.[6]

Wenig später machte Aristoteles (384–322 v. Chr.) auf Trugschlüsse in der Argumentation des Sokrates aufmerksam. Zum einen sei jemand, der zu lügen *vermag*, gleichgesetzt mit dem *Lügner*. Zum anderen sei die spielerische Nachahmung – etwa des freiwillig Hinkenden – gleichgesetzt mit dem *Willen* zur Tat. Würde sich jedoch tatsächlich jemand ernsthaft zum Hinken erziehen, wäre er in jeder Beziehung schlechter als der unfreiwillig Hinkende.[7] Aristoteles unterscheidet deutlich den subjektiven Charakter von der objektiv faßbaren Handlung und bringt jene Trennschärfe in die Argumentation, die wegen der erwähnten fehlenden Unterscheidung von Irrtum und Lüge im Griechischen zuvor nicht ohne weiteres gegeben war. Ethiker, die sich des Themas in Latein annahmen, fanden sich in einer anderen Ausgangsposition, denn die lateinische Sprache trennt eindeutig zwischen Irrtum *(error)* und Lüge *(mendacium)*.[8]

Zum roten Faden moralphilosophischer Untersuchungen über das Wesen der Lüge, die im Abendland bis in die Neuzeit hinein angestellt wurden, entwickelte sich eine anders akzentuierte Auffassung des Aristoteles: daß die Lüge in sich schlecht sei und niemals gutgeheißen werden könne, geschweige denn, daß sie als eine Pflicht anzusehen sei. Wenn sie scheinbar noch so großen Vorteil bringen mag – die Lüge bleibt verwerflich: «Denn notwendigerweise entsteht mit der Zeit einmal aus den falschen Gütern ein wahres Übel.»[9]

Augustinus: Es lügt, wer täuschen will

Hintertürchen, um dem Gedankengebäude moralischer Unerbittlichkeit zu entfliehen, eröffnen sich immer wieder bei der Reflexion über Notlügen und politisch-pädagogische Lügen. So räumt der römische Redelehrer Quintilianus (um 35–100) ein, unter Umständen werde selbst ein guter Mann zur Lüge Zuflucht nehmen: «Wenn die Kinder krank sind, erdichten wir manches, um ihnen zu helfen, versprechen wir manches, was wir nicht halten; erst recht, wenn es gilt, einen Wegelagerer von der Tötung eines Menschen abzubringen oder einen Staatsfeind zur Rettung des Vaterlandes zu täuschen.»[10] Einige frühe Theoretiker der christlichen Kirche waren in ihrem grundsätzlichen Urteil über die Lüge gleichfalls zu Kompromissen bereit. Ähnlich den Mitgliedern des griechisch-römischen Pantheon bedienten sich ja auch allerlei Erzväter und Helden biblischer Geschichten lügnerischer Botschaften und gerissener Listen, um ihre Ziele zu erreichen. Noch Georg Paul Hönn stellt fest, «von dem unsündlichen Betrug dessen die heilige Schrift Meldung thut» werde in seinem *Betrugslexicon* «am allerwenigsten gehandelt», um dann Dutzende von Bibelstellen zu zitieren, deren Dramaturgie sich aus Lug und Trug nährt: Joseph läßt seine Brüder, die ihn nach vielen Jahren in Ägypten besuchen, über seine Identität im Unklaren; Simson belügt Delila über die Ursache seiner gigantischen Körperkräfte; Judith verheimlicht Holofernes, daß sie eine jüdische Agentin ist; die morgenländischen Weisen lassen Herodes über den neugeborenen Jesus im Dunkeln tappen.[11]

Der in Alexandria wirkende, einflußreiche frühchristliche Theologe Origenes (um 185–253) erkennt denn auch an, eine gewisse Bauernschläue beim Umgang mit Wahrheit sei nützlich, und seine begleitende Warnung zeichnet sich nicht durch besondere Strenge aus: «Der Mensch jedoch, der in der Zwangslage zu lügen sich befindet, soll gewissenhaft achtgeben, daß er der Lüge bisweilen sich bediene wie einer Würze und eines Heilmittels, daß er Maß halte und die Grenzen nicht überschreite.»[12] Auch Kirchenvater Hieronymus (um 347–419) hält die Verstellung zu Zeiten für nützlich, wobei er sich gar auf Christus selbst beruft: «Hat doch auch unser Herr selbst, obwohl er keine Sünde hatte und kein Fleisch der Sünde, die Verstellung des sündigen Fleisches angenommen, um im Fleische die Sünde zu verurteilen und so uns in seiner Person zur Gerechtigkeit Gottes zu machen.»[13]

Solcherlei Wankelmut wurde freilich mit Macht Paroli geboten: und zwar von *dem* lateinischen Kirchenlehrer des Altertums, Aurelius Augustinus, geboren 354 in Tagaste in Numidien, gestorben im Jahre 430 in Hippo Regius im Nordosten des heutigen Algerien. Kurz vor seiner Bischofsweihe um 395 rollt er das Problem in der Schrift *De mendacio (Die Lüge)* erstmals in ganzer Breite auf. Die *magna quaestio* der Ethik hat er in der um 420 entstandenen Schrift *Contra mendacium (Gegen die Lüge)* der berühmt gewordenen radikalen Lösung – *jegliche* Lüge als verwerflich zu beurteilen – entgegengeführt. Seine kompromißlose Haltung entwickelt Augustinus nicht zuletzt auf dem Hintergrund der in der Bibel zahlreich beschriebenen und teilweise recht schlimmen Lügen, für welche die Missetäter sogar noch den Lohn Gottes ernten. Ein prominenter Fall betrifft die ägyptischen Hebammen, über welche gleich zu Beginn des *2. Buch Mose* berichtet wird: die «Wehmütter» erhielten vom Pharao die Weisung, alle Knaben umzubringen, die von hebräischen Frauen geboren wurden. Die Hebräer verrichteten in Ägypten Sklavendienste und beim Pharao wuchs die Angst, daß sie zu mächtig und zahlreich werden würden. Die Hebammen aber waren gottesfürchtig und führten den königlichen Befehl nicht aus. Zur Rede gestellt, behaupteten sie fälschlich, hebräische Frauen seien nicht wie ägyptische: Bevor eine Hebamme zu ihnen käme, hätten sie bereits geboren. Für ihre Gottesfurcht belohnte Jahwe die Wehmütter und baute ihnen Häuser. Im Buch *Josua* wiederum wird von Vorbereitungen zur Eroberung der Stadt Jericho durch die inzwischen aus Ägypten ausgezogenen Hebräer berichtet: Zwei Kundschafter schleichen sich in die Stadt und finden Unterschlupf bei der Prostituierten Rahab. Als der König von Jericho von der Sache Wind bekommt, fordert er Rahab auf, den Aufenthaltsort der beiden zu verraten. Rahab lügt, erhofft sie sich doch spätere Schonung durch die Eroberer. Sie versteckt die Kundschafter auf dem Dach ihres Hauses unter einem Haufen Flachs. Den Boten des Königs sagt sie, zwar seien Männer bei ihr gewesen, doch kenne sie weder deren Herkunft, noch seien sie über Nacht geblieben. Schließlich schickt sie die Häscher auf eine falsche Spur. Bei der Vernichtung und Plünderung der Stadt wird Rahab mit ihrer Familie dann tatsächlich von den Hebräern geschont.[14]

Das Urteil des Augustinus kennt auch in diesen Fällen von Hilfe für das von Gott erwählte Volk kein Pardon. Bei den Hebammen werde «nicht ihre Lüge belohnt, sondern die Rettung der israelitischen Kinder; wegen dieser barmherzigen Tat wurde die Sünde nur eine läßliche, ohne daß man jedoch annimmt, es sei überhaupt keine Sünde gewesen. So muß man auch den Fall der Rahab verstehen; belohnt wurde bei ihr die Rettung der Kundschafter, und wegen dieser Rettung wurde ihr für die Lüge Verzeihung zuteil. Wo aber Verzeihung gewährt wird, da liegt offensichtlich eine Lüge vor».[15]

Nach Augustinus nimmt das moralisch gute Ergebnis einer Lüge derselben nichts von ihrer wesensmäßigen Sündhaftigkeit: «Man darf nicht glauben, eine Lüge sei keine Sünde, weil man unter Umständen einem durch Lügen nützen könnte. Man könnte es ja auch durch Stehlen, wenn der Arme, dem man offen das Gestohlene gibt, den Nutzen spürt, während der Reiche, dem man es heimlich wegnimmt, den Schaden gar nicht merkt; deshalb würde aber doch niemand einen solchen Diebstahl nicht für Sünde erklären. [...] Freilich, daß Menschen, die nur zur Rettung ihrer Nebenmenschen lügen, auf der Bahn des Guten sehr weit vorangekommen sind, ist nicht zu bestreiten; allein bei diesem ihrem Fortschritt erhält verdientermaßen Lob oder auch zeitliche Belohnung nur ihre wohlmeinende Gesinnung, nicht ihre Täuschung; es genügt, daß diese Verzeihung findet, geschweige, daß man sie noch rühmt.»[16] Augustinus verurteilt damit etwa eine Aussage des wegen seiner brillianten Predigten mit dem Beinamen «Goldmund» bedachten Patriarchen von Konstantinopel, Johannes Chrysostomus (um 344–407), der die Buhlerin Rahab vollmundig pries: «O schöne Lüge, o schöne List, die das Göttliche nicht verrät, vielmehr die Frömmigkeit hochhält.»[17]

Wie sich Jakob den Segen seines Vaters Isaak erschlich, gehört zu den zentralen Erzvätergeschichten des *Alten Testaments (Abb. 1):* Der greise

Isaak, dessen Augen bereits «erloschen» waren, wollte ursprünglich seinen älteren Sohn Esau segnen. Doch als dieser im Feld war, um ein Wildbret für seinen Vater zu erjagen, wies die Mutter Rebekka ihren jüngeren Sohn Jakob an, zwei Ziegenböcklein aus der Herde zu holen. Diese wolle sie dann so schmackhaft zubereiten, wie der Vater es liebe. «Du bringst sie deinem Vater zum Essen», instruierte sie Jakob, «damit er dich segnet, bevor er stirbt.» Jakob entgegnete: «Aber mein Bruder Esau ist doch ein haariger Mann, ich aber bin glatt. Es könnte mein Vater mich betasten. Dann wäre ich in seinen Augen wie einer, der Spott treibt, und es käme über mich Fluch statt Segen.» Woraufhin Rebekka ihn nicht nur in die besten Kleider ihres älteren Sohnes steckte, sondern ihm zudem die Felle der Böcklein um die Arme und um den glatten Hals legte. Die List gelang. Isaak «erkannte ihn nicht, weil seine Arme behaart waren wie die Arme seines Bruders Esau. Darum segnete er ihn.»[18]

Dieses handfeste Täuschungsmanöver Jakobs rechtfertigt Augustinus mittels der von ihm oft und leidenschaftlich exemplifizierten Methode der retrospektiven Deutung alttestamentlicher Begebenheiten im Lichte der im *Neuen Testament* beschriebenen Ereignisse – ein «typologisches» Vorgehen, das im Mittelalter zu dem Merkspruch führte: «Das Neue Testament ist im Alten verborgen, das Alte wird im Neuen offenbar.» Durch die Deutung *non est mendacium, sed mysterium* harmonisiert der Kirchenvater die Rechtfertigung Jakobs mit seiner uneingeschränkten Verurteilung der Lüge. Die biblische Begebenheit sei «keine Lüge, sondern ein Mysterium, das heißt die prophetische und symbolische Darstellung des Erlösungswerkes». Jakob decke seine Hand nicht mit einem Bocksfell, um den Vater zu betrügen, sondern er repräsentiere den Typus des erwarteten Erlösers, der sich wie ein Opfertier zur Schlachtbank führen ließ und mit seinem Blute fremde Missetaten abwusch. Das Bocksfell versinnbildlicht demnach die Sünden und der, «der sich mit ihm bedeckte, denjenigen, der nicht eigene, sondern fremde Sünden getragen hat». Augustinus betont, in der Schrift gelte «das Recht figürlicher Darstellung» genauso wie in der Alltagssprache, deren bildliche Redewendungen und Metaphern wir ebenfalls schlecht als Lüge stempeln könnten.[19]

Augustinus begreift deshalb jene Definition als mangelhaft, der zufolge Lüge sei, etwas anderes zu sagen, als man wisse oder meine. So könnten aber beispielsweise böse, schwere Lügen *nicht* von den Allegorien kultivierter Rede unterschieden werden, die lediglich «Andersreden» seien. Lüge liege erst vor, wenn das Andersreden begleitet sei von der bewußten Absicht zu täuschen. Bereits in dem 397 niedergeschriebenen Werk *über die christliche Wissenschaft (De doctrina christiana)* führt das zu einer klaren begrifflichen Abgrenzung der Lüge von Täuschung und Irrtum: «Denn bei einem, der lügt, liegt die Absicht vor, Falsches zu sagen; daher

Abb. 1: Jakob erschwindelt den Segen des blinden Isaak, indem er mit Bocksfellen vortäuscht, die behaarte Haut seines erstgeborenen Bruders Esau zu haben. Detail vom Grabower Altar des Meister Bertram. Hamburg, Kunsthalle (1379).

findet man viele, die lügen wollen, hingegen niemanden, der sich irren wollte.» Deshalb liege «klar auf der Hand, daß der, der sich irrt, besser ist, als der, der lügt».[20] In *De mendacio* liest sich das später so: «Man kann demnach den, der Unwahres als wahr verkündet, jedoch in der Meinung, es sei wahr, als einen Irrenden und Voreiligen bezeichnen; einen Lügner jedoch nennt man ihn zu Unrecht, weil er bei seiner Aussage kein doppeltes Herz hat und nicht täuschen will, sondern sich täuscht. Die Schuld des Lügners aber besteht in der Absicht, zu täuschen bei der Aussprache seiner Gedanken.»[21] Scholastik und europäisches Mittelalter machten sich nahezu durchgängig die berühmte Definition des Augustinus zu eigen: *«Mendacium est enuntiatio cum voluntate falsum enuntiandi.* – Die Lüge ist eine Aussage mit dem Willen, Falsches auszusagen.»[22]

Für die Notfälle des Lebens kennt Augustin nur den Rat: Zwar muß alles, was du sagst, unbedingt wahr sein, aber du brauchst nicht alles zu sagen, was wahr ist. Der Kirchenvater lobt den Bischof Firmus von Thagaste, der seinen heidnischen Häschern antwortete, er könne weder lügen noch seinen Schützling verraten, und deshalb Folterqualen auf sich nahm.[23] Wahres verschweigen ist für Augustinus also nicht dasselbe wie Unwahres sagen: «Zwar will jeder, der lügt, was wahr ist, verheimlichen, aber nicht jeder, der, was wahr ist, verheimlichen will, lügt. Oft genug verbergen wir ja die Wahrheit nicht durch Lügen, sondern durch Schweigen.» Beispielsweise gibt der Erzvater Abraham seine Frau Sara sowohl gegenüber dem Pharao als auch gegenüber dem Philisterkönig Abimelech für seine Schwester aus. Er fürchtet um der Schönheit seiner Frau willen deren Begehrlichkeit, sie in ihren Harem nehmen zu wollen. Wäre aber bekannt, daß Sarah Abrahams Eheweib ist, würde er – so die Angst des Abraham – aus dem Weg geräumt werden. Augustinus nimmt den Erzvater in Schutz. Dieser habe nicht gesagt «Sie ist nicht meine Frau», sondern lediglich «Meine Schwester ist sie». Daß Sarah eine Verwandte Abrahams war, läßt die etwas fadenscheinige Begründung zu, sie sei tatsächlich seine Frau und seine Schwester gewesen. «Etwas Wahres hat er somit verschwiegen, nicht jedoch etwas Unwahres gesagt», zieht Augustinus Bilanz. «Es ist also keine Lüge, wenn man Wahres durch Stillschweigen verbirgt, wohl aber, wenn man Unwahres in der Rede vorbringt.»[24]

Nach dem Tode des Augustinus finden sich in den Reihen der katholischen Ethiker nur noch selten Anwälte, welche die Notlüge erlauben. Meist wird die inzwischen klassische Argumentation durchgehalten – etwa wenn bereits Papst Gregor der Große (540–604) lehrt, jede Lüge sei Sünde und daher zu meiden, wenngleich Dienst- und Notlügen weniger Schuld nach sich zögen und bei frommer Gesinnung leicht vergeben würden.[25] Die Moraltheologie hat sich im Anschluß an Augustin immer wieder mit dem Problem auseinandergesetzt, wie sich in äußersten Notfällen ein Ausweg finden läßt, ohne die Wahrheit zu verletzen. Es waren vor allem die Jesuiten, die in der ihnen häufig nachgesagten intellektuellen Spitzfindigkeit jene heute allgemein verbreitete Lehre entwickelten, wonach zwar die Lüge an sich unbedingt verwerflich ist, jedoch «nicht selten Gründe triftigster Art, sogar schwerwiegende sittliche Forderungen eine Verheimlichung der Wahrheit notwendig machen, die nicht nur durch bloßes Stillschweigen zu erreichen ist».[26] Möglich wird dies durch den Gebrauch einer Aequivokation (einer vieldeutigen Antwort), wie etwa der Amphibolie (einer Rede mit mehrfacher Bedeutung). Sogar die Restriktion (die einschränkende Deutung einer Wendung) ist erlaubt, die zwar nicht den Buchstaben der Frage, wohl aber ihren eigentlichen Sinn trifft. Wer beispielsweise gefragt wird, ob er aus einer verseuchten Stadt komme, jedoch weiß, daß er nicht infiziert ist, darf die Frage verneinen. Denn was der Fragende wissen will, ist ja nur, ob er die Seuche mitbringt – ein Ratschlag, den Kardinal Toletus (gest. 1596) aus der Gesellschaft Jesu erteilte.[27]

Luther:
Zu Zeiten gute, starke Lügen tun

Die bemerkenswerte Geschlossenheit in den Reihen der katholischen Moralisten geriet seit der Neuzeit in zunehmenden Kontrast zu Gedankengängen, welche eher dem Utilitarismus nahestehen – also einer Ethik, die sich mehr oder weniger plakativ das Motto «Der Zweck heiligt die Mittel» auf die Fahnen schreibt.

Zwar äußert sich der protestantische Reformator Martin Luther noch im Jahre 1517 ganz im Geiste katholischer Vorzeit: «Mich dünket, daß kein schädlicher Laster auf Erden sei, denn Lügen und Untreue beweisen, welches alle Gemeinschaften der Menschen zertrennt.»[28] In seinen Vorlesungen über das *1. Buch Mose* aus den Jahren 1536–1545 heißt es jedoch: «Die Dienstlüge (d. i. Not- oder Nutzlüge) wird Lüge mit Unrecht genannt; sie ist vielmehr Tugend, sie ist Klugheit, zu dem Zwecke angewendet, daß des Teufels Grimm verhindert und der Ehre, dem Leben und Nutzen des Nächsten gedient werde.»[29] Auch im Kampfe gegen das Papsttum als den «Sitz des wahren und echten Antichristen» hält der Wittenberger Reformator «um des Heiles der Seelen willen alles für erlaubt».[30] Seinem Image als Streiter für die göttliche Wahrheit ebenfalls nicht gerade zuträglich ist eine Briefstelle, die sich auf die Doppelehe des Landgrafen Philipp von Hessen bezieht. Dieser hatte sich seiner Geliebten Margarete von der Saale förmlich antrauen lassen. Um den sich deshalb abzeichnenden Skandal möglichst klein zu halten, empfahl Luther: «Was wäre es, ob einer schon um Besseres und der christlichen Kirche willen eine gute, starke Lüge täte.»[31] Was gewiß nicht dem biblischen Geiste der Sprüche Salomonis entspricht, bei denen es heißt: «Es steht einem Fürsten nicht an, daß er gerne lüge.»[32]

Eine Ehrenrettung mag es nicht sein für Luther, aber immerhin eine Relativierung seines Zweckdenkens, daß auch die Geschichte der katholischen Kirche nicht arm ist an substantiellen Geschichtsklitterungen. Bereits im 8. Jahrhundert ist die erste große, klassisch gewordene Urkundenfälschung eines römischen Geistlichen belegt, die *Constitutio Constantini*. In dieser umfangreichen angeblichen Urkunde Kaiser Konstantins des Großen für Papst Sylvester überläßt der Imperator neben anderen Rechten dem Stuhle des Petrus die Herrschaft über Rom, Italien und das «Abendland». Im 9. Jahrhundert machten dann die *Pseudoisidorischen Dekretale* Furore, die westfränkische Sammlung eines angeblichen Isidorus Mercator. Der ihrerseits bereits verfälschten Grundlage einer spanischen Sammlung von Konzilsbeschlüssen und Papstdekreten – der sogenannten *Hispana* – wurde neben älteren Fälschungen wie der Konstantinischen Schenkung eine Fülle von falschen Erlässen von Päpsten der ersten vier Jahrhunderte hinzugefügt. Diese Manipulationen sollten die ökonomische Situation der Kirche angemessen sichern und ihr eine hierarchische Struktur mit Obergewalt des römischen Bischofs geben helfen – entscheidende Voraussetzungen beim Kampf der Kirche mit den weltlichen Mächten.[33]

In der Folgezeit wurde eine ganze Reihe elaborierter Techniken des Fälschens entwickelt, die auf die eigentümliche geistige Haltung des «Traditionalismus» bauten. Das Recht an materiellem Besitz hing oft davon ab, ob es gelang, in eine Urkunde ein Wort hineinzuschmuggeln, das höheres Alter oder erhabenere Ableitung verhieß, als ein anderes Dokument sie aufwies. Falsche Diplome aller Art wurden hergestellt, originale Dokumente durch Rasur verfälscht oder aufgewertet durch «Interpolation», nachträgliches Einschieben anderer echter Stücke. Besonders beflissen wurden Heiligenlegenden aufgebauscht durch wirksame Zusätze hervorstechender Wundertaten, um etwa die Ehrwürdigkeit einer Stadt, den Vorrang eines Bischofssitzes zu «beweisen». Während der Reformationszeit wurden solche Legenden denn auch gerne als «Lügenden» gegeißelt.[34] Beispielsweise verdroß es den Bischof Pilgrim von Passau, daß Salzburg als Erzbistum Vorrang vor Passau hatte. Er manipulierte die *Vita Severini* eines Heiligen unbekannter Herkunft, der als Mittler zwischen den unterliegenden Romanen und den siegreichen «Barbaren» im österreichischen Donauland aufgetreten war. Pilgrim bog die Geschichte in seinem Sinne zurecht, um Passaus höheren Rang vor Salzburg zu unterstreichen. Passau wäre demnach die Rechtsnachfolgerin von Lorch (bei Enns), wo in grauer Vorzeit ein Erzbistum gewesen sein soll. Geradezu epidemisch breiteten sich sogenannte «Stammbaumlügen» aus, mittels derer angesehene Geschlechter oder Völker auf fabelhafte Helden des Altertums wie Äneas, Achilles, Cäsar oder Alexander zurückgeleitet wurden.

Die an der Schwelle vom Mittelalter zur Neuzeit aufkeimende Naturwissenschaft leitete den Bruch mit dem Traditionalismus ein. Wer jetzt aus machtpolitischem Interesse lügen wollte, mußte oder konnte sich nicht mehr hinter Mythen und Offenbarungen verbergen. Realpolitische Geschichtsauffassung war angesagt, und mit ihr kam die Stunde des Machiavelli, der als erster der Lüge als politischem Werkzeug ihr Recht gab.[35]

Machiavelli: Vor Falschheit schrecke ein Fürst nicht zurück

Il Principe – Der Fürst – hat den Ruf von Niccolo Machiavelli (1469–1527) begründet, ein Apologet der Gewaltpolitik zu sein, zu deren wirksamsten Mitteln die Lüge gehört. Seine 1532 postum erschienene Schrift setzt bei der allgemeinen politischen Situation im Italien des 16. Jahrhunderts ein und ist im Grunde ein Aufruf zur Einigung Italiens, dessen entzweite Stadtstaaten – Mailand, Florenz, Neapel, Venedig, der Vatikan – miteinander rivalisierten und in das die Großmächte Frankreich, Deutschland und Spanien deshalb um so leichter einfallen konnten. Machiavelli beschwört die Medici-Fürsten, diese Einigung voranzutreiben – wobei er eine radikale Verhaltenslehre für Herrscher entwickelt, welche die anthropologischen Grundlagen der Politik Machiavellis freilegt. Traditionelle Fürstenspiegel schlagen einen moralisierenden Ton an – so Erasmus von Rotterdam in seinem *Institutio principis Christiani* aus dem Jahre 1517. Machiavelli hingegen macht sich ganz offen einen extremen Zweck-Realismus zu eigen, der jedes Mittel heiligt, etwa wenn er den Herrschern nach der Eroberung von Territorien empfiehlt: «Um sich ihren Besitz zu sichern, genügt es, das Haus des Fürsten, der sie beherrschte, auszurotten.»[36]

Allerdings redet Machiavelli nicht der Amoralität per se das Wort, sondern er hält sie für unvermeidlich in einer inhumanen gesellschaftlichen Situation, auf die angemessen reagiert werden müsse: «Ein Mensch, der immer nur das Gute tun wollte, muß zugrunde gehen unter so vielen, die nicht gut sind.»[37] Angesichts der allgemeinen politischen Lage bleibe einem künftigen «Retter» Italiens nichts anderes übrig, als sich angemessener Gewaltmaßnahmen zu bedienen. Hierbei allerdings müßten «zweierlei Waffen» unterschieden werden: «die des Rechtes und die der Gewalt. Jene sind dem Menschen eigentümlich, diese den Tieren. Aber da die ersten oft nicht ausreichen, muß man gelegentlich zu den andern greifen».[38] Ein Fürst müsse es verstehen, «gleicherweise die Rolle des Tieres und des Menschen durchzuführen. Diese Lehre haben die Schriftsteller des Altertums den Fürsten verhüllt gegeben, wenn sie berichten, daß Achilles und viele andere Fürsten der Vorzeit dem Zentaur Chiron zur Erziehung anvertraut wurden. Daß ein Fürst einen Lehrmeister bekommt, der halb Mensch und halb Tier ist, soll nichts anderes heißen, als daß er es verstehen muß, die Natur beider zu vereinigen.»[39] Daß in der Tat nicht nur Fürsten, sondern wohl jeder Mensch das Erbe tierlicher Urlehrer in sich bewahrt, wird über weite Strecken Gegenstand dieser Abhandlung sein.

Machiavellis Handlungsregeln gehen von der Prämisse aus, in der Politik würden schlechthin alle Mittel gelten. In einem Spiel oder im bürgerlichen Geschäft seien gewisse Regeln allgemein anerkannt, und Vereinbarungen, Satzungen, Rechte sorgten dafür, daß nicht alles, was machbar sei, auch tatsächlich gemacht würde. In der Politik – so Machiavelli – bestimme jedoch der absolute Kampf den Ausgang des Geschehens, und wer das leugne, sei naiv. Machiavelli betont zwar ausdrücklich, daß Lüge Lüge bleibe und Mord Mord. In der politischen Wirklichkeit jedoch gäbe es nicht gut und böse, sondern nur taugliche und untaugliche Mittel.[40]

Am kaltblütigsten wird diese Logik in den Kapiteln 15 bis 18 von *Il Principe* entwickelt. Hier wird dem Fürsten empfohlen, Wohltaten in kleinen Portionen zu verabreichen, damit sie besser im Gedächtnis haften bleiben, Grausamkeiten jedoch blitzschnell zu vollführen, damit sie schneller vergessen werden. Immer, wenn Treue und Ehrlichkeit die eigene Machtstellung schwächen würden, seien Wortbruch und Heuchelei einzusetzen.[41] Im 18. Kapitel geht es speziell um die Frage, «inwieweit die Fürsten ihr Wort halten sollen». Hierzu die Meinung Machiavellis: «Wie rühmlich es für einen Fürsten ist, die Treue zu halten und redlich, ohne Falsch, zu leben, sieht jeder ein. Nichtsdestoweniger lehrt die Erfahrung, daß gerade in unsern Tagen *die* Fürsten Großes ausgerichtet haben, die es mit der Treue nicht genau nahmen und es verstanden, durch List die Menschen zu umgarnen.» Ein kluger Fürst könne und dürfte demnach sein Wort nicht halten, «wenn er dadurch sich selbst schaden würde». Nur wenn alle Menschen gut wären, «wäre diese Vorschrift nicht gut; da sie aber schlecht sind und dir die Treue nicht halten würden, brauchst du sie ihnen auch nicht zu halten. [...] Die Menschen sind so einfältig und gehorchen so leicht dem Zwang des Augenblicks, daß ein Betrüger stets einen finden wird, der sich betrügen läßt. [...] So muß der Fürst Milde, Treue, Menschlichkeit, Redlichkeit und Frömmigkeit zur Schau tragen und besitzen, aber wenn es nötig ist, imstande sein, sie in ihr Gegenteil zu verkehren.» Ein Fürst sei oft genötigt, «um seine Herrschaft zu behaupten, gegen Treue, Barmherzigkeit, Menschlichkeit und Religion zu verstoßen. Deshalb muß er verstehen, sich zu drehen und wenden nach dem Winde und den Wechselfällen des Glückes, und am Guten festhalten, soweit es möglich ist, aber im Notfall vor dem Schlechten nicht zurückzuschrecken».[42]

Als gelehriger Schüler dieser Lektion erweist sich das Haupt der französischen Aufklärung: Voltaire (1694–1778). Er, bissiger Gegner der von Klerus und Adel verfochtenen überlieferten Gedanken und Ordnungen, hat keine Hemmungen, zu proklamieren, «die Lüge sei eine sehr hohe Tugend, wenn sie Gutes tut. Man muß wie der Teufel lügen, nicht zaghaft, nicht zu Zeiten, sondern mutig und immer.»[43]

Ihering: Nicht um der Wahrheit willen lebt der Mensch

Utilitarismus – der Gesichtspunkt der Nützlichkeit –, das ist auch für eine Reihe von Ethikern des 19. und frühen 20. Jahrhunderts das für die Beurteilung der Lüge maßgebliche Kriterium. Unter das Motto «Der Zweck ist der Schöpfer des ganzen Rechts» stellt der in Basel, Rostock, Kiel, Gießen, Wien und schließlich Göttingen lehrende Jurist Rudolf von Ihering (1818–1892) seine Untersuchungen über die Berechtigung gesellschaftlicher Normen, die zwischen 1863 und 1877 in zwei Bänden unter dem Titel *Der Zweck im Recht* erschienen. Ihering mauserte sich damit zum Wegbereiter eines juristischen Naturalismus, der das Recht kausalgesetzlich aus den Notwendigkeiten der Gesellschaft erklärte. Er wurde zum Vater der «Interessensjurisprudenz», weil er alle sittlichen Gebote und Verbote nur insofern für berechtigt hielt, als sie dem Menschen Dienste leisten können. So sei auch die Täuschung unter Umständen «nicht nur sittlich erlaubt, sondern auch geboten». Denn der gute Zweck sei es, «der das Abgehen von der Wahrheit nicht bloß rechtfertigt, sondern zur Pflicht macht».[44]

Ihering diskutiert das Wahrheitsgebot hinsichtlich zweier Sphären: dem Bereich des Rechts und dem der Moral. Das Befolgen beziehungsweise Übertreten des Gebotes im Bereich des Rechts bezeichnet er als «Ehrlichkeit» beziehungsweise «Betrug», während diesem Begriffspaar im Bereich der Moral «Wahrhaftigkeit» beziehungsweise «Lüge» entspricht. Ehrlichkeit begreift Ihering als einen sprachlichen Ausläufer der Ehre, was sich beispielsweise aus der ausdrücklichen Verpfändung der Ehre für die Zuverlässigkeit des gegebenen Wortes ablesen läßt, dem «Ehrenwort». Ehrlichkeit ist eng verwandt mit der «Redlichkeit», welche charakterisiert, ob jemand seinen Worten gemäß handelt, ob also seine Tat der «Rede gleicht» (rede-liche). Die Ehrlichkeit folgt der Wahrheit nur soweit, «als das Recht sie verlangt, soweit die Ehre auf dem Spiel steht». Die Wahrhaftigkeit hingegen – sprachlich das «Haften» an der Wahrheit – «stellt uns die volle, bedingungslose Hingabe des Subjects an die Wahrheit vor, wie die Moral sie einmal verlangt».[45]

Iherings Definitionen unterscheiden weiter hinsichtlich dessen, was die unwahre Information beim Empfänger auslöst: Wir «betrügen», wenn wir zum falschen «Handeln» veranlassen, wir «belügen», wenn wir zum falschen «Glauben» veranlassen. Der Grund, «warum die Gesellschaft die Lüge und den Betrug in den Bann getan hat», ist nach Ihering durchaus «ein praktischer – sie kann bei ihnen nicht bestehen». In diesem Zusammenhang sei es wichtig, sich klarzumachen, daß der weitaus größte Teil unseres Wissens in Wirklichkeit nichts als Glaube sei. Wir haben ihn nicht selbst auf seinen Wahrheitsgehalt überprüft, sondern Schlüsse aus der Autorität anderer Personen gezogen – wir sind von verschiedenen Zeugen «über-zeugt» worden. Wahrheit sei eigentlich eher die «Wahrscheinlichkeit», daß unsere Gewährsleute den Tatsachen entsprechend berichten, sei Glaube an die Zuverlässigkeit anderer. Jede Wahrheit muß quasi erst den Filter unseres Gehirns passieren und wird – je nachdem, wie «vertrauensselig» wir gegenüber den Quellen sind – selektiv durchgelassen. Damit – so paradox es klingt – bildet nach Ihering die objektive Wahrheit nicht den Maßstab der subjektiven, sondern die subjektive den der objektiven.[46]

Den utilitaristischen Standpunkt – welcher der Position der griechischen Antike ähnelt – arbeitet Ihering beständig heraus: Sittliche Ideen, die in einem gesamtgesellschaftlichen und kontinuierlichen Überzeugungsprozeß Karriere machen, sind um des Wohles der Gesellschaft willen da. Würde sich die Gesellschaft bei der Lüge wohler befinden, wäre diese gesellschaftlich – also sittlich – geboten.[47] Dieser Pragmatismus wird beim Tötungsverbot erkennbar: In Notwehr darf ich töten, im Kriege wird es gesetzlich verlangt, und in vielen Ländern droht das Gesetz bei Verbrechen mit Todesstrafe. Die Tötung ist verboten, gestattet oder geboten, je nach gesellschaftlichem Zweck. Nicht der äußere Tatbestand macht etwas in den Augen des Rechts verwerflich, sondern der Zweck, dem es dienen soll. Bereits römische Juristen unterschieden zwischen «dolus bonus» und «dolus malus», stellten die «berechtigte List» – etwa die Kriegslist – jener Täuschung gegenüber, die den Zwecken der Rechtsordnung zuwiderläuft: der «Arglist» oder «Hinterlist».[48]

Ihering kritisiert den dänischen Theologen Hans Lassen Martensen (1808–1884), seinerzeit Bischof von Seeland (und Anlaß für Sören Kierkegaards Angriff auf die Kirche), der die Behauptung aufstellte, «die Wahrheit sei nicht um des Menschen willen, sondern der Mensch um der Wahrheit willen da».[49] Dies sei – so Ihering – ein «Ausfluß jenes ungesunden, sich selbst übergipfelnden ethischen Idealismus, der in der sittlichen Welt an die Stelle der menschlichen Gesellschaft die Idee setzt». Wer diesen Standpunkt einnehme, müsse den vollen Mut zur Konsequenz haben und jede Ausnahme verwerfen – wie Augustinus es tat: Selbst wenn das ganze menschliche Geschlecht mit einer einzigen Lüge zu retten wäre, dürfte nicht die Unwahrheit gesagt werden. Auch der als Anhänger der Prinzipien der Französischen Revolution zur Kompromißlosigkeit neigende und bereits früh von Kant geprägte Johann Gottlieb Fichte (1762–1814) legte diese Entschiedenheit an den Tag: Auf die Frage, was der Mann einer todkranken Frau machen solle, der absehen kann, daß die Nachricht vom Tode ihres Kindes sie so sehr erregen würde, daß sie sterben würde, antwortete er: Stirbt die Frau an der Wahrheit, so laß sie sterben.[50]

Ihering postuliert, wie alle anderen sittlichen Gebote sei auch das Wahrheitsgebot der Menschheit nicht in die Wiege gelegt worden: «Sie hat es nicht bekommen auf dem Wege einer aprioristischen Eingebung oder der allmählichen Entfaltung eines in dem Menschen keimartig beschlossenen

Triebes zur Wahrheit.» Vielmehr habe die Menschheit es finden müssen «an der Hand der Erfahrung, welche sie über die Nachteile, die mit der Lüge verbunden sind, aufklärte». Dieses Konzept gipfelt in der Feststellung: «Nicht die Wahrheit ist das Ursprüngliche gewesen, sondern die Lüge.»[51]

Dies ist grundverschieden von der jüdisch-christlichen Auffassung. Denn für diese war im Anfang nur das Gute und das Wahrhaftige, welches erst pervertiert wurde durch die Sünde, als – wie Georg Paul Hönn schreibt – «der Fürst der Welt und Uhrheber des Betrugs [...] sein erstes Meisterstück an unser aller Mutter / der Eva» ablegte.[52] Ihering freilich kommt der Perspektive der modernen Evolutionsbiologie weitaus näher, als es die christlichen Moraltheologen der Jahrhunderte vor ihm taten: Die Auseinandersetzung mit der allgegenwärtigen Lüge, der Wettlauf zwischen Betrügern und Entlarvern, war eine entscheidende Triebfeder für die Entwicklung von Sprache, Geist und Kultur. Dies ist die Botschaft, welche sich aus den aufregenden Ergebnissen der Verhaltensforschung ableiten läßt, um die es nunmehr gehen wird.

Drittes Kapitel

Rüstungswettlauf zwischen Räuber und Beute
Traditionelles zur zwischenartlichen Täuschung

> Denn der lügt, der etwas scheinen will, was er nicht ist; wird er jedoch, ohne das zu wollen, für etwas anderes gehalten, als er ist, so lügt er nicht, sondern täuscht nur. [...] Folglich lügt die körperliche Erscheinungsform nicht, weil sie keinen Willen hat.
>
> Augustinus[1]

Täuschung als Frage des Stils

Wenn ein Individuum – der Sender – ein Signal aussendet, auf das ein anderes Individuum – der Empfänger – reagiert, liegt in der Regel ein kommunikativer Akt vor. Wollen wir herausfinden, wie ein spezielles Kommunikationsmuster im Laufe der Evolution entstand, müssen wir nach dem Vorteil fragen, welchen die Übermittlung des Signales für Sender und Empfänger hat. Wir müssen fragen nach dem Nutzen für die genetische «Fitneß» der an dem kommunikativen Akt beteiligten Parteien, sprich: nach den Auswirkungen auf die Wahrscheinlichkeit, daß Sender oder Empfänger ihr Erbgut an die nächste Generation weitergeben.

Da sich nur vorteilhafte Merkmale von Körperbau oder Verhalten im Prozeß der natürlichen Selektion bewähren, steht zunächst zu vermuten, daß Sender und Empfänger gleichgelagerte Interessen haben. Eine Wespe ist daran interessiert, ihre Wehrhaftigkeit mittels schwarz-gelber Ringelung möglichst unmißverständlich zu signalisieren, während umgekehrt ein potentieller Freßfeind daran interessiert ist, dieses Signal richtig zu deuten. Allerdings überschneiden sich die Interessen von Sender und Empfänger nicht zwangsläufig – was besonders auf die Beziehungen zwischen Räuber und Beute zutrifft. Empfänger von Signalen mögen zwar gesteigertes Interesse haben, ein Signal zu entdecken. So ist es vorteilhaft für die Katze, das Huschen einer Maus möglichst frühzeitig auszumachen, und für die Maus, die Silhouette einer Katze möglichst rasch wahrzunehmen. Führt dieser Ausleseprozeß zur Spezialisierung der Signal*empfänger*, so sind umgekehrt Katze wie Maus in ihren Rollen als Signal*sender* daran interessiert, Signale abzubauen, da sich der Räuber seiner Beute möglichst unbemerkt nähern möchte und das Beutetier möglichst unbemerkt bleiben möchte.[2]

Für jedes ausgesandte und empfangene Signal lassen sich theoretisch die Vor- und Nachteile berechnen, die Sendern und Empfängern jeweils erwachsen. Je nach Kategorie der Signalübermittlung können solche «Kosten-Nutzen-Bilanzen» für Sender und Empfänger unterschiedlich aussehen *(Tabelle 1)*.[3] «Kooperatives» Signalisieren bringt beiden Parteien Vorteile – im Falle von Wespe und Vogel ebenso wie dem der Ameise, die einer anderen durch Antennentrillern verrät, wo eine fette Raupe erbeutet werden kann. «Versehentliches» Signalisieren kann für den Sender böse Folgen haben – etwa wenn ein Singvogel ein Weibchen durch Trällern zu becircen versucht, aber dadurch seinen Aufenthaltsort einem Greifvogel verrät. Eine dritte Kategorie wäre «boshaftes» Signalisieren, das niemandem Vorteile bringt – etwa wenn einer, der sich verirrt hat, andere Wegsuchende in irgendeine beliebige Richtung schickt. Die vierte Kategorie schließlich wäre «betrügerisches» Signalisieren, das für den Sender vorteilhaft, für den Empfänger aber nachteilig ist. Der Ursprung betrügerischen Signalisierens wirft Probleme auf, da sich der Empfänger in einer Weise verhalten muß, die seine Fitneß senkt. Wie aber könnte eine solche Reaktion evolvieren? Würden nicht logischerweise solche Individuen, die sich betrügen lassen und Schaden nehmen, weniger Nachkommen hinterlassen als solche, die auf betrügerische Signale nicht hereinfallen – mit der Konsequenz, daß zumindest dieser spezielle Betrug ausstirbt?[4]

Tabelle 1: Mögliche Kosten-Nutzen-Bilanzen für Sender und Empfänger einer Signalübermittlung

Verhaltenskategorie	Fitneß-Effekt für	
	Sender	Empfänger
Kooperatives Signalisieren	+	+
Betrügerisches Signalisieren	+	–
Boshaftes Signalisieren	–	–
Versehentliches Signalisieren	–	+

In der Tat versuchen räuberische Arten, Betrugsmanöver ihrer Beutetiere zu entlarven, doch bedingen sie gerade hierdurch bei den Beutearten immer raffiniertere Techniken. Die traditionelle wissenschaftliche Auseinandersetzung mit dem Phänomen der Tarnung und Täuschung beschäftigt sich ganz wesentlich damit, wie diese Rüstungsspirale im Lauf der Stammesgeschichte immer neue Windungen entwickelte. Die Bändchen *Tarnung im Tierreich* des Schweizer Zoologen Adolf Portmann, *Schutztrachten im Tierreich* von Herbert Bruns sowie das mittlerweile zum Klassiker avancierte allgemeinverständliche Werk *Mimikry – Tarnung und Täuschung in der Natur* von Wolfgang Wickler bieten Übersichten zu diesem Bereich der biologischen Forschung und setzen sich mit den vielfältigen und teilweise recht vertrackten Definitionsproblemen bei der Beschreibung dieser Naturerscheinungen auseinander.[5] Da wir Menschen beispielsweise überwiegend optisch orientierte Lebewesen sind, ist unsere

Wahrnehmung ziemlich einseitig. Wir reden deshalb so gerne von «Trachten» – Schutz-, Warn- oder Tarntrachten –, weil uns optische Signale am ehesten auffallen. Was an Irreführung betrieben wird mittels Gerüchen oder Geräuschen, bleibt uns weitgehend verborgen. Wickler hat deshalb mit Recht geraten, einfach von Warn- oder Tarn*signalen* zu sprechen und dann jeweils anzugeben, ob sie optischer, akustischer oder olfaktorischer Natur sind.[6]

Allgemein bekannt ist, daß viele Tiere ihrer Umgebung in Farbe oder Form angepaßt sind und so für andere Lebewesen schwer auszumachen: Bewohner von Polarregionen wie Eisbären oder Schneehasen sind weiß, Bodenbewohner gemäßigter Zonen wie Rebhühner oder Nagetiere sind braun, in Wiesen und Weiden suchen Frösche oder Insekten Zuflucht zur Tarnfarbe Grün, während sich auf roten Korallenbänken rotgefärbte Schwämme, Nacktschnecken und Seesterne behaupten. Manche Tierarten müssen noch nicht einmal eine Umgebung aufsuchen, die der eigenen Körperfärbung entspricht, sondern passen sich ihrer jeweiligen Umwelt durch Farbwechsel an. Plattfische etwa erscheinen weiß auf hellem Seesand, dunkel oder fleckig auf entsprechend gefärbten Steinen.[7]

Die Übereinstimmung mit der allgemeinen Grundfärbung der Umgebung – die «Homochromie» – versagt jedoch beim Schneehasen, der im weißen Winterfell im Schnee sitzt, sobald die Sonne scheint: der Schlagschatten verrät ihn auf weite Entfernung. Manche Strandkrabben sind mit so perfekter Schutzfärbung ausgestattet, daß nichts ihre Anwesenheit im Sand verrät, solange sie sich nicht in Bewegung setzen. Dann aber huscht ein vom Schatten gezeichneter Umriß durchs Gelände, der um so viel auffälliger als ihr Körper ist, daß sie im Englischen «Geisterkrabben» genannt werden. Dem Nachteil des Schlagschattens wirkt ein Prinzip entgegen, das in Erinnerung an einen Novellenhelden des Adalbert von Chamisso das «Peter-Schlemihl-Prinzip» genannt werden könnte. Durch Abflachung des Körpers wird der Schlagschatten deutlich reduziert – weshalb wir abgeplattete Reptilien auf ihrer Unterlage genauso schlecht ausmachen können wie frisch geschlüpfte Vögel von Nestflüchtern, die sich durch «Drückstellung» der Wahrnehmung entziehen. Seitliche Körperfortsätze können zudem die auffällige Schattenlinie zerlegen und einen optisch fließenden Übergang vom Körper zur Unterlage bewirken – ein Effekt, den etwa Rindenbewohner wie Geckos oder Spannerraupen ausnutzen.

Ein weiteres wichtiges Mittel der Gestaltauflösung – der «Somatolyse» oder «Morpholyse» – im Kampf gegen den Schlagschatten ist die Gegenschattierung: Die dem Licht zugewandten Partien des Körpers sind weniger hell gefärbt als die lichtabgewandten Unterseiten. Einfallendes Oberlicht hellt die dunkleren Partien auf und der Schlagschatten verdunkelt zugleich die Unterseiten, so daß sich die Körperhaftigkeit der plastisch-runden Gestalt auflöst. Fische können sich die Gegenschattierung besonders

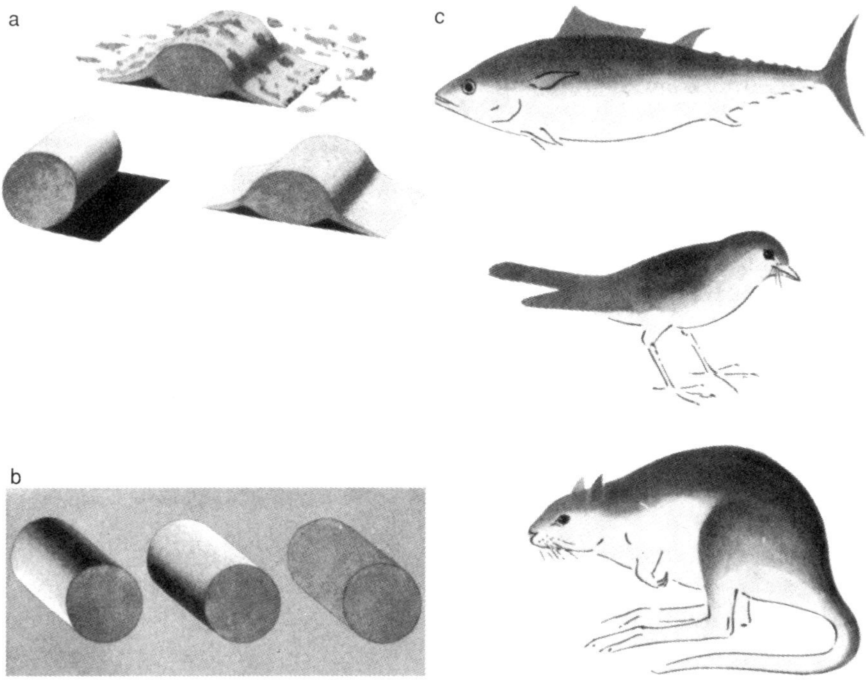

Abb. 2: Kampf gegen verräterischen Schatten durch Körperauflösung («Somatolyse»): (a) Seitliche Abflachung des Körpers hebt Schlagschatten auf. (b) Prinzip der Gegenschattierung. Links ein Zylinder mit von oben nach unten abnehmender Färbung bei diffusem Licht. In der Mitte ein ungefärbter Zylinder bei Oberlicht, der einen Schlagschatten wirft. Rechts Auflösung der körperhaften Form bei einem wie links gefärbten Zylinder durch Einfall von Oberlicht. (c) Gegenschattierung ist bei Fischen, Vögeln und Säugetieren weit verbreitet.

effektiv zunutze machen: beim Blick von der Wasseroberfläche verschwimmt ihr oft ins Blaue gefärbter Rücken gegen die dunkle Wassertiefe, beim Blick von unten gegen den Himmel sind sie schwer wahrnehmbar, weil ihr Bauch silbrig glänzt *(Abb. 2)*.

Schutztrachten sind gewöhnlich eine «passive» Angelegenheit, doch kann sich eine ganze Anzahl von Tieren aktiv tarnen, ähnlich wie es beim Menschen Jäger oder Soldaten tun. Meister im Maskieren sind Maskenkrabben etwa der Gattungen *Hyas, Inachus, Stenorhynchus* und *Pisa*, welche mittels elastischer «Angelhäkchen» auf ihrem Rücken Algen, Schwammstückchen oder Polypenkolonien festhalten. Werden diese Tarnobjekte entfernt, verhüllt sich die Krabbe bald erneut – und zwar aktiv, indem sie mit ihren Scherenfüßen neues Tarnmaterial zusammenklaubt. Die

Abb. 3: Gestaltauflösung («Morpholyse») durch Nachahmen von Blättern. (a) Blattmimese des südamerikanischen Falters *Draconia rusina* mit «Fraßspuren» an den Flügelrändern und «Fensterbildungen», die Blattzerfall vortäuschen. (b) Nachahmung von Größe, Farbe, Form und Pilzbefall eines Blattes durch Insekten. Oben links *Cycloptera,* unten links *Cycloptera elegans,* rechts *Chitoniscus feedieanus.* (c) Der südamerikanische Blattfisch *Monocirrhus polyacanthus.*

Extremitäten der Maskenkrabben sind nämlich wesentlich beweglicher gebaut als die gewöhnlicher Krabben und erlauben ihnen mittels spezieller Gelenke, ansonsten schwer zugängliche Körperteile auf dem Rücken und in der Kiemenregion zu erreichen.

Die Wirkung körperauflösender Gestaltung kann gesteigert werden, wenn nicht nur – wie Adolf Portmann es formulierte – der Tierkörper in seinem «Eigenwert» aufgehoben wird, sondern er gleichsam zu etwas Neuem gemacht wird – zu einem dürren Blatt, einem Ästchen, einem Stein, einer Flechte oder Blüte. Diese Ähnlichkeit mit indifferenten Gegenständen – Gegenständen jedenfalls, die im jeweiligen Räuber-Beute-Kontext keine Rolle spielen – wird «Mimese» genannt. Die Flügel vieler Insektenarten sind geradezu prädestiniert, Elemente von Blättern nachzubilden, denn gleich Blättern von Pflanzen sind sie flächig, haben Nerven und ovalen oder lanzettförmigen Umriß. Eindrucksvoll illustrieren dies die Körperform der Blattheuschrecken oder die Blattmimese des südamerikanischen Schmetterlings *Draconia rusina,* an dessen Flügelrändern sich «Fraßspuren» finden und «Fensterbildungen», welche an vermodernde Blätter erinnern. Auch das «Wandelnde Blatt» *(Phyllium siccifolium),* bei dem das «Blatt» aus zwei Oberflügeln geformt wird, ist ein Paradebeispiel dieser Art, sich zu tarnen. Obgleich Blattähnlichkeit ein Privileg der Insekten ist, gelang diese Umformung auch dem im Amazonasbecken lebenden Fisch *Monocirrhus polyacanthus,* der von den Einheimischen «Blattfisch» genannt wird und flach auf dem Grunde mitten unter abgestorbenen Blättern verharrt *(Abb. 3).*

Nicht nur gestaltauflösende Mittel stellen eine effektive Tarnung dar – es existiert auch die Möglichkeit «auffälliger Tarnung». So sitzen afrikanische Schmetterlinge der Gattung *Ityraea* auf Pflanzenstengeln beisammen und erzeugen dadurch den Anblick eines Blütenstandes. Die Raupen verschiedener Schmetterlingsarten – insbesondere der Schwärmer – blähen bei Gefahr die Segmente vor allem im Kopf- und Thoraxbereich auf und drehen dem Betrachter die Unterseite zu. Das dunkle Bauchband kommt hierbei zur Geltung, es erscheinen plötzlich Augenflecke und der Kopf wiegt sich hin und her, als handele es sich um einen Schlangenkopf. Bei einer afrikanischen Art soll sogar das erste, rosa gefärbte Beinpaar zeitweise ausgestreckt werden und das Züngeln einer Schlange mimen *(Abb. 4).*[8]

Tiere, die giftig sind, ekelhaft schmecken oder stachelbewehrt sind, tragen oft auffällige Farbkleider. Da vielen Beutemachern – etwa insektenfressenden Vögeln – das Wissen allerdings nicht angeboren ist, daß bestimmte Arten ungenießbar sind oder sich schmerzhaft wehren können, gibt es keinen völligen Schutz für warnfarbige Tiere. Die nachstellenden Feinde müssen ja erst lernen, daß die Beutetiere unangenehme Eigenschaften haben. Deshalb scheint es vorteilhaft, warnende Farbmuster nicht allzusehr zu variieren, denn dadurch verringert sich die Zahl der notwendi-

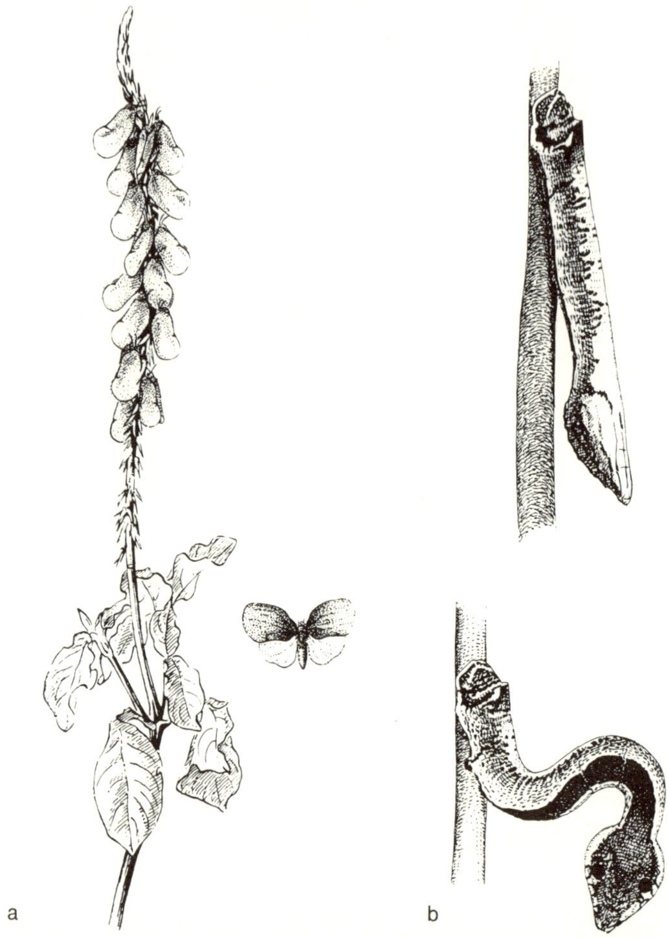

Abb. 4: «Auffällige» Tarnung. (a) Bei afrikanischen Schmetterlingen aus der Gruppe der Langkopfzirpen *(Ityraea gregoryi)* bauen vielen Individuen gemeinsam ganze Blütenstände nach. (b) Werden Raupen des Schwärmers *Leucorampha ornata* erregt, wenden sie dem Beschauer die dunkel gefärbte Unterseite zu. Thoraxsegmente werden aufgebläht, Augenflecke erscheinen und der «Kopf» wiegt sich wie bei einer Schlange hin und her.

gen «Versuchsbeutetiere». Sind zudem mehrere Arten mit der gleichen Warnfärbung ausgestattet, erwächst den einzelnen Arten ein zusätzlicher Vorteil durch die warnende Uniformität. Es muß daher nicht überraschen, daß einige Warnfarben beinahe universalen Charakter haben. Schwarzgelbe Kontrastfärbung ist beispielsweise von so unterschiedlichen Spezies

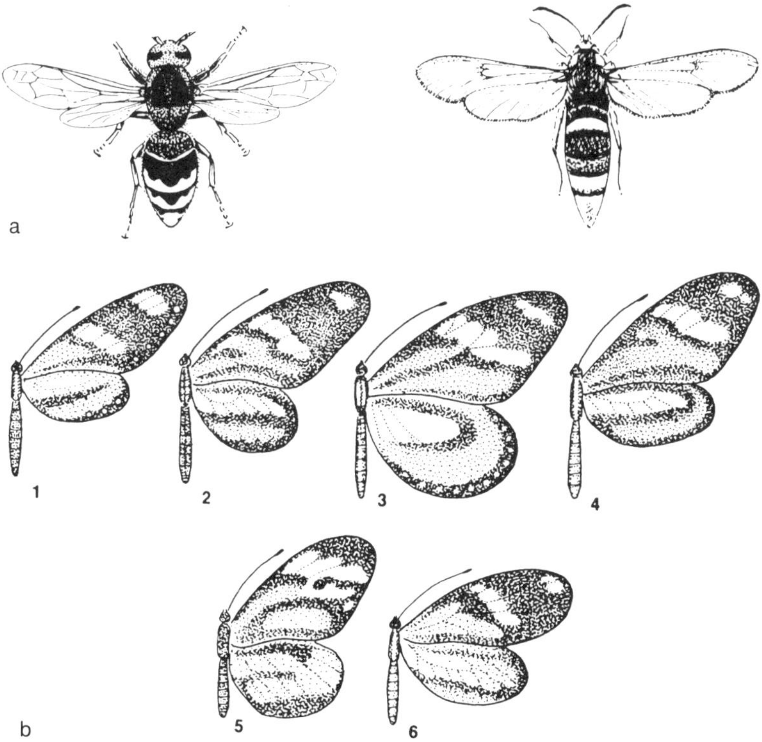

Abb. 5: Wespen- und Schmetterlings-Mimikry. (a) Eine Wespe mit schwarz-gelb geringelter Warntracht (links) wird durch einen glasflügligen Hornissenschwärmer von entsprechender Färbung und Gestalt nachgeahmt. (b) Zwei Formen von Mimikry bei tropischen südamerikanischen Schmetterlingen. Die Arten 1–4 sind sämtlich ungenießbar und einander ähnlich («Müllersche Mimikry»): *Mechanitis lysimnia (1), Lycorea halia (2), Heliconius eucrate (3), Melinea ethra (4).* Spezies 5 und 6 sind wohlschmeckende Weißlings-Arten, sehen aber wie ungenießbare aus («Batessche Mimikry»): *Perrhybris pyrrha (5), Dismorphia astynome (6).*

wie Wespen, Schlangen oder Feuersalamandern bekannt, schwarz-rote Kontrastfärbung von Marienkäfern oder Schmetterlingen wie dem Blutströpfchen. Warntrachten jedoch liefern die Grundlage für einen Selektionsprozeß, bei dem die tatsächlich unangenehmen Beutetiere als «Schutzspender» fungieren für nachahmende «Schutznießer».[9]

Der englische Naturforscher Henry Walter Bates (1825–1892) lebte elf Jahre in den Urwäldern Brasiliens. Unter seinen Schmetterlingsfängen waren öfters grellbunt gefärbte Exemplare, die er den *Heliconiden* zuordnete. Erst nähere Betrachtung lehrte, daß sie zur Gruppe der Weißlinge

(Pieridae) zählten. Die *Heliconiden* flogen trotz ihrer Auffälligkeit recht langsam umher, und so taten dies auch die bunten Weißlinge. Bates fiel jedoch auf, daß Vögel die leicht zu jagenden *Heliconiden* nicht jagten. Er vermutete, daß die *Heliconiden* giftig oder unschmackhaft seien und daß die wenigen Weißlinge infolge ihrer Ähnlichkeit ebenfalls von den Vögeln verschmäht wurden *(Abb. 5)*.

Nach ihrem Entdecker wurde dieser Fall täuschender Ähnlichkeit eines an sich genießbaren und wehrlosen Tieres mit einer ungenießbaren oder wehrhaften Art «Batessche Mimikry» genannt.[10] Das Schrifttum über jenes Phänomen ist in den über hundert Jahren seit seiner Entdeckung auf mehrere tausend Einzelveröffentlichungen angeschwollen. Ganz ähnlich wie die Weißlinge die für Beutemacher unangenehmen *Heliconiden* nachahmen, so nehmen viele Fliegenspezies Form und Gestalt von mit Stachel und Gift bewehrten Wespen, Bienen oder Hummeln an, ahmen gewisse Schaben durch übelschmeckende Körpersäfte geschützte Blattkäfer nach oder sehen Grillen den säurespritzenden Bombardierkäfern zum Verwechseln ähnlich.[11] Wir mögen in diesem Fall wohl einem Bonmot des Publizisten Henryk Broder recht geben: «Eine Lüge kann eine faktische Unwahrheit sein, sie kann aber auch eine Frage des Stils sein. Die vollendete Lüge ist die Mimikry. In ihr stellt sich die Lüge als ein Gesamtkunstwerk dar.»[12]

Mimikry kann dem Beutetier einen gewissen Schutz vor seinem Verfolger verleihen – «protektive Mimikry» –, sie kann aber auch «agressiv» sein und den Angreifer vor einem vorzeitigen Erkanntwerden durch die Beute bewahren. Einen besonders eindrucksvollen Fall repräsentiert die sogenannte «Putzer-Mimikry». In den Riffgebieten des Indopazifik lebende Lippfische werden regelmäßig von größeren Friedfischen und Raubfischen aufgesucht. Die Lippfische sind «Putzer», die ihre «Kunden» von Außenparasiten säubern. An den Putzerstationen im Riff finden sich Fische, die äußerlich kaum von den Lippfischen zu unterscheiden sind, jedoch mächtige Eckzähne im Unterkiefer haben. Diese Säbelzahnschleimfische umschwimmen die Kunden der Putzerfische, pflegen diese aber nicht etwa, sondern stanzen in einem Überraschungsangriff halbkreisförmige Stücke aus deren Flossen, um die Beute dann zu verzehren.[13]

Inwieweit ein Nachahmer seinem eklig schmeckenden Vorbild ähneln muß, um gemieden zu werden, konnte in einem aus mehr als 8500 Einzelversuchen bestehenden Modellexperiment gezeigt werden, bei dem Larven des Mehlkäfers – die sogenannten Mehlwürmer – benutzt wurden. Durch Bemalen der Würmer mit einem auffälligen Rot und Vergällen durch den übel schmeckenden Stoff Brechweinstein wurden ungenießbare Vorbilder erzeugt. Versuchsvögel wurden dressiert, das Vorbild abzulehnen. Anschließend wurden ihnen in Einzelversuchen Mehlwürmer dargeboten, von deren insgesamt dreizehn Körpersegmenten eine unterschiedliche Anzahl rot bemalt war. Die Vögel unterschieden die Nachahmer recht gut von den Vorbildern, denn im Mittel mußten immerhin 11,3 Segmente rot gefärbt sein, damit die abschreckende Wirkung erhalten blieb. In der freien Natur hätte die Übereinstimmung vermutlich nicht so groß sein müssen, da die Vögel in diesen Versuchen ihre Beute ja sehr genau betrachten konnten und fortlaufend darauf dressiert wurden, feine Unterschiede wahrzunehmen. Die Versuche zeigten zudem, daß die Vögel die absolute Größe des farblosen Fleckens betrachteten, nicht jedoch, ob sich etwa sowohl am Kopf- oder Schwanzende je ein unbemaltes Segment befand.[14]

Mimikry ist von besonderem Interesse für die Evolutionsbiologie, weil sie Aufschluß gibt über die Evolution von Signalfälschungen. Zu einem Mimikry-System gehören drei Parteien: Vorbild, Nachahmer und Signalempfänger. Das Besondere ist, daß sowohl Vorbild wie Empfänger kein Interesse haben an der Entwicklung des Signales: Wespe und Vogel sind zwar beide interessiert an der Eindeutigkeit der schwarz-gelben Ringelung der Wespe als einem Warnsignal, jedoch nicht an der Nachahmung der Warnung durch eine harmlose Schwebfliege. Mimetische Signale werden allein von den Nachahmern entwickelt. Auf seiten der Signalempfänger fehlt jede Anpassung, doch nutzen die Nachahmer die Anpassung der Empfänger an die Signalsendung der Vorbilder aus.[15]

Dreiecksbeziehungen bei der Mimikry

Die Analyse mimetischer Systeme gestaltet sich schwierig, weil sie aus mindestens drei Mitgliedern bestehen – Vorbild, Nachahmer, Signalempfänger –, die jedoch (wie im Falle der Putzer-Mimikry) meistens verschiedenen Arten angehören. Von jeder einzelnen Art müssen dann Lebensbedingungen und Verhalten bekannt sein sowie die Situationen, in denen die Signalempfänger auf die vermuteten Vorbilder und Nachahmer treffen. Zuweilen ist die Analyse einfacher, weil gelegentlich zwei Parteien zur selben Art gehören. Prinzipiell sind drei Kombinationen denkbar. Erstens können Vorbild und Nachahmer zur gleichen Art gehören, zweitens Vorbild und getäuschter Signalempfänger, drittens aber auch Nachahmer und Signalempfänger.[16]

Die erste Möglichkeit – Vorbild und Nachahmer gehören zur gleichen Art – liegt bei Wespen und Bienen vor, deren giftfreie Drohnen die mit Stacheln bewehrten Weibchen nachahmen. Einen komplizierteren Fall hat der Ornithologe Charles Munn von der amerikanischen Princeton Universität entdeckt. Seine Beobachtungen an Vogelschwärmen passen nicht ganz in das orthodoxe Muster des Mimikry-Systems, weil ein und dasselbe Individuum zumindest manchmal zugleich Vorbild und Nachahmer ist. Munns Studien sind aber zusätzlich interessant, weil sie *akustische* Signalfälschungen betreffen. Beziehungen zwischen Sendern und Empfängern optischer Signale nehmen nicht nur deshalb breiten Raum in der Fachliteratur ein, weil wir Menschen als visuell orientierte Lebewesen sie relativ leicht wahrnehmen können. Optische Signale sind in der Regel auch länger andauernd und leichter zu orten als akustische Signale. Munn ist es dennoch gelungen, betrügerisches akustisches Signalisieren unter Vögeln des peruanischen Amazonas-Beckens zu entdecken:

Vögel verschiedener Arten bilden dort große gemischte Schwärme. Die Baumkronen-Schwärme suchen ihre Nahrung etwa 15 bis 45 Meter über dem Urwaldboden; die Unterholz-Schwärme versuchen ihr Glück auf dem Boden bis hinauf in eine Höhe von 15 Metern. Die meisten Vögel ernähren sich von Arthropoden – Gliederfüßlern –, zu denen etwa Insekten, Spinnen oder Tausendfüßler gehören. Die Vögel hüpfen oder fliegen herum, stochern in Rinde und Laub und werden der aufgescheuchten Beute durch Picken oder Schnappen habhaft. In den Schwärmen leben Paare von Vögeln, die zu vier bis zehn verschiedenen Arten gehören. Angehörige von bis zu achtzig anderen Arten schließen sich den Schwärmen gelegentlich an. Manchmal kommt es zu kurzfristigen Zusammenschlüssen der Unterholz- und Baumkronen-Schwärme, in denen dann Mitglieder von bis zu 70 verschiedenen Arten mitfliegen. Dies sind die vielgestaltigsten Multi-Spezies-Assoziationen, die auf Erden bekannt sind. Mit von der Partie ist in den Schwärmen stets eine bestimmte Art, welche eine Führerrolle bei größeren Flugmanövern übernimmt und zugleich eine Wächterrolle innehat. In den Unterholz-Schwärmen ist dies die etwa 17 Gramm wiegende Spezies *Thamnomanes schistogynus* aus der Familie der Ameisenvögel *(Formicariidae).* In den Baumkronen-Schwärmen stellen die etwa 19 Gramm schweren Mitglieder der Spezies *Lanio versicolor* aus der Familie der Tangaren *(Thraupidae)* die Führer und Wächter. Beide Arten sind keine Zugvögel, und vielleicht prädestiniert sie die Seßhaftigkeit für ihre besondere Aufgabe. *Thamnomanes* und *Lanio* geben während der von ihnen geleiteten Ortswechsel Kontaktlaute von sich, welche dem Zusammenhalt des Schwarmes dienen. Nahezu immer stoßen Mitglieder der beiden Arten als erste Alarmrufe aus, wenn Greifvögel der Gattungen *Micratur, Accipiter* und *Leucopternis* sich nähern. Die anderen Schwarmvögel starren dann nach den Feinden, verhalten sich regungslos oder tauchen ins Laubwerk ab, sobald ein Wächtervogel Alarm schlägt.

Der Wächterdienst ist allerdings nicht so selbstlos, wie es auf den ersten Blick scheint. Denn Beutetiere, von Mitgliedern anderer Arten aufgescheucht, machen mindestens 85 Prozent der Nahrung der Wächter aus. Die Wächter stehlen selten Beutetiere aus dem Schnabel anderer Vögel. Normalerweise warten sie etwas unterhalb einer Gruppe aktiver Scheucher und schnappen sich Insekten oder Spinnen, die aus dem Geäst nach unten fallen. Oft jagt aber jener Vogel einer Beute hinterher, der sie zuvor selbst aufgescheucht hatte. Da die Wächtervögel schnellere und gewandtere Flieger sind, kommen sie meist eher zum Zuge. Wenn es während dieser Lufttumulte knapp aussieht, benutzen sie einen Trick, der nur wegen ihrer besonderen Rolle funktioniert: Sie stoßen den Greifvogel-Warnruf aus. Resultat: Die anderen Schwarmvögel lassen sofort von der Jagd ab. Alarmrufe können aus ein, zwei oder mehreren scharfen Tönen bestehen. Bei den Disputen um aufgescheuchte Beutetiere genügen jedoch meist die ersten beiden Töne. Denn die Luft-Kämpfe um herabfallende Gliederfüßler dauern selten mehr als eine Sekunde. Eine winzige Verzögerung, die der Alarm bei den übrigen Schwarmvögeln auslöst, genügt also schon, damit der Wächtervogel den Schnabel vorn hat.

Charles Munn nahm mit einem Richtmikrofon sowohl gefälschte als auch echte Alarmlaute von *Lanio* auf und spielte sie den Schwärmen vor. Mit diesem Playback-Experiment konnte er zeigen, daß Schwarmvögel auf beide Laute gleich reagieren: Sie fliehen oder verhalten sich regungslos. Wenn *Lanio* der einzige Vogel war, der einem fallenden Gliederfüßler hinterherflog, gab er in nur 16 Prozent aller Fälle Alarm. Signifikant häufiger, in 66 Prozent aller Fälle, wurde Alarm gegeben, wenn gleichzeitig mit *Lanio* ein oder mehrere andere Vögel hinter der Beute herjagten. Somit ist das Verhalten des Wächtervogels flexibel – er stößt den Alarmlaut gezielt häufiger aus, wenn die Situation es verlangt. Von den 104 Alarmrufen, deren Kontext Munn bei *Lanio*-Vögeln während der Feldsaison des Jahres 1982 sicher identifizieren konnte, waren 48 echt und 56 gefälscht. In 41 weiteren Fällen konzentrierte sich der Ornithologe gerade auf einen anderen Vogel, wenn *Lanio* Alarm schlug. Munn konnte in diesen Fällen nicht wissen, ob es echter oder falscher Alarm war. Auf 76 Prozent dieser Rufe – also in drei von 4 Fällen – registrierte er Schutzreaktionen bei den Schwarmmitgliedern.

Könnten die Vögel echte und falsche Alarmrufe auseinanderhalten, hätten sie erwartungsgemäß nur bei etwa jedem zweiten Ruf reagieren müssen. Zudem reagierten meist jene Vögel nicht, die ihren Kopf nicht im Laubwerk versteckt, sondern freien Blick zum Himmel hatten und ausmachen konnten, ob tatsächlich Gefahr drohte. Andere Vögel, die diesen Einblick nicht hatten, zeigten dramatische Fluchtreaktionen, egal, ob sie beim Sonnenbaden waren, den Kopf unter einen Flügel gelegt hatten oder im Laubwerk herumhüpften. Munn konnte zudem zwei *Lanio*-Paare und mindestens ein *Thamnomanes*-Paar ausmachen, das deutlich häufiger Alarmrufe fälschte, nachdem seine Jungen geschlüpft waren. Offenbar heben sich die Vögel diesen Trick für Situationen auf, in denen sie dringend zusätzliche Nahrung brauchen.[17]

Im Rahmen eines Mimikry-Systems wären die Wächtervögel sowohl Vorbild (wenn sie die echten Alarmlaute ausstoßen) als auch Nachahmer (wenn sie falschen Alarm geben). Die zweite Möglichkeit – Vorbild und getäuschter Signalempfänger gehören zur gleichen Art – ist verwirklicht in der Beziehung zwischen brutparasitischen Kuckucken und ihren Wirtsvögeln: Die Kuckucke legen Eier in das Nest der Wirtsvögel, welche Kuckucksjunge großziehen. Die Eier der Wirtsvögel sind Vorbild für den Kuckuck, der getäuschte Signalempfänger ist gleichfalls der Wirtsvogel.[18]

Besonders intensiv studiert wurde mittlerweile eine unter Glühwürmchen verbreitete Mimikry, bei der gleichfalls Vorbild und Signalempfänger Artgenossen sind. «Glühwürmchen, Glühwürmchen flimmre. Glühwürmchen, Glühwürmchen schimmre. Führe uns auf rechten Wegen, immer nur dem Glück entgegen [...]» Der Ohrwurm aus Paul Linckes Operette *Frau Luna* ist Liebespärchen aus dem Herzen gesungen, sind doch zarte Blinksignale in lauen Sommernächten ein Inbegriff von Romantik. In realiter sieht es anders aus: «Das tausendfache Funkeln und Blitzen auf einer nächtlichen Wiese voller Glühwürmchen erweckt das trügerische Gefühl eines paradiesischen Friedens. In Wirklichkeit verbirgt sich hinter der glitzernden Fassade nur eines: der Kampf ums Dasein, geführt mit Arglist und Täuschung und begleitet von Fressen und Gefressenwerden.»[19] Das meint James Lloyd, der es wissen muß, denn der Spezialist für Insekten und Fadenwürmer an der Universität von Florida ist der Welt führender Experte für Glühwürmchen – oder zoologisch korrekter: Leuchtkäfer. Die Leuchtsignale sind kaltes Licht, das entsteht, wenn das Enzym Luciferase mit dem Stoff Luciferin eine Verbindung eingeht, die dann ihrerseits mit Luftsauerstoff reagiert. Der Vorgang spielt sich in besonderen Organen an der Bauchseite der letzten Unterleibssegmente von Leuchtkäfern ab. Der Name des Höllenfürsten ist kein schlechter Pate für die Bezeichnung der Leuchtsubstanzen, werden doch vielen Käfern die Signale zum Verhängnis. Ursprünglich dienen sie dazu, daß Männlein zu Weiblein finden. Die Männchen senden werbende Blinksignale aus, die für jede der nahezu 2000 bekannten Arten charakteristische Frequenz und Helligkeit haben. Die einfachsten Brautwerbungen bestehen aus einem einzelnen Blitz, kompliziertere aus zwei bis elf Blitzen. Wieder andere Leuchtkäferarten sind «Flackerer», deren Signale bis zu elf Helligkeitsspitzen enthalten, welche bis zu zwanzig Mal pro Sekunde ausgestoßen werden. Am extremsten funkeln jene Arten, die so schnell flackern, daß ihr Signal bis zu 45 Helligkeitsspitzen enthält. Zum charakteristischen Code einer Art gehören auch Fluggeschwindigkeit, Flughöhe und Flugmanöver sowie eine spezielle Blinkantwort der jeweiligen Weibchen: Sie erwidern die Werbung meist mit kurzen Blinksignalen, doch müssen diese mit dem männlichen Blitz zeitlich richtig abgestimmt sein und beispielsweise erst nach Verzögerung von drei oder neun Sekunden erfolgen.

Auf den Wiesen sind Männchen meist dermaßen in der Überzahl, daß auf hundert paarungswillige Männchen zuweilen nur zwei Weibchen kommen. James Lloyd hat über Jahre hinweg insgesamt 199 Männchen der Spezies *Photinus collustrans* auf ihrer abendlichen Brautschau verfolgt.

Ein *Collustrans*-Männchen fliegt durchschnittlich einen Kilometer und sendet dabei 455 Lichtblitze aus. Im Mittel muß ein Käfer 7,1 Abende lang suchen, bis ein paarungsbereites Weibchen gefunden ist. Weibchen hingegen haben dermaßen große Auswahl, daß sie einschließlich der neunzig Sekunden dauernden Paarung im Mittel nur sechs Minuten brauchen.

Auf die Werbung der *Collustrans*-Männchen antworteten jedoch auch elf Weibchen einer anderen Leuchtkäferart, welche die Signale der *Collustrans*-Weibchen nachahmten. Jedes achtzehnte Männchen fiel darauf herein und landete bei der falschen Braut. Die Chance, bei einem Weibchen der eigenen Art zu landen, liegt damit fünfmal niedriger – eine lebensgefährliche Unwahrscheinlichkeit. Denn bei den meisten der gut sechzig in Nordamerika beheimateten *Photuris*-Arten leben die Weibchen räuberisch. Sie führen Freier mit gefälschten Signalen hinters Licht und verspeisen sie. Einige dieser *femmes fatales* können die Signale von mindestens fünf anderen Leuchtkäferarten nachahmen. Darunter sind nicht nur solche der eigenen Gattung *Photuris,* sondern auch solche der Gattungen *Photinus* oder *Pyractonema.* Die räuberischen Weibchen warten nahe am Boden und antworten mit einem passenden Signal, sobald ein Männchen mit Leuchtblitzen wirbt. Der Freier fliegt näher und blinkt erneut, doch darf er – wegen der Vielzahl von Konkurrenten aus den eigenen Reihen – nicht zu lange warten. Da ein Irrtum tödlich enden kann, geben die Männchen meist mehrfach ein Signal, wagen sich dichter heran und weichen wieder zurück. Bei vier von Lloyd untersuchten Arten landeten insgesamt 16 Prozent aller Männchen im Magen räuberischer Weibchen, nachdem sie sich von einem *Photuris*-Weibchen hatten anlocken lassen. Die Weibchen von *Photinus versicolor* stimmen ihr Verhalten genau auf die Beutetiere ab. Auf die Halbsekunden-Blitze der Männchen von *Photinus tanytoxus* antworten sie mit einem langen Blitz, auf den ein verlöschendes Glühen folgt. *Photinus macdermotti* wirbt hingegen mit zwei kurzen Blitzen innerhalb von zwei Sekunden. Die räuberische Braut antwortet dann, wie es ein Weibchen von *Macdermotti* tun würde: mit einem einzelnen Blitz *(Abb. 6).*

Bezüglich Mimikry-Fällen, bei denen jeweils zwei Parteien Artgenossen sind, repräsentieren die Leuchtkäfer also die zweite Möglichkeit: Vorbild und getäuschter Signalempfänger gehören zur gleichen Spezies. Aber auch die dritte Möglichkeit ist realisiert, bei der Nachahmer und Signalempfänger Artgenossen sind. Die Weibchen des in Flüssen Venezuelas heimischen Zwergdrachenflossers *(Corynopoma riisei)* behalten die besamten Eier eine Weile im Körper, um sie erst später an Pflanzen abzulegen – in Abwesenheit des Männchens. Solange sie nicht laichbereit sind, dulden die Weibchen jedoch keine Männchen in ihrer Nähe. Männchen gelingt es, sich in der Nähe auch unwilliger Weibchen aufzuhalten, wenn sie ihren Kiemendeckelvorsatz der Geschlechtspartnerin vorhalten. Der Endknopf

a

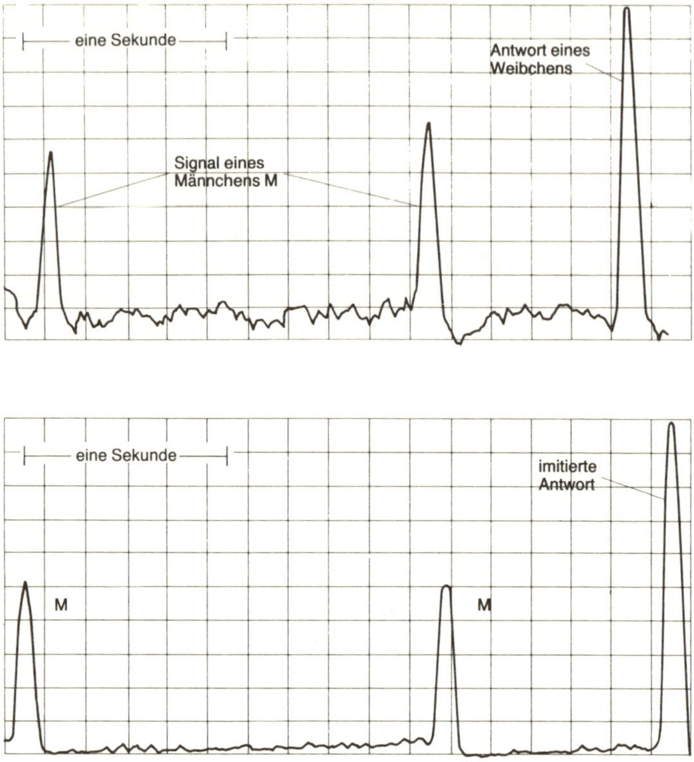
eine Sekunde
Antwort eines Weibchens
Signal eines Männchens M
eine Sekunde
imitierte Antwort
M
M

b

dieser Verlängerung färbt sich bei Erregung dunkel und imitiert so ein kleines Futtertier. Das Weibchen nähert sich der Attrappe, was von den Männchen zur Besamung ausgenutzt wird.[20]

Es kommt sogar vor, daß alle drei Parteien des Mimikry-Systems zur gleichen Art gehören. Dieser von Wolfgang Wickler entdeckte und analysierte Fall ist verwirklicht bei den Buntbarschen *(Cichliden)* tropischer Süßgewässer. Die Weibchen dieser Arten nehmen die abgelegten Eier ins Maul und tragen sie dort zwei bis vier Tage bis zum Schlüpfen umher, manchmal noch länger, bis die Jungen fast selbständig sind. Diese Form der Brutpflege hat sich aus dem Offenbrüten entwickelt, bei dem beide Elternteile die Eier und später die Larven bewachen und mit sauerstoffreichem Wasser befächeln. Der Übergang zum Maulbrüten läßt sich bei dieser Fischgruppe eindrucksvoll rekonstruieren, denn die Pause, die zwischen dem Ablaichen und dem Aufsammeln verstreicht und in der die Besamung erfolgt, verkürzt sich immer mehr. Bei den spezialisiertesten Maulbrütern nehmen die Weibchen die Eier sofort nach der Eiablage auf. Den Männchen gelingt dennoch die Befruchtung, weil sie Weibchen, die gerade ihre Eier abgelegt haben, mittels Ei-Attrappen an der Afterflosse heranlocken. Das Männchen gibt dann den Samen ab. Da die Ei-Attrappen in unmittelbarer Nähe der männlichen Geschlechtsöffnung liegen, gelangen Spermien in den Mund des Weibchens, sobald es versucht, die vermeintlichen Eier aufzunehmen *(Abb. 7)*.[21]

Dieses kurze Revuepassieren «klassischer» Fälle von Nachahmung und Täuschung in der Natur soll für zwei Problemkreise sensibilieren, die zentraler Gegenstand der vorliegenden Abhandlung sind. Das erste Problem betrifft die *innerartliche* Täuschung. Wickler hat eine Definition entwikkelt, der zufolge unterschieden werden kann, wer in einem Mimikry-System Vorbild und wer Nachahmer ist. Demnach ist Nachahmer «derjenige der beiden Signalsender, auf dessen Signal hin der Empfänger eine Reaktion bringt, die für ihn selbst nicht vorteilhaft ist (die also nie entwickelt oder wegselektiert würde, wenn sie nur auf diesen einen Signalsender gerichtet wäre)». Aus diesem Grunde grenzt Wickler jene Fälle von der Mimi-

Abb. 6: Jagd im funkelnden Brautkleid bei Leuchtkäfern. (a) Jede Glühwürmchen-Art strahlt Lichtzeichen eines bestimmten Codes aus, an dem sich Männchen und Weibchen erkennen. Das Männchen von *Photinus macdermotti* sendet einen Doppelblitz, auf den das Weibchen mit einem einzelnen Blitz antwortet. Die räuberisch lebenden Weibchen von *Photinus versicolor* ahmen diese Antwort nach und locken damit *Macdermotti*-Männchen an. Bei diesem Mimikry-System gehören Vorbild und Signalempfänger zur gleichen Art. (b) Ein Weibchen von *Photuris versicolor* beim Verspeisen des wesentlich kleineren Männchens einer anderen Art. Am Hinterleib sind jeweils die hell gefärbten Leuchtorgane zu erkennen.

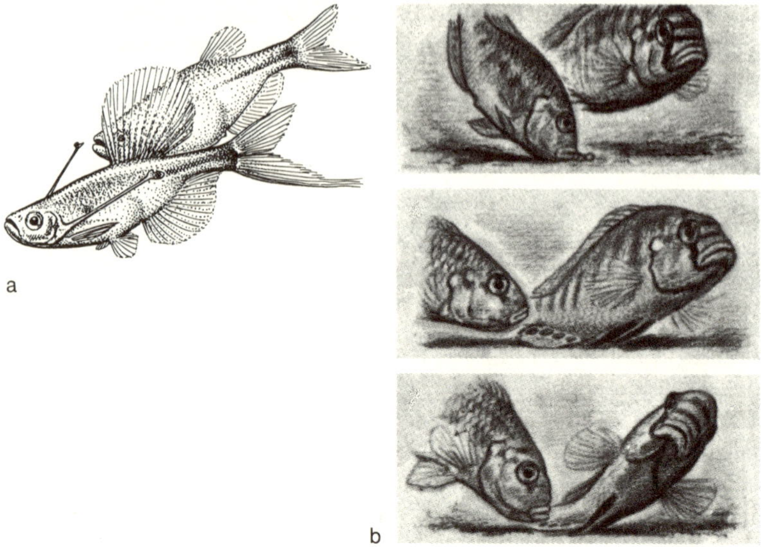

Abb. 7: Innerartliche Mimikry bei Fischen. (a) Balzende Männchen des Zwergdrachenflossers *(Corynopoma riisei)* locken Weibchen an, indem sie ihnen einen Kiemendeckelvorsatz mit einer Beutetier-Attrappe vorhalten. Nachahmer und Signalempfänger gehören zur gleichen Art. (b) Beim tropischen Buntbarsch *Haplochromis burtoni* sammelt das Weibchen die gerade abgelegten Eier ins Maul, wo sie erbrütet werden. Im Hintergrund wartet das Männchen, das die Eier noch nicht besamt hat (oben). Das Männchen besamt den leeren Boden. Dabei werden Ei-Attrappen an seiner Afterflosse sichtbar (Mitte). Das Weibchen versucht, die Attrappen aufzunehmen, und bekommt dabei die Spermien ins Maul, welche die Eier nun besamen (unten). Bei diesem Mimikry-System sind Vorbild, Nachahmer und Signalempfänger Artgenossen.

kry-Definition aus, bei denen verschiedene giftige oder ekelhaft schmekkende Arten sich in ihrer Form angeglichen haben. Unter solchen Umständen genießen beispielsweise alle schwarz-gelb geringelten Formen Schutz vor insektenjagenden Vögeln oder Reptilien. Der kollektive Schutz der Warntrachtwirkung wird nach seinem Erstbeschreiber – dem ab 1852 in Brasilien tätigen deutschen Forscher Fritz Müller – als «Müllersche Mimikry» von der «Batesschen Mimikry» abgegrenzt. Da aber niemand getäuscht wird, kann nicht zwischen Vorbild und Nachahmer unterschieden werden (vgl. *Abb. 5*).[22] Im Falle der Zwergdrachenflosser oder Maulbrüter ist der Nachteil für Signalempfänger ebenfalls schwer ersichtlich. Zwar wird durch die Signalattrappe ein Artgenosse getäuscht, doch könnten wir von «betrügerischem» Signalisieren nur dann reden, wenn die Weibchen eigentlich «lieber» einen anderen Partner zur Fortpflanzung gewählt hätten.

Im Jahre 1968, als Wickler sein Buch über Mimikry veröffentlichte, wurde die Verhaltensforschung noch dominiert von der Vorstellung, alles Verhalten komme der «Arterhaltung» zugute. Es muß daher nicht verwundern, daß Fälle «innerartlicher Mimikry» kaum Raum einnahmen in der Fachliteratur. Aus Sicht der traditionellen Verhaltensforschung stellten sie eigentlich einen Widerspruch in sich dar. Inzwischen hat sich das Denken dieser Disziplin revolutioniert. Das Nachzeichnen der geistigen Umwälzung, die auch unser eigenes Selbstverständnis erschüttern dürfte, ist ein Anliegen dieses Buches.

Ein zweites Problem taucht auf, wenn wir Vokabeln wie «Lug und Trug», «Interesse» und «Absicht» nicht nur durchgehen lassen als umgangssprachliche Nonchalance bei der Beschreibung von tierlichem Verhalten, sondern ernsthaft fragen, ob Tiere lügen können, ob sie – im Sinne der augustinischen Definition – *mit Absicht* täuschen, täuschen *wollen.* Einfacher ausgedrückt: Haben Tiere ein Bewußtsein oder sind ihre Täuschungen stets unbewußte, angeborene Abwicklungen von starren ererbten Verhaltensprogrammen? Als Friedrich Alverdes seinen Beitrag zum Sammelband *Die Lüge* schrieb, wählte er den Titel *Täuschung und «Lüge» im Tierreich.*[23] Die Berechtigung der Gänsefüßchen abzustreiten, ist ein weiteres Anliegen dieses Buches.

Viertes Kapitel

Wann haben Lügen lange Beine?

Neues zur innerartlichen Täuschung

Ein alter Schäffer sagte einsmahls zu seinem Herrn / der sich gegen Ihn rühmte / man könne ihn nicht betrügen : Herr / wann ihr gleich auf dem Schaafe sässet / so wollt ich euch doch darum betrügen. Der Allervorsichtigste rühme sich nicht / ohnbetrogen geblieben zu seyn. Der allen Trugs-Netzen auszuweichen geschickt ist / muß noch gebohren werden.

Georg Paul Hönn[1]

War im Anfang wirklich Wahrheit?

Wo das Gesetz von Fressen und Gefressenwerden regiert, sind Tarnung, Täuschung, Lug und Trug unverzichtbare Lebensmaximen. Im Wettlauf zwischen Räuber und Beute haben nur Lügen lange Beine, keineswegs vertrauensselige Wahrhaftigkeit. Die Logik dieses Faktums ist nicht schwer zu verstehen und wird in Lehr- und Schulbüchern entsprechend üppig illustriert. Belügen und Betrügen im zwischenartlichen Kampf ums Dasein – das ist jedoch nur die halbe Wahrheit. Denn es trügt der fromme Augenschein, wonach das Miteinander von Angehörigen der *gleichen* Art eine Welt ist, in der die Wahrheit waltet, in der Männchen und Weibchen zirpen, blinken oder duften, um einander den rechten Weg zu weisen, in der Vater und Mutter die Kinder vor den Fährnissen des Lebens warnen.

Daß auch Artgenossen einander um eigennützigen Vorteils willen bei jeder sich bietenden Gelegenheit übers Ohr hauen, leuchtet ein, solange wir vom Menschen reden – nicht zuletzt aufgrund eigener Alltagserfahrung. Oft wird dieses Hinters-Licht-Führen von Angehörigen derselben Spezies jedoch für eine Besonderheit des Menschen gehalten, für eine Begleiterscheinung der Kultur. Die Vertreter der Ansicht, daß Tiere der gleichen Art einander angeblich nicht betrügen, lassen sich zwei Lagern zuordnen: Die eine Partei spricht Tieren schlicht die Befähigung zu solcher Raffinesse ab. Die zweite Partei meint, in der Natur stünde die Verständigung unter Artgenossen im Dienste der Arterhaltung; erst der Mensch sei kulturell so weit deformiert, daß allerlei negative Begleiterscheinungen auftreten – etwa, daß wir einander töten oder einander täuschen. Beide Auffassungen sind grundfalsch. Leider gehören sie noch immer zum festen Meinungsrepertoire auch jener Leute, die es eigentlich besser wissen sollten – etwa der Kulturphilosophen, Verhaltensforscher oder Evolutionsbiologen.

Im Grunde wurzelt das Mißverständnis im jüdisch-christlichen Mythos, Gott habe diese Welt «gut» erschaffen, und das Böse sei erst mit dem Sündenfall in sie hineingelangt. Hören wir hierzu erneut den großen Augustinus, der die Verwerflichkeit jeder Lüge aus dem angeblich natürlichen Zweck der Sprache ableitet: «Die Sprache ist doch sicherlich geschaffen, nicht damit die Menschen sich durch sie gegenseitig täuschen, sondern damit man durch sie seine Gedanken dem anderen zur Kenntnis bringt. Die Sprache zur Täuschung zu benützen, nicht zu dem Zwecke, zu dem sie geschaffen ist, ist folglich Sünde».[2] Der Großmeister der Scholastik, Thomas von Aquin (1225/26–1274), beruft sich gleichfalls auf die natürliche Funktion der Sprache, um die Lüge zu verwerfen: «Da die Worte von Natur Zeichen der Gedanken sind, ist es unnatürlich und unerlaubt, daß man durch die Sprache kundgibt, was man nicht im Sinne hat.»[3] Auch der Franziskaner Bonaventura (um 1217–1274) – neben Thomas eine führende Gestalt der Hochscholastik und 1588 unter dem Ehrentitel *Doctor seraphicus* zum Kirchenlehrer erklärt – sah die natürliche Funktion der Sprache darin, «Dolmetsch des Geistes zu sein». Wer sie zu anderen Zwecken gebrauche, mißbrauche sie.[4] Schließlich ist Immanuel Kant (1724–1804) als Zeuge jener Auffassung zu zitieren, die Lüge sei «naturwidrig». Kant besteht nachdrücklich auf der unbedingten Verpflichtung des Menschen zur Wahrhaftigkeit. Die Lüge sei «ein der natürlichen Zweckmäßigkeit seines Vermögens der Mitteilung seiner Gedanken gerade entgegengesetzter Zweck» und somit «Wegwerfung und gleichsam Vernichtung seiner Menschenwürde».[5] Ergänzt und bestätigt wird dieser «Beweisgang» unter Berufung auf die natürliche Aufgabe der Sprache gerne durch Hinweise auf die nachteiligen Wirkungen und Folgen der Lüge für das menschliche Zusammenleben. Hierzu wiederum Thomas von Aquin: «Weil der Mensch ein Gesellschaftswesen ist, schuldet natürlicherweise ein Mensch dem anderen das, ohne das die menschliche Gesellschaft nicht aufrecht erhalten werden könnte. Es könnten aber die Menschen nicht miteinander leben, wenn sie nicht einander Glauben schenkten, weil sie sich gegenseitig die Wahrheit offenbaren.»[6] Das Fazit dieses Glaubens an die ursprünglich paradiesische Unschuld der Schöpfung formuliert rabbinische Weisheit so: «Alles hat Gott ins Dasein gerufen mit Ausnahme der Lüge und der Falschheit –, diese haben die Menschen erfunden.»[7]

Wie ein Basso continuo durchzieht die Frage nach dem Einfluß von Natur oder Kultur auf das Wesen des Menschen seit dem Beginn der Neuzeit die Schriften der mitteleuropäischen Pädagogen. Der tschechische Theologe Amos Comenius (1592–1670) erblickte im Menschenkind eine Anlage sowohl zum Guten wie zum Bösen; eine sorgsame Erziehung könne es zu einem guten Bürger dieser Welt erziehen. Der englische Philosoph John Locke (1632–1704), Begründer der Erkenntniskritik der Aufklärung, hielt die Seele des Kindes hingegen für ein unbeschriebenes Blatt, eine «tabula rasa». In scharfem Kontrast zu Descartes' These, wonach einige Prinzipien dem Menschen eingeboren seien, meinte Locke, entscheidend geprägt werde der Charakter durch frühkindliche Erfahrungen. Unter den Pädagogen der Aufklärung ist Jean Jacques Rousseau (1712–1778) der Apologet des Naturalismus, der sich gegen die bestehende Kultur richtet, um sie als unnatürlich und darum schädlich zu verwerfen. Er stellte die radikale These auf, das Kind sei von Natur aus gut. Erst unter menschlichem Einfluß werde es verdorben: «Alles ist gut, wie es hervorgeht aus den Händen des Urhebers der Dinge; alles entartet unter den Händen des Menschen.» So spitzt Rousseau gleich zu Beginn seines psychologischen Romans *Emile oder über die Erziehung* seine Grundanschauung über Fragen der Erziehung zu. Da dieser Theorie gemäß die Unwahrheit dem paradiesischen Urzustand nicht zu eigen war, konstatiert Rousseau, «daß die Lügen der Kinder immer das Werk ihrer Lehrer sind und daß, wer ihnen lehren will, die Wahrheit zu sagen, sie erst recht lügen lehrt».[8]

Unter die Pädagogen muß auch der Schriftsteller Jean Paul (1763–1825) gerechnet werden, der als Johann Paul Friedrich Richter ursprünglich den Lehrerberuf ausübte. In seiner pädagogisch-philosophischen Schrift *Levana* tritt er in die Fußstapfen Rousseaus, wenn er Erziehung begreift «als das Bestreben, den Idealmenschen, der in jedem Kinde unverhüllt liegt, frei zu machen». Allerdings verficht er nicht Rousseaus These von der unbedingten Fehlerlosigkeit des Kindes: «Das Kind, vom engen, heißen Glanze seines Ich geblendet und wie vergittert, macht den Anfang der Erkennung der Sittlichkeit nur am fremden Ich und erkennt nur die Häßlichkeit einer *gehörten* Lüge, nicht einer gesagten.»[9] Die Anlage zum Bösen im Wesen des Menschen leugnet ebenfalls Friedrich Fröbel (1782–1852), der Erfinder des Kindergarten- und Vorschulgedankens. Lügen entstünden durch «Verdrehungen der ursprünglich guten menschlichen Kräfte». Der Mensch sei «weder mit noch zur Lüge erschaffen, sondern mit und zur Wahrheit; der Mensch schafft auch nicht die Lüge aus sich, aus seinem Wesen, sondern der Mensch kann die Lüge schaffen und schafft die Lüge, eben weil er von Gott zur Wahrheit geschaffen ist; der Mensch schafft dadurch die Lüge, daß er dies entweder sich für sich selbst oder für andere nicht anerkennen macht».[10]

Schließlich rechnet der Philosoph Arthur Schopenhauer (1788–1869) die Lüge unter die wenig rühmlichen kulturellen Eigenschaften des Menschen und versteigt sich in seinen *Parerga und Paralipomena* zum Postulat eines grundsätzlichen Unterschiedes zwischen Tieren und Mensch. Bei letzterem sei nämlich «mit der Vernunft die Besonnenheit und mit dieser die Fähigkeit zur Verstellung eingetreten, die alsbald einen Schleier über ihn wirft». Angebliche Konsequenz: «Es gibt nur *ein* lügenhaftes Wesen auf der Welt: es ist der *Mensch*. Jedes andere ist wahr und aufrichtig, indem es sich unverhohlen gibt als das, was es ist, und sich äußert, wie es sich fühlt.» Ungleich den Tieren, deren «vollkommene Naivität» uns «so sehr ergötzt», steht der kulturell degenerierte Mensch «da als ein Schandfleck in der Natur».[11]

Jener anderen Partei, welche Tieren die Fähigkeit zur Lüge abspricht, weil bei ihnen angeblich entsprechende geistige Voraussetzungen fehlen, ist der österreichische Philosoph und Sprachpsychologe Friedrich Kainz (1897–1977) zuzurechnen. Seit Ende der zwanziger Jahre stritt er Tieren die Fähigkeit ab, lügen zu können, «weil sie keine Sprache haben».[12] Aber «auch zu Falschdarstellungen sind Tiere nicht befähigt» – etwa durch täuschende Verhaltensweisen. Wenngleich sich manche Tiere vor Feinden totstellen oder eine Spinne ein Beuteinsekt in ein kompliziert gewebtes, nahezu unsichtbares Netz lockt, so handele es sich hier lediglich um instinktive Verhaltensweisen, die ohne Einsicht abliefen. Um sich im eigentlichen Sinne verstellen zu können, müßte das Tier die Fähigkeit zur Reflexion besitzen. Zwar zählt Kainz Grenzfälle auf – wenn ein Affe einen Pfleger bestiehlt oder den Mund voll Wasser nimmt, ein gleichgültiges Gesicht aufsetzt, um ihn dann naßzuspucken. Solche Beispiele kämen aber nicht im natürlichen Lebensbereich vor, sondern nur bei domestizierten Tieren und in Gefangenschaft gehaltenen Wildtieren. Kainz nähert sich hier der zitierten kulturpessimistischen Auffassung eines Rousseau, die dem Tier – wie Wolfgang Wickler bemerkt – «Einsicht und damit die Voraussetzung zum Lügen erst zutraut, wenn es vom Menschen beeinflußt wurde».[13] Auch Albert Görland – ebenso wie Friedrich Kainz Autor in einem im Jahre 1927 von Otto Lipmann und Paul Plaut herausgegebenen Sammelband mit dem wahrlich erschöpfenden Titel *Die Lüge in psychologischer, philosophischer, juristischer, pädagogischer, historischer, soziologischer, sprach- und literaturwissenschaftlicher und entwicklungsgeschichtlicher Betrachtung*[14] – bemüht sich auf umständliche Weise, Täuschungsmanöver, die in der Natur vorkommen, von jenen abzugrenzen, die wir unter Menschen finden. Er unterscheidet zwischen «Kampf» und «List» einerseits – die sich auch im Tierreich fänden –, sowie «Gewalt» und «Lüge» andererseits, die dem Menschen vorbehalten seien. Zwar seien all dies Mittel zum Zweck der Selbsterhaltung. Doch erst beim Menschen komme es zu einem individuellen Begreifen der zur Gemeinschaft gehörenden Mitglieder. «Mensch» definiert sich für Görland wesentlich über «den andern Andern». Zwar täuschen auch Tiere; aber sie täuschen «irgend einen Anderen», was lediglich ein «Tun» ist. Lüge hingegen sei echtes «Handeln», da hier ein «Gemeinschafts-Anderer» getäuscht wird.[15] Wiederum wird eine scharfe Trennungslinie gezogen: Der Mensch ist zu «sozialem» Handeln fähig, das Tier lediglich zu undifferenziertem – damit freilich auch moralindifferentem – Tun.

Wesentlich seltener ist die Auffassung zu finden, Tiere seien ihrem Wesen nach untereinander verlogen. Diese Meinung fand Anhänger vor allem um die Jahrhundertwende im Zuge der allgemeinen Anerkennung der Evolutionstheorie. Wenn schon Evolution – so läßt sich die dahintersteckende Psychologie deuten –, dann bitte schön eine «kulturelle Höherentwicklung» hin zu gesteigertem sozialen und gesellschaftlichen Verantwortungsbewußtsein. Lügt der Mensch, schlagen eben aus dem noch nicht ganz überwundenen animalischen Erbe ungebändigte Kräfte durch. Johannes Unold äußert sich in seiner *Grundlegung für eine moderne praktisch-ethische Weltanschauung* aus dem Jahre 1896, die Lüge stehe im Gegensatz zu den Grundsätzen der Erhaltung und «Veredelung» – eben darauf kapriziert sich diese Ausdeutung der Evolution – sowohl des Individuums wie der sozialen Gesellschaft und der humanen Menschheit. Alle guten Eigenschaften aber, die der Mensch den Tieren voraus hat, würden durch die Lüge vernichtet.[16] Auch Karl Birnbaum – ebenfalls Autor im Sammelband *Die Lüge* – äußert sich in diesem Sinne : «Zur normalen Geistesbeschaffenheit des Menschen, zumal des Kulturmenschen, gehören gewisse psychische Tendenzen, die der Anpassung an die Anforderungen des Gemeinschaftslebens und dessen Förderung dienen.» Hierbei helfen «höhere geistige und Gemütsdispositionen» – ethische, altruistische, ästhetische –, welche «zweifellos einen späteren Erwerb in der menschlichen Entwicklung» darstellen. Zu diesen höheren seelischen Funktionen zähle naturgemäß das «Gefühl für Wahrheit und Wahrhaftigkeit, das innerliche Widerstreben gegen Lüge und Täuschung im Gemeinschaftsleben, das Scham- und Reueempfinden bei eignem lügnerischem Tun». Gefühlstendenzen dieser Art stünden als wesentliche Regulier- und Hemmvorrichtungen gegenüber den triebhaft egoistischen, gegen die Gemeinschaft gerichteten Bestrebungen aller Art. Zu welchen eben «die Lügenneigung als eine Sonderform primitiv-egoistischer Selbstbehauptungstendenz im Lebenskampfe zu rechnen ist». Kommt es zu einer pathologischen Degeneration des Charakters, dann fallen diese natürlichen «Lügenhemmungs- und -sperrungsvorrichtungen» aus.[17]

Die moderne Evolutionsbiologie pflichtet dieser Auffassung insofern bei, als Egoismus – und nicht etwa aufopfernde Selbstlosigkeit – als Grundantrieb allen Verhaltens angesehen wird. Allerdings geht es weder an, beim Menschen eine «Höherentwicklung» hin zur sozialen Selbstlosigkeit zu vermuten, noch den Eigennutz als pathologisch abzuwerten. Denn was aussieht wie Altruismus, ist «in Wirklichkeit» ebenfalls Egoismus – eine Feststellung, die noch zu begründen sein wird.

Der Irrtum vom Artwohl

Unter heftigen Nachwehen des Naturalismus rousseauscher Prägung litt die traditionelle Verhaltensforschung, in den Nachkriegsjahrzehnten von den späteren Nobelpreisträgern Konrad Lorenz (1903–1989) und Nikolaas Tinbergen (1907–1990) geprägt. Antrieb tierlichen Verhaltens war der «klassischen Ethologie» zufolge die «Arterhaltung». Im zwischenartlichen Räuber-Beute-Kontext konnte es ohne weiteres zu Signalfälschungen kommen, nicht jedoch bei innerartlicher Kommunikation. Hier wurde das natürliche Erbe in gewissem Sinne als etwas «Gutes» angesehen, da es als frei galt von egoistischen Grundantrieben und ganz auf das «Artwohl» gerichtet.[18]

Für die Interpretation der Grundmuster kommunikativer Prozesse hatte das weitreichende Folgen. Nach einem derartigem Verständnis fördert die natürliche Auslese nämlich solche Signalsender, welche die Empfänger über ihren inneren Zustand «informieren» und ihnen erleichtern, das Verhalten der Sender vorherzusagen. Dementsprechend ist es vorteilhaft für *beide* Parteien, wenn Signale wirksam, eindeutig und informativ sind. Kommunikation gilt als Mittel der Zusammenarbeit zwischen Individuen, sie findet also nur statt, wenn nicht lediglich der Sender, sondern auch der Empfänger einen Nutzen hat. Der amerikanische Verhaltensforscher Peter Marler formulierte das im Jahre 1968 so: «Bei dem Austausch von Reizen mit der Umwelt oder einem Austausch zwischen einem Tier und seiner Beute ist die Beziehung zwischen Sender und Empfänger einseitig; während ein Teilnehmer versucht, die Effizienz der Reizübertragung zu maximieren, verhält sich der andere bestenfalls neutral oder versucht, diese zu minimieren. Bei wahrer Kommunikation jedoch versuchen beide Teilnehmer die Effizienz des Informationstransfers zu maximieren.»[19] Nikolaas Tinbergen äußerte sich vier Jahre zuvor ganz ähnlich: «Eine Partei – der Aktor – sendet ein Signal aus, auf welches die andere Partei – der Reaktor – auf solche Weise reagiert, daß die Arterhaltung gefördert wird.»[20] W. Smith schließlich definierte, «Verhaltensweisen» seien «Handlungen, die speziell dazu dienen, Information verfügbar zu machen».[21] Lügen unter Artgenossen hätten gemäß dieser Deutungen die ihnen nachgesagten kurzen Beine, weil sie die Kooperation innerhalb der Spezies behindern.

Gänzlich anderer Meinung waren die britischen Verhaltensökologen Richard Dawkins und John Krebs, die im Jahre 1978 eine aufregende Diskussion in Gang brachten. Ihnen fiel zunächst auf, daß in der Literatur eine große Anzahl von Beispielen für zwischenartliche Täuschung zu finden war, Fälle innerartlicher Täuschung jedoch relativ selten berichtet wurden. Das führten sie nicht zuletzt darauf zurück, daß die klassische Verhaltensforschung dieses Phänomen vernachlässigt hat, weil sie von einem falschen Naturverständnis ausgegangen war – dem der Arterhaltung. Um zu überleben und sich fortzupflanzen wird ein Tier jedoch – so Dawkins und Krebs – «die Objekte seiner Umwelt manipulieren und sie zum eigenen Vorteil steuern. Ein Tier beeinflußt die Sinnesorgane eines anderen Tieres, so daß sich dessen Verhalten zu seinem Vorteil ändert». Kommunikation galt den beiden als Mittel, «durch welches ein Tier die Muskelkraft eines anderen Tieres ausnutzt».[22] Dawkins und Krebs nannten ihr Konzept «Informationstheorie des zynischen Gens». Die natürliche Auslese setzt ihrem Verständnis zufolge nicht auf der Ebene der Art an, sondern fördert stets jene Individuen, die auf die Ausbreitung ihres eigenen Erbgutes bedacht sind – auch und gerade auf Kosten von Artgenossen! Nur weil uns die Auffassung allzu vertraut ist, daß die Evolution zum «Wohle der Art» stattfindet, nehmen wir automatisch an, Lügner und Getäuschte müßten jeweils verschiedenen Arten angehören. Wir müssen jedoch damit rechnen – so hat es Richard Dawkins in seinem Bestseller *Das egoistische Gen* formuliert – «daß wir Lügen und Täuschung und selbstsüchtiges Ausnutzen der Verständigung immer dann finden werden, wenn die Interessen der Gene verschiedener Individuen nicht übereinstimmen. Dies gilt auch unter Individuen derselben Art.» Deshalb müssen wir sogar erwarten, daß Kinder ihre Eltern täuschen, Ehemänner ihre Frauen betrügen und Brüder sich untereinander belügen. Kooperation hingegen sollte – wenn sie auftritt – «als etwas Überraschendes angesehen werden, was eine spezielle Erklärung erfordert, anstatt als etwas, was automatisch zu erwarten ist».[23]

Daß die natürliche Funktion der Kommunikation ganz wesentlich eben nicht darin besteht, wahre Information zu übermitteln, wurde vor Dawkins und Krebs nur selten erkannt – jedenfalls von Evolutionsbiologen. Einer, der zeitlebens auf dem Boden der Tatsachen von Gesellschaftspolitik unter Menschen stand – der vielgewandte französische Staatsmann Charles Maurice de Périgord-Talleyrand (1754–1838) –, soll hingegen 1807 bei einer Unterredung mit dem spanischen Gesandten Izquierdo gesagt haben, als dieser ihn an frühere Versprechungen zugunsten Karls IV. von Spanien erinnerte: «La parole a été donnée l'homme pour déguiser sa pensée. – Die Sprache ist dem Menschen gegeben, um seine Gedanken zu verkleiden».[24]

Die Grenzen des Bluffs

Betrügerische Sender von Signalen verursachen «Kosten» in einem ansonsten für Signalempfänger vorteilhaften Kommunikationssystem. Wäre es stets nachteilig, auf Signale zu reagieren, dann würde die Selektion dafür sorgen, daß sich Verhaltensprogramme von nichtreagierenden Individuen ausbreiten, deren genetische Codierung entsprechend abgeändert ist. Bereits der sogenannte gesunde, an Alltagserfahrungen geschulte Menschenverstand lehrt, warum sich Betrug bei kommunikativen Akten in Grenzen halten muß – in äußerst dehnbaren Grenzen allerdings. Ist zuviel Falschgeld im Umlauf, bricht die Kaufkraft der Währung zusammen, da niemand mehr die echten Geldstücke nehmen wird. Auch durch Zechprellerei kann immer nur ein begrenzter Teil der Gäste in einem Wirtshaus ans

Bier kommen. Machten sich alle Trinker aus dem Staube, ohne die Zeche zu begleichen, würden keine Getränke mehr ausgeschenkt. Im Mittel muß es sich für die Wirtsleute lohnen, einer Bestellung Folge zu leisten in der Annahme, daß die Gäste hinterher bezahlen. Zudem ist es schwierig für Zechpreller, sich aus einer Gaststube ungesehen davonzustehlen. Das hohe Risiko, erwischt zu werden, entspricht hohen potentiellen Kosten, weshalb die Betrugsrate relativ klein ist. Stehen Tische und Bänke hingegen auf belebter Straße, ist die Chance entsprechend größer, unerkannt in der Menge verschwinden zu können. Mit dieser Kosten-Nutzen-Kalkulation haben Wirtsleute offenbar des öfteren Bekanntschaft gemacht und kassieren bei Straßenbewirtung gleich mit Auslieferung der Bestellung.

Wer den Schaden hat, braucht zwar für den Spott nicht zu sorgen. Doch verringert sich zugleich die Wahrscheinlichkeit, in Zukunft wieder verspottet zu werden, da die Bereitschaft der geleimten Signalempfänger sinkt, auf ein ähnliches Signal in Zukunft in gleicher Weise zu reagieren. Diese Erfahrung machte ich im Alter von sieben Jahren am eigenen Leibe. Mit meinem Cousin spielte ich in der Scheune hinter dem Bauernhaus, in dem unsere Großmutter das Regiment führte. Eines Tages beschlossen wir, wie am Spieß um Hilfe zu schreien. Es erfüllte uns mit großem Vergnügen, als unsere Großmutter entsetzt angerannt kam. Wir wurden belehrt, es sei nicht gut, ohne wirkliche Not um Hilfe zu schreien. Denn – so die Botschaft – falls wirklich etwas Schlimmes passiere, würde uns niemand glauben. An einem der nächsten Tage rutschte mein Cousin auf dem Oberboden des Strohschobers durch eine Ritze zwischen den nur lose aufgelegten Holzlatten. Ich konnte ihn am Arm festhalten, während er etwa fünf Meter über der Erde zappelte. Wir schrien wiederum um Hilfe. Diesmal kam niemand gerannt – obwohl, wie wir hinterher erfuhren, unser Rufen durchaus gehört worden war. Mein Spielgefährte entglitt meinen Händen und stürzte auf den Boden, wobei er sich einen Knochen anbrach. In diesem Falle hatten die Betrüger zwar beim ersten Täuschungsmanöver einen Nutzen – emotionales Wohlbefinden –, doch hatte dieses Interaktionsmuster keine Chance, sich dauerhaft im Verhaltensprogramm festzusetzen, da bei einer Wiederholung der Situation erhebliche Kosten entstanden waren. Genau diese Logik wird dem jugendlichen Schafhirten Peter in dem von Sergej Prokofjew (1891–1953) wundervoll in Musik umgesetzten symphonischen Märchen *Peter und der Wolf* zum Verhängnis. Rief doch der kleine Peter zunächst ohne allen Grund «Der Wolf! Der Wolf!». Und natürlich blieb Hilfe aus, als das Untier tatsächlich nahte. «Cry wolf» muß meistens ehrlich sein. Denn – wie das von Carl Joseph Simrock gegen Ende des 19. Jahrhunderts überlieferte Sprichwort sagt: «Wer einmal lügt, dem glaubt man nicht / und wenn er auch die Wahrheit spricht.»[25]

Die mathematische Spieltheorie kennt eine ganze Reihe von Modellen, die solche Zusammenhänge im Detail analysieren. Besonders interessant sind Prozesse, bei denen ein Individuum einem anderen einen Gefallen tut, die Erwiderung aber zeitlich verschoben erfolgt. Dies zieht für denjenigen, der in den Genuß der Vorleistung kommt, die Versuchung nach sich, entsprechende Gegenleistung zu verweigern, wenn sie eingefordert wird. Das Problem ist nicht nur theoretischer Art, sondern taucht beispielsweise bei der gegenseitigen Körperpflege auf, die im Tierreich weit verbreitet ist. Von zahlreichen Affenarten ist bekannt, daß sie einander vorzugsweise jene Fellpartien pflegen, die nicht selbst erreicht oder eingesehen werden können – etwa die Kopfregion, den Nacken, das Hinterteil *(Abb. 8).* Richard Dawkins verdeutlicht am Beispiel des gegenseitigen Pflegeverhaltens in einer Population, wie sich die Häufigkeit bestimmter Verhaltensweisen ändert je nach der Wahrscheinlichkeit, auf Betrüger zu stoßen. Gesetzt den Fall, es gäbe nur zwei Typen bei der Fellpflege – einmal die «Betrogenen», die jeden säubern, den es danach verlangt, sowie die «Betrüger», die sich zwar säubern lassen, selbst aber nie jemandem helfen. Solange *nur* Betrogene existieren, werden alle etwa gleich häufig gesäubert wie sie selbst säubern, und die Bezeichnung «Betrogener» scheint unangebracht. Sobald aber ein Betrüger auftritt, wird dieses Individuum von allen anderen gepflegt, ohne jemals eine Gegenleistung zu erbringen. Der Betrüger hat in diesem System deutliche Vorteile, da er sämtliche Energie beispielsweise in die Nahrungssuche und die Produktion von Kindern stecken kann, ohne Zeit für die Fellpflege von anderen zu verschwenden: Das Betrüger-Erbgut wird sich rasch in der Bevölkerung ausbreiten. In dem Maße, wie die Betrogenen häufiger an Betrüger geraten, erhöht sich ihre Sterblichkeit. Denn es wird immer wahrscheinlicher, daß ihr Fell nicht gesäubert wird und daß sie an einer von einem Parasiten übertragenen Infektion sterben. Allerdings schneiden sich damit die Betrüger in zunehmendem Maße ins eigene Fleisch. Je zahlreicher sie werden, desto seltener finden sie jemanden, der sie säubert, und ihr Egoismus führt unvermeidlich zur Ausrottung der gesamten Population.

Die Sache würde sich allerdings anders entwickeln, gäbe es eine dritte Strategie bei der Fellpflege, die sich die sogenannten «Nachtragenden» zu eigen machen. Ähnlich den Betrogenen säubern sie ebenfalls jeden, der es möchte, merken sich aber genau, wer nicht zurückzahlt, wenn sie selbst einmal Pflege nötig haben. Ist in der Population der Anteil von Betrügern sehr hoch, haben es die Nachtragenden schwer. Sie müssen zunächst eine große Zahl von Individuen säubern, bis sie die Betrüger unterscheiden können von den Betrogenen und den Nachtragenden, die zurückzuzahlen bereit sind. Hat sich die Anzahl der Nachtragenden erhöht, vergeuden sie immer seltener Energie an Betrüger. Für Betrüger wird es zugleich immer schwerer, jemanden zu finden, den sie ausbeuten können. Ihre Anzahl sinkt und sinkt. Ganz verschwinden werden sie nicht. Denn die Wahr-

Abb. 8: Die Mitglieder von Affengesellschaften – hier indische Languren – pflegen einander vorzugsweise jene Fellpartien, die nicht selbst erreicht oder eingesehen werden können. Ein Individuum erbringt hier eine Vorleistung, ist jedoch mit der Gefahr des Betruges konfrontiert, da die Erwiderung erst zeitlich verschoben erfolgen kann.

scheinlichkeit, daß Betrüger zweimal auf denselben Nachtragenden treffen, verringert sich ebenfalls mit wachsender Anzahl von Nachtragenden. Betrüger werden somit einen festen Anteil in der Population behalten – als kleine radikale Minderheit.

Der Anteil von Betrügern, Betrogenen und Nachtragenden zu einer jeweils gegebenen Zeit hängt davon ab, wie groß die tatsächlichen Kosten des Säuberns und der Nutzen des Gesäubertwerdens sind. Die Proportionen der verschiedenen Strategien variieren unter wechselnden Umweltbedingungen. Bleiben die Bedingungen konstant, wird sich nach einiger Zeit ein «evolutionär stabiles» Gleichgewicht einstellen. Allerdings führt der Ausleseprozeß nicht zu einem einzelnen besten Lösungsweg, den alle Individuen einschlagen. Vielmehr gibt es ein evolutionär stabiles *Gemisch* von Strategien – eine «mixed evolutionary stable strategy», abgekürzt MESS.[26]

Eine Herausforderung für die mathematische Spieltheorie ist auch die Evolution ritualisierter Auseinandersetzungen zwischen Rivalen, bei denen optische oder akustische Imponiermanöver eingesetzt werden. Die Gegner kämpfen nicht wirklich miteinander, sondern tauschen eine Zeitlang allerhand Drohgesten aus. Siamesische Kampffische wechseln so lange zwischen imponierendem Frontaldrohen und Seitwärtsdrohen, bis einer der Opponenten aufgibt. Der Sieger versucht nicht, den Unterlegenen zu verletzen.[27] Die Erklärung für dieses unblutige Ende von Kämpfen suchte die klassische Ethologie ebenfalls im Konzept der Arterhaltung: Es sei nicht gut für die Spezies, wenn das unterlegene Individuum geschädigt werde. Der Gewinner würde sich deshalb wie ein Ehrenmann verhalten und dem Verlierer erlauben, zurück ins zweite Glied der Population zu treten. Dort bliebe er ein wertvoller Bestandteil der Gemeinschaft, weil er vielleicht noch einmal zu besonderer Kraft und Stärke heranwächst. Falls der Verlierer vom Gewinner weit vertrieben wird, mag er eine bisher nicht besiedelte Nische des Lebensraumes aufsuchen und hilft so, die Art zu verbreiten. Der Verlierer fälscht angeblich seinerseits bei diesen unblutigen, als «Kommentkampf» bezeichneten Auseinandersetzungen keine Signale, weil stets der wirklich Bessere zum Wohle der Gemeinschaft gewinnen soll. Diese Erklärung hat jedoch einen entscheidenden Haken: Individuen, die zum Nutzen der Population oder Art auf «persönliche» Vorteile verzichten – sprich: einen renitenten Rivalen nicht endgültig beseitigen, obwohl sie es risikolos könnten –, pflanzen sich weniger häufig fort als Rücksichtslose.[28]

Die moderne Evolutionsbiologie sollte – wenn ihre Konzepte stimmen – ritualisierte Kämpfe ohne Rückgriff auf das Konzept der Arterhaltung erklären können. Grundannahme ist hierbei, daß Partner ihre Konflikte austragen ohne Rücksicht auf die Population, allein bestrebt, ihren eigenen Fortpflanzungserfolg voranzutreiben. Wenn jedoch stärkere Individuen die Auseinandersetzung mittels eines einfachen Signales – dem Spreizen von Gefieder oder lautem Vokalisieren – gewinnen könnten, wäre dem Bluff Tür und Tor geöffnet. Schwächere Individuen brauchten diese erfolgreichen Signale nur nachzuahmen, um in den Besitz der gleichen Ressourcen zu kommen. Offenbar geschieht dies zumindest manchmal. Die Männchen vieler Vogelarten markieren Territoriumsgrenzen durch Gesang. Andere Vögel lassen sich allein durch diesen Gesang abhalten, das Gebiet streitig zu machen – vor allem, wenn der Territoriumshalter des öfteren seine Position wechselt und stets ein anderes Lied trällert, wie es die Männchen der Kohlmeise tun.

Dieser Wechsel von Ort und Melodie mag bei potentiellen Eindringlingen den Eindruck erwecken, daß sich mehrere Individuen in dem Waldstück aufhalten, und sie mögen es vorziehen, ein weniger dicht besiedeltes und deshalb weniger schwer zu eroberndes Gebiet aufzusuchen.[29] Die Theorie, Vogelmännchen würden versuchen, bei Rivalen den Eindruck zu erwecken, es seien mehrere Verteidiger in einem Territorium präsent, wird «Beau-Geste»-Hypothese genannt. Der Name geht auf eine Abenteuergeschichte von P. C. Wren über die französische Fremdenlegion zurück:

Deren Held Beau Geste hielt seine Feinde vom Angriff auf ein unbemanntes Fort ab, indem er tote Männer hinter den Zinnen drapierte, – wodurch der Eindruck entstand, die Festung sei gut verteidigt.[30] Die Beau-Geste Hypothese wird gestützt durch ein Experiment mit Stärlingen der Spezies *Agelaius phoenicus,* deren Männchen mehrere Melodien beherrschen können und oft ihren Sangesort wechseln. Ein leeres Territorium, in dem ein Lautsprecher eine Vielzahl von Melodien schmetterte, wurde signifikant seltener von Eindringlingen heimgesucht als ein leeres Territorium, aus dem stets die gleiche Melodie vom Tonband erklang. Das Resultat läßt sich allerdings auch anders erklären: Daß nämlich ältere, erfahrenere und kampferprobtere Männchen *mehr* Melodien beherrschen und daß es deshalb für Eindringlinge entsprechend risikoreich ist, sich an deren Territorium heranzumachen. Bei den Stärlingen besteht tatsächlich ein solcher Zusammenhang, so daß die Eindringlinge offenbar nicht getäuscht werden, sondern schlicht gut daran tun, ein besonders potentes Männchen zu meiden.[31]

Obgleich also die Beau-Geste-Hypothese für Stärlinge offenbar nicht zutrifft, bleibt die Frage, warum nicht alle Territoriumsbesitzer «behaupten», alt und erfahren zu sein, indem sie einfach ein paar Melodien mehr singen und sich so Eindringlinge vom Leibe halten. Die Antwort lautet: Alle Kombattanten würden intensives Imponiergehabe zeigen, das Rivalen nachdrücklich einschüchtert, wenn sie es nur könnten. Aber offenbar können sie es nicht. Männchen der Erdkröte *(Bufo bufo)* klammern sich auf dem Rücken befruchtungsbereiter Weibchen fest. Andere Männchen versuchen, die Geschlechtsgenossen von den Weibchen herunterzuzerren. Das klammernde Männchen reagiert auf die erste Berührung eines Widersachers mit Quaken. Die Wahrscheinlichkeit, daß dieser den Kampf eskalieren läßt, hängt von der Größe des verpaarten Männchens ab – kleine Männchen werden eher weiter attackiert als große –, aber auch von der Höhe des Quaktones. In einem Experiment wurden verpaarte Männchen zum Schweigen gebracht, indem ihnen ein Gummiband unter den Vorderextremitäten hindurch und durchs Maul gezogen wurde. Sobald ein anderes Männchen das verpaarte berührte, ertönte von einem Tonband nur fünf Sekunden entweder ein hoher oder ein tiefer Quakton. Auch wenn die verpaarten Männchen klein waren, ließen die Widersacher mit größerer Wahrscheinlichkeit von ihnen ab, wenn ein tiefer Quakton ertönte. Umgekehrt wurden selbst größere Männchen etwas häufiger attackiert, wenn ein hoher Quakton bei ihrer Berührung abgespielt wurde.[32]

Warum «behaupten» die kleinen Männchen nicht einfach, sie seien groß, indem sie tiefe Quaktöne produzieren? Ganz einfach: Ihre Körpermasse reicht dafür nicht aus. Die Tonhöhe eines Rufes hängt unter anderem ab von Spannung, Dicke und Länge der schwingenden Membran sowie der Größe des Resonanzraumes. Größere Frösche haben einen größe-

Abb. 9: Bestehen bei Konflikten ungleiche Siegeschancen, begünstigt die Evolution «ehrliche» Signale, welche es erlauben, die Kampfpotentiale einzuschätzen. Unter männlichen Rothirschen kommt es nur selten zu Kämpfen, da die Kontrahenten zuvor ihre Kräfte taxieren – akustisch durch «Röhrduelle» (oben) und optisch durch «Parallel-Paradieren» (unten).

ren Kehlsack und können Töne niedriger Frequenz erzeugen. Da größere Organismen grundsätzlich dazu neigen, tiefere Töne zu produzieren, bekamen niedrigere Frequenzen die Signalfunktion einer Drohung. Hohe Töne signalisieren hingegen eher Unterwerfung – als wolle der Organismus beteuern: «Ich bin winzig und deshalb harmlos.» Genau deshalb muß im Märchen *Der Wolf und die sieben jungen Geißlein* das Raubtier Kreide essen, weil allein seine tiefe Stimme den Geißenkindern verraten hätte, daß wohl kaum die Mutter an die Tür geklopft hat.[33] Diese Faustregel findet ihren Niederschlag in der Modulation unserer Sprache. Beispielsweise geht die Stimme am Ende einer Frage in die Höhe – ist doch Fragenstellen eine eher höfliche oder submissive Handlung –, während die Stimme am Ende einer Feststellung nach unten absinkt.[34]

Bei Auseinandersetzungen mit ungleichen Siegeschancen favorisiert die Evolution häufig kooperative Kommunikationssysteme, von denen sowohl Sender als auch Empfänger Nutzen haben: Große und starke Männchen brauchen weder Zeit noch Energie zu verschwenden, um kleine Angreifer zu verjagen; kleine und schwächere Männchen, die an ein großes geraten, können sich zurückziehen, sobald sie ihre relative Stärke eingeschätzt haben, ohne einen Kampf aufnehmen zu müssen, in dem sie ohnehin chancenlos sind. Überwiegend «ehrliche» Signale, die eine Einschätzung des Kampfpotentiales erlauben, finden wir deshalb auch beim Rothirsch *(Cervus elaphus)*. Männchen dieser Spezies konkurrieren um Hirschkühe für ihren Harem. Trotz des spitzen und gefährlichen Geweihes sind «Alles-oder-nichts»-Kämpfe selten. Konflikte werden meist durch ritualisiertes Kräftemessen entschieden. Zunächst finden Röhrduelle statt: Zwei Rothirsche brüllen mit allmählich zunehmender Rate, bis am Ende einer aufgibt oder sich für ein physisches Kräftemessen entscheidet. Röhren kostet viel Energie, und es dürfte schwierig sein, hierbei zu bluffen. Vor einem Kampf laufen die Kontrahenten Seite an Seite ein Stück in eine Richtung. Bei diesem «Parallel-Paradieren» können sie erneut das Kampfpotential des Gegners über dessen Körpergröße einschätzen. Erst wenn auch nach diesem optischen Kräftemessen keiner der Kontrahenten aufgibt, wird das Geweih zum Angriff gesenkt *(Abb. 9)*.[35]

Dafür, daß unterlegene Rivalen im Tierreich nur selten getötet werden, gibt es in der Regel eine einfache Erklärung: Kein Gegner, sei er auch noch so schwach, ist hemmungsloser als ein in die Enge getriebener, der bereit ist, alles auf eine Karte zu setzen, um seine Haut zu retten. Der Gewinner eines Kampfes tut also gut daran, nach seinem Sieg kein Risiko mehr einzugehen.

Information als Manipulation

Über innerartliche Täuschung wurde in der Fachliteratur lange Zeit vergleichsweise selten berichtet. Das liegt nicht nur an der Ignoranz der klassischen Verhaltensforscher diesem Phänomen gegenüber und daran, daß die Häufigkeit von Täuschungsmanövern beschränkt sein muß, um wirksam funktionieren zu können. Es ist zudem schwer, sie zu beobachten. Als Wolfgang Wickler in seinem bekannten Buch *Die Biologie der Zehn Gebote* zu dem Problem Stellung nahm, ob Tiere «lügen» können, kommentierte er Berichte über hausaufgezogene Drosseln, welche Alarmlaute in harmlosen Situationen ausstoßen, um Artgenossen von guten Futterbrokken zu verscheuchen: «Wenn man bedenkt, wieviel Situationskenntnis beim Beobachter nötig ist, damit er so etwas findet, wird es sehr unwahrscheinlich, das gleiche Verhalten in freier Natur, wenn es da vorkommen sollte, überhaupt wahrzunehmen.»[36]

Mit erheblicher Geduld ist das dem an der Universität von Uppsala arbeitenden Zoologen Anders Møller gelungen – bei freifliegenden Studienobjekten, den angeblich monogamen Schwalben. Viele Vogelarten leben in Einehe. Bei solchen Spezies kümmern sich nicht nur die Weibchen um den Nachwuchs, sondern die Männchen beteiligen sich an der Brutpflege. Die Fürsorge kann ziemlich zeit- und energieaufwendig sein, je nach dem Ausmaß väterlicher Beteiligung an Nestbau, Bebrüten der Eier oder Nahrungsbeschaffung für die Jungen. Entsprechend groß sollte das Interesse der Männchen sein, ihre Vaterschaft zu sichern. Die ganze Investition wäre im Hinblick auf die eigene genetische Fitneß umsonst, wenn die aufgezogenen Kinder nicht die eigenen sind. Oft versuchen Männchen jedoch, ihren Fortpflanzungserfolg zu steigern, indem sie mit Weibchen kopulieren, die eigentlich mit anderen Männchen verpaart sind. Um allfällige Nachkommen aus dieser Verbindung kümmern sie sich allerdings nicht. Indem sie das eine tun und das andere nicht lassen, verfolgen die Männchen eine «gemischte» Strategie der Reproduktion. Sie geraten dabei zwangsläufig in eine Doppelrolle: Einerseits laufen sie Gefahr, als Ehepartner gehörnt zu werden, andererseits betätigen sie sich selbst als «Kleptogame», als Keimzellen-Klauer bei anderen Weibchen.[37]

So entsteht ein evolutionärer Wettlauf zwischen Männchen, die bestrebt sind, ihre Vaterschaft zu sichern, und Kleptogamen, die ein fremdbefruchtetes Ei unterjubeln wollen. Um Kleptogamie zu bekämpfen, haben Männchen verschiedene Optionen. Zum einen können sie ihren Weibchen während der fruchtbaren Phase nicht von den Federn weichen – was natürlich auf Kosten der Möglichkeit geht, selbst erfolgreich Kleptogamie zu betreiben. Männchen wurden auch dabei beobachtet, wie sie die Kloake ihrer Partnerin bepickten – den Ausgang des Verdauungs- und Genitaltraktes. Vermutlich versuchen sie auf diese Weise, eventuell vorhandenes fremdes Sperma zu beseitigen. Zudem kann häufiges Kopulieren mit der eigenen Partnerin die Vaterschaft erhöhen: Fremdes Sperma wird auf diese Weise verdünnt, womit die Wahrscheinlichkeit einer Fremdbefruchtung gleichfalls sinkt. Zuweilen wurden sogar – nach Begegnungen des Weibchens mit fremden Männchen – erzwungene Kopulationen beobachtet.[38]

Männchen haben auch die Möglichkeit, das Verhalten von Kleptogamen zu manipulieren. Genau das beobachtete Anders Møller. Seit Anfang der achtziger Jahre untersucht er die Verhaltensökologie von Rauchschwalben *(Hirundo rustica)* in der Nähe von Kraghede in Dänemark, einem landwirtschaftlich genutzten Gebiet mit vereinzelten Bauernhöfen, Hecken, Gebüschen und Feldern. Diese Schwalben leben in Paaren –, ihre Einehe ist jedoch lediglich eine Dreiviertelmonogamie. Møller, der die Schwalben regelmäßig beringt und genau unterscheiden kann, untersuchte die Erbgänge verschiedener morphologischer Fußmerkmale. Zudem fertigte er «genetische Fingerabdrücke» an. Bei dieser relativ neuen Methode des «DNS-fingerprinting» werden Verwandtschaftsbeziehungen rekonstruiert über Erbmaterial, das aus Blutzellen isoliert wird. Resultat: Etwa 26 Prozent aller Nachkommen der Weibchen waren von Kleptogamen gezeugt![39] Da die Männchen nicht gleichzeitig ihre Weibchen bewachen und auf Kleptogamie-Exkursion ausfliegen können, ist eine Verhaltensstrategie zu erwarten, bei der die Kosten verringerter Vaterschaftssicherheit niedriger sind als der Nutzen zusätzlicher Befruchtungen anderer Weibchen. Wenn die Weibchen nach abgeschlossenem Nestbau mit der Eiablage beginnen, sitzen sie mehr und mehr Zeit auf dem Nest. Entsprechend sinkt die Gefahr, daß sie bei Ausflügen fremdbefruchtet werden. Der Prozentanteil der bereits befruchteten Eier (von allen Eiern, die ein Weibchen überhaupt legen kann) nimmt zudem mit jedem Tag der Eiablage zu. Dadurch verringert sich zugleich stetig das Risiko für die Männchen, selbst Opfer eines Kleptogamen zu werden, sobald sie ihr Weibchen allein lassen. Männchen verbringen daher weniger und weniger Zeit bei ihren Weibchen, je weiter fortgeschritten die Eiablage ist.

Møller bemerkte, daß Schwalbenmännchen regelmäßig Alarmlaute ausstießen, wenn sie bei der Rückkehr zum Nest ihr Weibchen nicht vorfanden. Zwar war es schwierig, die Aktivitäten der Weibchen während ihrer Ausflüge genau zu verfolgen, doch konnte er in zumindest fünf Fällen beobachten, wie eine Kopulation mit einem fremden Männchen fluchtartig abgebrochen wurde, nachdem das heimkehrende Schwalbenmännchen Alarm gab. Die Männchen flogen oft minutenlang um das leere Nest, während sie falschen Alarm gaben. Eine wirkliche Gefahr drohte nicht. Katzen oder Greifvögel – denen erwachsene Schwalben bei Kraghede gelegentlich zum Opfer fallen – waren nicht in der Nähe. Das konnte Møller dank der guten Sichtbedingungen in dem offenen Gelände ziemlich sicher ausschließen.

Mittels eines eleganten Experiments untersuchte er die Frage, ob Männchen den falschen Alarm um so wahrscheinlicher geben, je gefährdeter ihre Vaterschaftssicherheit ist. Hierzu untersuchte der schwedische Zoologe insgesamt 45 Schwalbenpaare, die zwischen Mai und August jeweils zweimal Nester bauen und Gelege großziehen. Die Paare nisteten entweder solitär an isolierten Plätzen oder in kleinen Kolonien. Wenn die Männchen gerade ausgeflogen waren, scheuchte er die Weibchen jeweils einmal vom Nistplatz auf in jeder der drei Nistphasen: während des Nestbaues (5–12 Tage vor Beginn der Eiablage), zwischen dem 4. und 7. Tag der Eiablage und zwischen dem 2. und 7. Tag der insgesamt zweiwöchigen Inkubationsphase – dem Ausbrüten der Eier. Die in Kolonien brütenden Schwalbenmännchen gaben fast immer falschen Alarm, wenn sie während der Eiablagephase bei ihrer Rückkehr ein weibchenloses Nest vorfanden – in 91–96 Prozent aller Fälle. Wenn die Gefahr einer Fremdbefruchtung geringer war, reagierten sie weitaus seltener: während des Nestbaues in nur 4–6 Prozent der Fälle, während des Brütens nie. Die einzeln nistenden Schwalbenmännchen hingegen ließen sich bei der Rückkehr durch ein weibchenloses Nest grundsätzlich kaum aus der Ruhe bringen. Die nächsten Nester mit Rivalen waren mindestens 300 Meter entfernt und dementsprechend gering war das Risiko einer Kleptogamen-Befruchtung. Solitär brütende Männchen schlugen sowohl im ersten wie im zweiten Nistzyklus selten Alarm: während des Nestbaues in 8 bzw. 0 Prozent der Fälle, während der Eiablage in 0 bzw. 13 Prozent der Fälle, und während der Inkubationsphase nie.

Dieser Unterschied zwischen koloniebrütenden und solitären Männchen konnte ein sogenannter «Verhaltenspolymorphismus» sein, also auf unterschiedlichen, relativ starren Verhaltensprogrammen beruhen. Denkbar war aber auch, daß die Männchen flexibel und situationsabhängig reagierten – je nach Größe des Risikos, ob ihre Nestpartnerin mittlerweile fremdgeflogen sein könnte. Møller testete beide Hypothesen mit einer zweiten Versuchsserie. Er konfrontierte die solitär nistenden Männchen in der Nähe ihres Nestes mit einem ausgestopften anderen Männchen. Kamen die Männchen nun zu einem weibchenlosen Nest zurück, gaben sie plötzlich falschen Alarm: während des Nestbauens in etwa der Hälfte aller Fälle, während der Eiablage in etwa zwei Dritteln der Fälle, während der Inkubation hingegen in weniger als jedem zehnten Fall. Auf ausgestopfte Singvögel einer anderen Art, etwa einen Fitis, reagierten die Männchen nicht. Dem falschen Alarm lag mithin eine «Risikoabwägung» zugrunde, er beruhte nicht auf einem Verhaltensprogramm, das mit der Art des Nistplatzes gekoppelt war.

Das Fälschen von Vokalisationen ist eine besonders effektive Methode, Empfänger zu betrügen. Denn da die Lautäußerungen nur kurz sind und lediglich während bestimmter Situationen eingesetzt werden müssen, verursachen sie beim Sender keine großen energetischen Kosten. Der Empfänger hat zudem kaum eine Chance, die Situation vor seiner Reaktion eingehend zu analysieren, da die Signalfälschung relativ selten auftritt – was es erschwert, falsche von richtigen Signalen unterscheiden zu lernen – und bei Nichtbefolgen der Warnung ein großes Risiko besteht, gefressen zu werden. Anders sieht die Rechnung aus bei optischen Signalen, die beispielsweise vom Gefieder ausgehen und Körperkraft symbolisieren. Da diese Signale permanent sichtbar sind, haben die Empfänger viel häufiger die Möglichkeit, ihren Wahrheitsgehalt zu überprüfen. Optische Signalfälschungen können unter Bedingungen der intrasexuellen Konkurrenz deshalb nur dann evolvieren, wenn die durch sie erlangten Vorteile für den Sender relativ *gering* sind, wenn der Sender also beispielsweise in den Besitz kleiner und wenig bedeutender Futterbrocken gelangt.[40] Für die Signalempfänger lohnt es sich in diesem Falle im Mittel nicht, durch einen Kampf den Wahrheitsgehalt des Signals auszutesten. Denn wenn sie bei ihrem Test auf einen «wahrhaften» Signalsender treffen – ein tatsächlich starkes Männchen – verursacht das hohe Kosten. Treffen sie bei ihrem Test hingegen auf Signalfälscher, ist der Gewinn, den sie machen, relativ gering. Wolfgang Wickler hat diesen Gedankengang in prägnante Sätze gekleidet: «Signale, die der Empfänger aus Sicherheitsgründen nicht unbeantwortet lassen darf, bieten sich zum Mißbrauch durch ein Sender-Individuum an. Aus der Tendenz des Senders, den Empfänger zu manipulieren, und der Tendenz des Empfängers, Signale nur zu beantworten, wenn es auch ihm nützt, ergibt sich – sozusagen als Kompromiß – der notwendige Wahrheitsgehalt in der Kommunikation.»[41]

Illustrieren läßt sich dieser Mechanismus der Evolution eindrucksvoll durch Untersuchungen an einer anderen Vogelart.[42] Beim Harris-Ämmerling oder Harris-Spatzen *(Zonotrichia querula)* korreliert der Rangstatus im Winterschwarm mit der Größe einer latzartigen schwarzen Federpartie an Hals und Brust, die im wesentlichen ein Statusabzeichen ist: Die dunkleren Vögel sind dominanter. Eine solche Methode, Status zu signalisieren, hat sich bei Schwarmvögeln entwickelt, speziell bei Spezies, die in Schwärmen wechselnder Zusammensetzung leben. Die Frage drängt sich auf, warum rangniedere Vögel überhaupt ein Erkennungsmal ihrer Unterlegenheit an sich tragen, wo es auf den ersten Blick vorteilhafter zu sein scheint, dieses Stigma eines niedrigen Status einfach zu vertuschen. Sievert Rohwer von der University of Washington in Seattle versuchte deshalb, Betrüger zu erzeugen. Er vergrößerte die Federpartie von insgesamt neun rangniederen Vögeln mit blau-schwarzem Farbstoff. Hierzu betäubte er die Spatzen, trug dann Haarfarbe auf, wie sie auch von Friseuren benutzt wird, wusch das Gefieder in warmem Seifenwasser, um die Federn wieder weich und geschmeidig zu machen, und pustete die Versuchstiere mit einem Föhn trocken. Nach dem Aufwachen entließ er sie wieder in den Schwarm. Die Prozedur brachte den Rangniederen allerdings keinen Vorteil: Der schwarze Fleck *allein* reichte nicht aus. Sie wurden nahezu viermal so häufig von anderen Vögeln angegriffen wie vor ihrer Umfärbung. Die manipulierten Vögel gewannen überdies nicht häufiger Auseinandersetzungen, sondern sie wurden bei den verstärkten Eskalationen von den tatsächlich Ranghöheren besiegt. Die einzige Ausnahme war ein Vogel, der nach der Herbstmauser, in der das angemessene Gefiedersignal erzeugt wird, des öfteren bereits dunkler gefärbte Vögel besiegt hatte. Die anderen gefärbten Spatzen wurden meist an den Rand des Schwarmes gejagt, wo sie noch weniger Futter fanden als die Rangniederen im Zentrum des Schwarmes. Offenbar stellen Betrüger eine ernste Bedrohung dar für den Status der dunklen Vögel, denn diese müssen ja nicht nur häufiger Platz machen beim Streit ums Futter. Überdies – würden die Betrügereien erfolgreich sein – bestünde die Gefahr, daß das schlechte Beispiel Karriere macht. Die Ranghohen handelten offenbar nach dem Motto «Wehret den Anfängen». Die Strategie, durch Eskalation den Wahrheitsgehalt des Gefiedersignales auszutesten, hängt mit den hohen Kosten zusammen, die es mit sich bringt, weniger häufig an die Futterbrocken zu gelangen. Denn rangniedere Vögel überleben seltener den Winter als ranghohe *(Abb. 10)*.

Das Experiment hatte allerdings Schönheitsfehler. Vielleicht waren die gefärbten Vögel ihren Schwarmgenossen krank erschienen, da die Gefiederfärbung nicht mit einem entsprechenden Hormonspiegel einherging. Eventuell wurden sie lediglich öfter angegriffen, weil das wahrgenommene Risiko niedrig war und der potentielle Gewinn hoch – getreu dem Motto «Schlage den Starken, solange er am Boden ist». Gemeinsam mit seinem Kollegen Frank Rohwer von der Kansas State University führte Sievert Rohwer deshalb eine zweite Versuchsserie durch. Rangniedere Vögel wurden wiederum gefärbt, doch wurde ihnen gleichzeitig ein winziger Schlauch implantiert, der kontinuierlich geringe Mengen von Testosteron

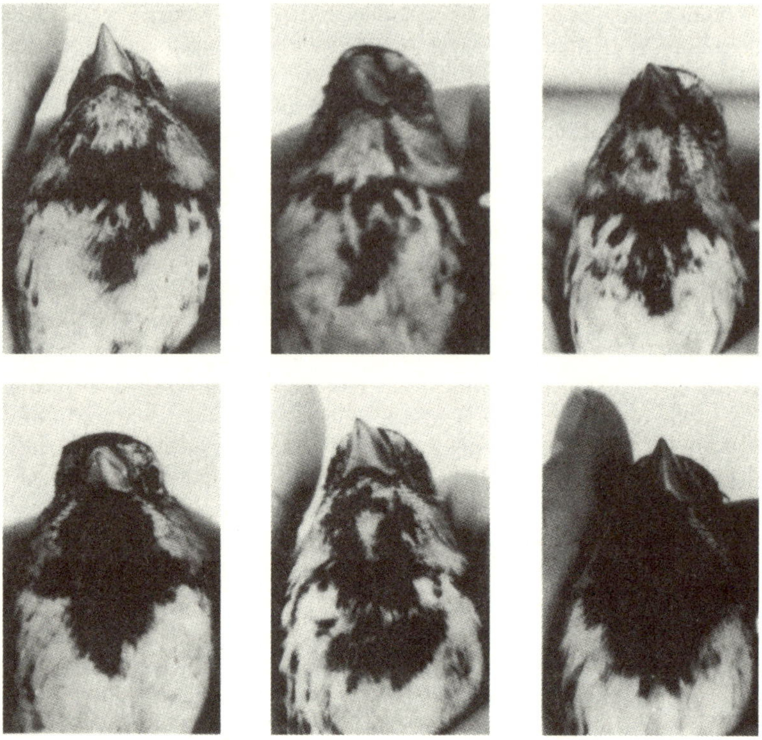

Abb. 10: Je mehr schwarze Federn Harris-Spatzen an Hals und Brust haben, desto höher ihr Rang im Winterschwarm. Durch Färben wurden experimentell Betrüger hergestellt, deren Hochstapelei jedoch von den tatsächlich Ranghöheren schnell entlarvt wurde. Die obere Bildreihe zeigt drei Vögel vor der Umfärbung, die untere Reihe dieselben Tiere nach der Manipulation. Links ein Männchen, das im Schwarm blieb, aber signifikant häufiger attackiert wurde. In der Mitte ein Weibchen, das den Schwarm verließ und allein herumzog. Rechts ein Männchen, das allein herumzog oder sich am Rand des Schwarmes aufhielt, wo es ebenfalls wesentlich öfter als zuvor angegriffen wurde.

abgab. Dieses männliche Sexualhormon steigert gewöhnlich die Aggressivität eines Individuums. Die gefärbten und hormonbehandelten Spatzen stiegen tatsächlich mit Erfolg im Rang auf! Kontrolltiere, die lediglich eine Implantation erhalten hatten, jedoch nicht gefärbt worden waren, gewannen allerdings nicht mehr Kämpfe, obgleich sie häufiger kämpften. Dieser Teilbefund ist schwer zu deuten. Da die Produktion von Testosteron nicht besonders kostenintensiv ist, scheint es wahrscheinlich, daß rangniedere Vögel ihren Hormonspiegel nicht steigern, weil es für Individuen ihrer

Körpergröße, ihres Alters oder ihrer Kampfeserfahrung vermutlich zu schwierig wäre, den dadurch erreichten hohen Status auch zu halten. Vielleicht wurden die manipulierten Vögel in besonders heftige Eskalationen verwickelt, da sie von den anderen als größenwahnsinnige Randalierer angesehen wurden, die sich einen höheren Rang anmaßten, als ihnen zukam. Das Experiment zeigt aber zugleich, daß Dominanz zu bedeutenden Anteilen über die *Bereitschaft* zum Kampf erreicht wird. Zur Einschätzung des Status stützen sich Rivalen jedoch *sowohl* auf die Größe der Federpatie *als auch* auf das Resultat eskalierter Auseinandersetzungen.[43]

Die im Zusammenhang mit dem Phänomen der *zwischen*artlichen Täuschung geschilderten Beutestrategien räuberischer Weibchen der Glühwürmchen-Gattung *Photuris* haben auch tiefgreifende Veränderungen der *inner*artlichen Signalgebung herbeigeführt. Da bei den Leuchtkäfern viele Männchen um nur wenige Weibchen konkurrieren, versuchen offenbar Männchen der Beuteart *Macdermotti* eigene Geschlechtsgenossen durch Nachahmen von artspezifischen Blitzen der räuberischen *Photuris*-Weibchen auszutricksen. Männchen von Beutearten müssen sich ja den ihre Lichtsignale erwidernden Weibchen äußerst vorsichtig nähern, um nicht Gefahr zu laufen, von einer falschen Braut verspeist zu werden. Wenn ein Freier das Signal eines Räuber-Weibchens imitiert, sorgt er dafür, daß sich ein Mitbewerber langsamer und behutsamer nähert – was dem Signalfälscher unter Umständen entscheidende Sekundenvorteile bei der Suche nach einem paarungswilligen Weibchen verschafft. Aber nicht nur Männchen der Beutearten haben Mimikry-Signale als Reaktion auf das räuberische Mimikry entwickelt: Die Männchen der räuberischen Weibchen ahmen ihrerseits Männchen von Beutearten nach! James Lloyd, dem wir diese Entdeckung verdanken, äußert die Vermutung, die Männchen würden mittels der fremden Signale «Jagd» auf ihre eigenen Weibchen machen. Denn die räuberischen Weibchen sind dermaßen intensiv mit Beutemachen beschäftigt, daß ein als Beute verkleideter Freier größere Chancen hat, das Interesse der Weibchen zu wecken.[44]

Der in Schottland hochverehrte Walter Scott dichtete Anfang des 19. Jahrhunderts in einem Canto seines *Marmion*: «Oh, what a tangled web we weave, when we practise to deceive!»[45] Recht hatte er – das Netz, das gewebt wird, um zu täuschen, hat viele verwirrende Knoten. Doch da wir selbst fleißig daran weben, haben wir gelernt, auf der Hut zu sein, um uns nicht darin zu verfangen.

Fünftes Kapitel

Wie Affen einander Bären aufbinden

Taktische Täuschung unter Primaten

> Der Intellekt als Mittel zur Erhaltung des Individuums entfaltet seine Hauptkräfte in der Verstellung; denn diese ist das Mittel, durch das die schwächeren, weniger robusten Individuen sich erhalten, als welchen einen Kampf um die Existenz mit Hörnern oder scharfem Raubtier-Gebiß zu führen versagt ist.
>
> Friedrich Nietzsche[1]

Zweihundertdreiundfünfzig Anekdoten

Verhaltensforscher scheuen sich, seltene Ereignisse zu veröffentlichen. Einzelfälle werden nämlich in den Naturwissenschaften schnell als wertlose Anekdote abgetan.[2] Was zählt, sind «quantitative Daten» – eine möglichst große Anzahl von Ereignissen, die mittels mathematischer Verfahren auf statistisch signifikante Trends hin getestet werden können. «Qualitative Daten» werden von den Herausgebern wissenschaftlicher Fachzeitschriften bestenfalls als Dekoration in einer geballten Ladung von Zahlenmaterial geduldet. Diese Hemmungen von Naturwissenschaftlern beim Umgang mit seltenen Ereignissen haben auch dazu beigetragen, daß das Phänomen der innerartlichen Täuschung in den Verhaltenswissenschaften lange Zeit kaum Beachtung fand. Denn – das dürfte klargeworden sein – innerartlicher Betrug tendiert dazu, vergleichsweise selten zu sein.

Die Verhaltensforschung wird von den Vertretern der «harten Naturwissenschaften» wie Chemie und Physik gern mitleidig belächelt und in der Schublade der «soft sciences» abgelegt, in denen sie auch Disziplinen wie Sozialpädagogik und Theaterwissenschaft schlummern lassen. Um von diesem Image wegzukommen, haben viele Primatologen das beschreibende und erzählende Element einem geradezu panischen Bedürfnis nach Quantifizierung geopfert. Deshalb mag es nützlich sein, an die Weisheit eines Konrad Lorenz zu erinnern, der stets für die Notwendigkeit der qualitativen «Gestaltwahrnehmung als Quelle wissenschaftlicher Erkenntnis» eintrat.[3] Die vom Altmeister der klassischen Verhaltensforschung liebevoll, aber sehr vermenschlichend beschriebenen Erlebnisse mit dem legendären Gänsekind Martina mögen nicht das glücklichste Resultat dieses Ansatzes sein. Es kann jedoch kein Zweifel bestehen, daß die im Zuge der Primaten-Evolution entwickelten «offenen» Lernprogramme das Potential schufen für die Ausbildung unverwechselbarer Persönlichkeiten auch unter Affen und Menschenaffen. «In-dividuum» meint dann außer dem «Un-Teilbaren» gleichfalls das «Un-Summierbare». Im Laufe der stam-

Abb. 11: Mit einem Trick – so stellten Primatenforscher in den Drakensbergen Südafrikas fest – ergatterte sich ein kleiner Savannenpavian immer wieder schmackhafte Knollen.

mesgeschichtlichen Entwicklung kommt den «genialen», in einer Gaußschen Normalverteilungskurve bestenfalls randständigen Existenzen damit wachsende Bedeutung zu. Erkannt werden kann das nur durch geduldige, jahrelange Beobachtung von Affen und Menschenaffen, möglichst in ihrer natürlichen Umgebung – ein Weg, den erstmals die britische Verhaltensforscherin Jane Goodall beschritt, als sie ab Anfang der sechziger Jahre begann, gemeinsam mit anderen Feldforschern, die Lebensschicksale wilder Schimpansen am Ostufer des Tanganyika-Sees zu dokumentieren. Erst nach Jahrzehnten intensiven Studiums besteht die Hoffnung, daß sich Kasuistiken – die «Fallbeschreibungen» – zu Mustern formen.

Ganz ähnlich verhält es sich mit dem Studium seltener Ereignisse im Leben von Primaten. Richard Byrne erlebte eine solche außergewöhnliche Anekdote, als er im Jahre 1983 in den südafrikanischen Drakensbergen Paviane beobachtete: Ein jugendliches Männchen – Paul genannt – sieht, wie ein erwachsenes Weibchen schmackhafte Knollen ausgräbt. Paul blickt sich um, kann aber keine weiteren Paviane entdecken, obwohl sie sicherlich irgendwo in der Nähe sind. Er beginnt, laut zu schreien – was Paviane normalerweise nur tun, wenn sie bedroht werden. Sekundenschnell ist Pauls Mutter zur Stelle und jagt das Weibchen über alle Berge. Paul hingegen vernascht die Knolle *(Abb. 11)*.[4] Wäre das erwachsene Weibchen der ältere Bruder in einer Menschenfamilie und die Wurzel ein Lieblingsspielzeug – den Eltern wäre wahrscheinlich schnell klar gewesen, daß Paul geflunkert hatte. Ein redlicher Wissenschaftler wie Byrne aber hatte Anlaß zur Skepsis. Die einzelne Episode konnte Zufall sein, der Angriff der Mutter mochte nichts mit dem Geschrei ihres Kindes zu tun haben. Paul konnte tatsächlich von dem Weibchen bedroht worden sein, als der Beobachter gerade abgelenkt war. Als Byrne ins Forschungscamp zurückkehrte und die Geschichte seinem Kollegen Andy Whiten erzählte, stellte sich aber heraus, daß der den jungen Pavian bei gleicher Aktion mit einem anderen «Opfer» erwischt hatte.[5] Nach einigen Tagen hatten die beiden Primatologen einen starken Verdacht: Paul taktierte, um Futterbrocken zu ergattern, die er noch nicht selbst ausgraben konnte. Er war offenbar nicht tatsächlich ängstlich, machte aber seine Mutter glauben, er werde bedroht.[6]

Auch der halbstarke Pavian Melton beherrschte offenbar einen Bluff: Als er ein Baby zu rauh behandelte und von dessen Clan angegriffen wurde, floh er nicht, sondern stellte sich auf die Hinterbeine und ließ den Blick schweifen. Genau das tun Paviane, wenn sie Freßfeinde entdeckt haben. Die Angreifer starrten ebenfalls ins Gelände und vergaßen seine Bestrafung völlig *(Abb. 12)*.[7]

Richard Byrne und Andy Whiten arbeiten am Department of Psychology der traditionsreichen schottischen Universität von St. Andrews; innerhalb weniger Jahre haben sie von dort aus eine überaus aufregende und mittlerweile weithin respektierte Forschungsrichtung ins Leben gerufen, die sich mit dem Problem der «taktischen Täuschung» unter Primaten beschäftigt. Ihre Verhaltensbeobachtungen an Pavianen in den Drakensbergen veranlaßten sie, die Fachliteratur nach ähnlichen Vorfällen zu durchforsten. Das Resultat war ausgesprochen mager – in kaum einem halben Dutzend Veröffentlichungen wurden sie fündig, und die bezogen sich fast ausschließlich auf Schimpansen. In beredtem Kontrast hierzu stand die regelmäßige Auskunft, die sie von anderen auf das Thema angesprochenen Primatologen erhielten: «O ja, so etwas habe ich auch schon beobachtet, das ist gar nicht mal selten und vermutlich habe ich es zudem oft übersehen.» Publiziert hatten die Verhaltensforscher ihre Beobachtungen in den seltensten Fällen.[8]

Im Jahre 1985 suchten Byrne und Whiten Adressen von 115 Primatenforschern heraus, vornehmlich Mitgliedern der «Internationalen Gesell-

Abb. 12: «Taktische Täuschung» liegt vor, wenn ein Tier «ehrliches» Verhalten benutzt, um seine Artgenossen irrezuführen. Hier gibt ein Savannenpavian vor, einen Raubfeind erspäht zu haben und beendet so eine gegen ihn gerichtete Attacke.

schaft für Primatologie» und der «Primatologischen Gesellschaft von Großbritannien». Die beiden verschickten einen Fragebogen, in dem sie um Auskunft baten, ob die Studienobjekte der Wissenschaftler je ein Verhalten gezeigt hätten, das einer von Byrne und Whiten entwickelten Definition von «taktischer Täuschung» entsprach, also «Handlungen aus dem normalen Verhaltensrepertoire des Handelnden, so angewandt, daß ein anderes Individuum die Bedeutung dieser Handlungen wahrscheinlich fehlinterpretiert und dem Handelnden daraus Vorteile erwachsen».[9] Weniger kompliziert ausgedrückt: Taktische Täuschung liegt vor, wenn Tiere «ehrliches» Verhalten in *anderem* Zusammenhang gebrauchen und dadurch vertraute Artgenossen zum eigenen Nutzen irreführen.[10]

32 Forscher sandten den Fragebogen zurück – eine durchaus beachtliche Anzahl, denn zu antworten hieß hier ja: eigene Daten zur Verfügung

zu stellen, ohne zunächst selbst direkten Nutzen zu haben. Byrne und Whiten fügten den eingesandten Beobachtungen jene verstreuten Hinweise auf taktische Täuschung hinzu, die sie in der Fachliteratur hier und dort gefunden hatten. Diese Datenbank veröffentlichten sie im Jahre 1986 als *St. Andrews-Katalog der taktischen Täuschung unter Primaten (The St. Andrews Catalogue of Tactical Deception in Primates)*, der insgesamt 104 Episoden enthielt. Die Publikationen der beiden erregten mittlerweile Aufsehen, so daß viele Freiland- und Laborwissenschaftler weitere Daten zur Verfügung stellten. Ergänzt mit den Reaktionen einer zweiten Fragebogenaktion wurde das Ergebnis in einem Sonderheft der Zeitschrift *Primate Report* publiziert, die das Deutsche Primatenzentrum in Göttingen herausgibt: *Tactical Deception in Primates – The 1990 Database* präsentiert mittlerweile stolze 253 Episoden. Das Projekt der beiden Schotten ist nun so bekannt, daß in ziemlich regelmäßigen Abständen neue Informationen in St. Andrews eingehen, die ein immer vollständigeres Bild vermitteln.[11]

Im Katalog ist mancherlei Sternstunde langjähriger geduldiger Beobachtung dokumentiert – sozusagen «highlights» der Primatologie. Um diese faszinierenden Verhaltensmuster besser einordnen zu können, ist es hilfreich, sich die möglichen Rollen der verschiedenen Beteiligten an einem Täuschungsmanöver klarzumachen: Der *Handelnde* (engl. *agent*) ist dasjenige Tier, dessen Verhalten möglicherweise eine taktische Täuschung darstellt. Das *Zielindividuum* (engl. *target*) verursacht ein Problem, welches der Handelnde durch Täuschung zu beseitigen trachtet. Das Zielindividuum ist meistens Opfer der Täuschung, sofern ihm aus der Aktion des Handelnden ein Nachteil erwächst. Es kann aber auch eine dritte Partei zum Opfer werden: der *Angeführte* (engl. *dupe*). Der Handelnde kann das Zielindividuum indirekt manipulieren – mittels eines *sozialen Werkzeuges* (engl. *social tool*), das direkt auf das Zielindividuum einwirkt. Ein *unbeteiligter Dritter* (engl. *fall-guy*) kann ebenfalls von der Manipulation des Handelnden betroffen sein, ohne selbst als soziales Werkzeug zu fungieren. Selbstverständlich können die Interaktionspartner sowohl männlichen als auch weiblichen Geschlechts sein.

Aufgenommen in den Katalog wurden sämtliche berichtete Episoden, um bei der Aufklärung des Phänomens von einem möglichst breiten Ansatz ausgehen zu können. Byrne und Whiten legen allerdings Wert auf die Feststellung, daß es sich lediglich um *mögliche* Beispiele für taktische Täuschungen handelt – «candidate records», wie die beiden es nennen. Primatenforscher deuten das Verhalten ihrer Studienobjekte ja durchaus unterschiedlich. Manche mögen recht bereitwillig eine «Absicht» aus einem Verhaltensmuster herauslesen, andere sprechen nichtmenschlichen Primaten die Fähigkeit zu Verstandesleistungen schlichtweg ab. Das meiste Kopfzerbrechen bereitet daher die Frage, ob die Tiere eigentlich «wissen», was sie tun, oder ob sich nicht andere, einfachere Erklärungen finden lassen – eine Frage, die ausführlich zu diskutieren sein wird, wenn wir Paradebeispiele taktischer Täuschung unter Primaten haben Revue passieren lassen.

Verbergen – Ablenken – Hinlocken

Richard Byrne und Andy Whiten haben Kategorien definiert, denen sie die Episoden möglicher taktischer Täuschung unter Affen und Menschenaffen zuordnen *(Tabelle 2)*.[12] Die Kategorien beziehen sich auf das offenbar angestrebte Ziel der Täuschung, auch wenn dieses zuweilen nicht erreicht wird. Die recht abstrakte Einteilung soll im folgenden durch Fallbeispiele belebt werden. Die unvermeidliche Frage, ob die Episoden echte «geistige» Leistungen widerspiegeln, bleibt – wie erwähnt – erst einmal unberücksichtigt. Zunächst soll der bunte Fächer der Möglichkeiten entfaltet werden, um die Bandbreite des Verhaltensrepertoires transparent zu machen.

Tabelle 2: Kategorien taktischer Täuschung unter Affen und Menschenaffen

1 Verbergen (engl. *concealment*)
1.1 – durch Stillsein
1.2 – durch Außer-Sicht-Bringen/Verstecken
1.3 – durch Mimen von Desinteresse
1.4 – durch Ignorieren

2 Ablenken (engl. *distraction*)
2.1 – durch Lautäußerung
2.2 – durch Wegschauen
2.3 – durch Drohen
2.4 – durch In-die-Irre-Führen
2.5 – durch Verwickeln in eine Interaktion

3 Hinlocken (engl. *attraction*)
3.1 – durch Lautäußerung
3.2 – durch Hinführen
3.3 – durch Verwickeln in eine Interaktion

4 Falschen Eindruck erwecken (engl. *creating an image*)
4.1 – durch neutrales Verhalten
4.2 – durch Freundlichkeit
4.3 – durch Drohen

5 Ablenken auf unbeteiligten Dritten (engl. *deflection*)
5.1 – durch Umlenken einer Drohung
5.2 – durch Zeichensprache (bei unterrichteten Primaten)

6 Soziale Werkzeugbenutzung (engl. *using a social tool*)
6.1 – durch Täuschen des Werkzeuges
6.2 – durch Täuschen des Zielindividuums

7 Kontern einer Täuschung (engl. *counterdeception*)
7.1 – durch Verhindern des Erfolges einer Täuschung
7.2 – durch Täuschen eines Täuschenden

Die Definition der ersten Kategorie ist relativ simpel – das *Verbergen*: «Der Handelnde verbirgt etwas vor einem anderen.» Dieses «Etwas» mag ein unbelebter Gegenstand sein, der eigene Körper, ein Körperteil, auch eine innere Stimmung oder eine Absicht. Verbergen kann verwirklicht werden etwa durch Verstecken hinter einer Sichtblende oder – im Falle von Gefühlen oder Wahrnehmungen – durch vorgebliches Ignorieren des Verhaltens anderer.

Verbergen kann aber auch durch *Stillsein* erreicht werden, wie aus den Bergwäldern um die Gipfel der ostafrikanischen Virungavulkane berichtet wird, der Heimat der letzten Berggorillas. Bei diesen Menschenaffen werden mehrere erwachsene Weibchen und deren Kinder von jeweils einem Männchen angeführt. Im Jahre 1989 war Beetsme einer dieser Haremshalter, ein etwa 25 Jahre alter «Silberrücken». In der Gruppe lebte auch der Aufsteiger Titus, ein noch junges Männchen, dessen Rückenhaare sich erst kürzlich von Schwarzbraun in Silber umgefärbt hatten. Beim Streit um Weibchen ließ Titus den anderen Silberrücken inzwischen allerdings regelmäßig alt aussehen. Auch an jenem Morgen, als das heranwachsende Weibchen Jenny paarungswillig war, wurde Beetsme zweimal bei Annäherungsversuchen durch Titus verjagt. Beetsme gab nicht auf, sondern schubste Jenny mit seinem mächtigen Körper so lange vorsichtig in eine Richtung, bis die beiden über dreißig Meter von Titus entfernt und aus dessen Augen waren. Erst dann paarte sich Beetsme mit Jenny. Die Kopulation dauerte – wie bei Gorillas üblich – zwischen ein und zwei Minuten. Allerdings gab Beetsme nicht die typischen Grunzer von sich. Offenbar unterdrückte er diese Lautäußerungen, denn im Jahr zuvor, als er noch dominant über Titus war, wurden von den Feldbeobachtern 16 Paarungen Beetsmes registriert, die allesamt von lauten Grunzern begleitet waren.[13]

Wenn nötig, zeichnen sich auch Schimpansen durch bemerkenswertes Stillhaltevermögen aus. Im Unterschied zu Gorillas, die in vergleichsweise kleinen Gruppen mit meist fünf bis neun Mitgliedern leben, umfassen die Gesellschaften von Schimpansen bis zu einhundert Tiere beiderlei Geschlechts. Zu gemeinsamen Wanderungen durch das Wohngebiet finden sich allerdings selten mehr als eine Handvoll der Menschenaffen zusammen. Das Territorium muß gegen Nachbargruppen verteidigt werden. In den Grenzregionen sind oft wechselnde Patrouillen unterwegs, die allen Grund haben, sich vorsichtig und leise zu verhalten. Denn um in den Besitz von Wasserstellen, Fruchtbäumen und Weibchen einer Nachbargruppe zu kommen, schrecken Schimpansen nicht davor zurück, regelrechte Ausrottungskämpfe gegen schwächere Gruppen zu führen. Die ausführlichsten Berichte über diese Artgenossentötungen stammen von Jane Goodall aus dem Gebiet des Gombe-Nationalparks. Patrouillengruppen können sich für mehr als drei Stunden völlig still verhalten – was außergewöhnlich ist, weil es zum sonst recht lärmigen Wesen der Schimpansen in hellem Kontrast steht. Versucht ein Männchen, andere Teilnehmer einer Patrouille einzuschüchtern, so rüttelt er zwar Äste, sträubt das Fell und rollt Felsbrocken durch die Gegend. Die weithin hörbaren Heullaute, von denen derartige Imponierveranstaltungen sonst begleitet sind, läßt er aber sein. Weibchen, die normalerweise während der Paarung laut vokalisieren, unterdrücken diese Laute auf Patrouillengängen ebenfalls. Heranwachsende werden von den Älteren zur Ordnung gerufen. Das mußte auch der junge Goblin erfahren, als er während eines Patrouillenganges vokalisierte. Einmal fing er sich dafür einen Schlag ein, ein andermal wurde er beruhigend umarmt. Ein Säugling, der plötzlich Schluckauf bekam, wurde von seiner Mutter so lange aufgeregt umsorgt und in den Arm genommen, bis der verräterische Laut wieder verstummte. Den Primatologen schließlich, die diese Beobachtungen aufzeichneten, konnte es passieren, daß sie von den Schimpansen bedroht wurden, wenn sie sich laut und ungeschickt fortbewegten.[14]

In den ersten Jahren ihrer Freilandstudie versuchte Jane Goodall das Vertrauen der wilden Schimpansen durch Füttern mit Bananen zu gewinnen. Tauchte eine Gruppe in der Nähe der Forschungsstation auf, ergatterten die stärksten und größten Männchen allerdings die meisten Leckerbissen für sich. Eines Tages wartete der etwa neun Jahre alte Figan so lange, bis die anderen verschwunden waren, um sich dann selbst ein paar Bananen zu schälen. Als er die Früchte in Händen hielt, stieß er vor Begeisterung laute Futterrufe aus. Die ganze Gruppe stürmte daraufhin zurück ins Lager und Figan verlor alle seine Bananen. Am nächsten Tag wartete er wiederum, bis die anderen ihre Ration erhalten hatten, um anschließend selbst einiger Bananen habhaft zu werden. Diesmal gelang es ihm, seine Begeisterung zu dämpfen. Seinem Rachen entkamen lediglich unterdrückte Ächzer – und er aß die Bananen allein. Niemals wieder stieß Figan in derselben Situation einen lauten Futterruf aus.[15]

Sherman und Austin heißen zwei Schimpansen, deren Verhaltensentwicklung im Yerkes-Primatenzentrum in Atlanta im amerikanischen Bundesstaat Georgia untersucht wurde. Im Lauf der Jahre schafften sie es mehrfach, aus ihren Käfigen auszubrechen – wobei sie bei keinem dieser Versuche in flagranti ertappt wurden. Beispielsweise fanden die beiden heraus, daß sie die aus gehärtetem Kunststoff gefertigten Wände ihres Haltungsraumes durch konstantes Behämmern mit einem Kunststoff-Würfel zum Brechen bringen konnten. Oft war entsprechendes Hämmern zu hören. Wann immer jedoch jemand nachsah, hatten die beiden bereits wieder ein vollständig unwissendes Gesicht aufgesetzt. Offenbar wollten sie vermeiden, daß ihnen jemand bei ihren Ausbruchsversuchen auf die Schliche kam.[16]

Affen und Menschenaffen erreichen ein bestimmtes Ziel oft auch dadurch, daß sie sich *verstecken*. Entsprechende Episoden konnte ich selbst immer wieder beobachten, als ich über viele Jahre hinweg gemeinsam mit anderen deutschen und indischen Primatologen die Verhaltensökologie der Grauen Languren studierte, einer asiatischen Schlankaffenart. Unsere Arbeitsgruppe vom Institut für Anthropologie der Universität Göttingen und vom Department of Zoology der Universität Jodhpur interessierte sich besonders für eine Population von etwa 1200–1300 Languren, die in und um die Stadt Jodhpur im nordwestindischen Bundesstaat Rajasthan lebt. In Indien gelten die Languren der hinduistischen Bevölkerung als heilig, weshalb sie vielerorts gefüttert werden – mit Früchten, Gemüse, Fladenbroten. Auch die bei Jodhpur lebenden Affen erhalten auf diese Weise ein ansehnliches Zubrot. Um die besonders begehrten Brocken wird ziemlich gerangelt. Oft entfernt sich ein Langur von den anderen, sobald eine Banane, eine Kartoffel oder eine Karotte in seinem Besitz ist. Den Rücken zum Rest der Gruppe gewandt, wird dann der Verzehr betrieben – eine geeignete Maßnahme, um den Futterneid der anderen gemäß dem Motto «Aus den Augen – aus dem Sinn» in gemäßigte Bahnen zu lenken.[17]

Die Jodhpur-Languren pflanzen sich in Haremsgruppen fort, die durchschnittlich 14 Weibchen umfassen *(Abb. 13)*. Die von der Fortpflanzung ausgeschlossenen Männchen ziehen in sogenannten Junggesellenbanden durchs Gelände. Der jeweilige Haremshalter wacht eifersüchtig darüber, daß den Weibchen keine anderen Männchen nahe kommen. Seine physische Kraft und seinen Verteidigungswillen pflegt er besonders am frühen Morgen durch weithin hörbare, mittels eines Kehlsacks produzierte «Hup»-Laute und weithin sichtbare Sprünge zu demonstrieren. Das schreckt die Junggesellen normalerweise davon ab, in das Wohngebiet einer Haremsgruppe einzudringen. In den Jahren 1986/87 zog ich monatelang mit verschiedenen Männchengruppen umher, um deren Verhaltensgewohnheiten besser kennenzulernen. Oft hielten sich die Männchen in abgelegenen Tälern auf, wodurch sie offenbar vermieden, die Haremshalter benachbarter Gruppen zu provozieren. Zweimal wurde ich Zeuge, wie während einer Ruhepause irgendwo im Gelände ein Haremshalter plötzlich wie ein Blitz zwischen die Junggesellen fuhr. Diese – und auch ich – waren von dem Angriff völlig überrascht. Bevor sie in alle Himmelsrichtungen auseinanderstieben konnten, gelang es dem Haremshalter, einige Männchen zu beißen. – Der Lebensraum der Grauen Languren ist eine hügelige Felslandschaft mit wenig Deckungsmöglichkeiten durch Büsche oder Bäume. Oft müssen größere freie Flächen überquert werden. Damit sie ihre Präventivschläge gegen die Rivalen erfolgreich ausführen konnten, mußten sich die Haremshalter in beiden Fällen über mehrere hundert Meter sorgfältig angeschlichen haben – was in offenem Gelände überaus schwierig ist. Um ihre Geschlechtsgenossen zu täuschen, griffen sie mithin zu einer Taktik, die Sich-Verstecken mit Stillsein kombinierte.

Abb. 13: Indische Languren pflanzen sich in Gruppen fort, in denen mehrere Weibchen und deren Kinder mit einem erwachsenen Männchen (hinten links) leben. Der Haremshalter führt zuweilen Präventivschläge gegen die von der Fortpflanzung ausgeschlossenen Männchen, wobei er sich an diese «Junggesellenbanden» heimlich anschleicht.

Bei Grauen Languren können sich Haremshalter im Mittel zwei Jahre und drei Monate «an der Macht» halten, bevor ihre Kräfte zermürbt sind – meist als Resultat andauernder Invasionsversuche von Männchengruppen. Die Junggesellen fechten dann unter sich aus, wer neuer Haremshalter wird. Dieser Prozeß kann wenige Tage, manchmal aber auch Monate dauern. Im Oktober 1982 versuchten sich bei den Weibchen der Gruppe am Kailana-See zwei erwachsene Männchen als Haremshalter zu etablieren. Das Wohngebiet der Gruppe wurde jedoch von 35 weiteren Männchen umlagert, die zu verschiedenen Junggesellenbanden gehörten. Die Männchen bewachten sich scharf und versuchten einander gegenseitig an Sexualkontakten mit den Weibchen zu hindern. Die beiden Übergangsresidenten attackierten die Junggesellen, wann immer die Weibchen sich in deren Richtung bewegten. Eines Morgens lockte ein Tempelbesucher die Affen aus einiger Entfernung zu sich, um Kartoffeln an sie zu verteilen. Die beiden Männchen und fast alle der elf Weibchen eilten los. Lediglich eines blieb zurück. Sobald die anderen außer Sicht waren, zeigte es eine Kopfschüttelbewegung – die für Languren typische Aufforderung zur Paarung. Adressiert war die Aufforderung an ein ebenfalls zurückgebliebenes Männchen einer Junggesellengruppe. Die beiden kopulierten. Languren müssen in solchen Situationen übrigens keine Laute unterdrükken, denn sie vokalisieren während der Paarung ohnehin nicht besonders vernehmlich. – Während sozial stabiler Perioden mit einem etablierten Haremshalter versuchen paarungswillige Weibchen ebenfalls oft, das Männchen durch diskretes Kopfschütteln in ein Gebüsch oder hinter einen Felsen zu locken. Denn auch die *Weibchen* stören einander gegenseitig bei vier von fünf Paarungen. Der Haremshalter zögert deshalb oft so lange, bis das Weibchen eine Gelegenheit arrangiert hat, bei der sich die beiden dem Fortpflanzungsgeschäft in einer versteckten Ecke widmen können *(Abb. 14)*.

Eine Arbeitsgruppe um den Schweizer Verhaltensforscher Hans Kummer untersuchte in den sechziger Jahren in Äthiopien die dort lebenden Mantelpaviane. Diese Altweltaffen pflanzen sich ebenfalls in Haremsgruppen fort; ein Haremshalter wacht auch hier streng darüber, daß seine Weibchen keinen Kontakt mit anderen Männchen haben – andernfalls bestraft er sie durch Nackenbisse. Eines der Weibchen brauchte einmal zwanzig Minuten, um Stückchen für Stückchen zwei Meter weiter zu rükken. Der Haremshalter konnte dann zwar noch ihren Oberkörper sehen, aber nicht mehr ihre Hände, die von einem Felsbrocken verdeckt waren. Was dem Pascha entging: Das Weibchen pflegte einem hinter dem Felsen verborgenen Männchen das Fell.[19]

Der niederländische Primatologe Frans de Waal studierte für viele Jahre die Schimpansenkolonie im Zoo von Arnheim, in ihrer Art die größte der Welt. Er beobachtete, wie der erwachsene Schimpansenmann Luit einem Weibchen Avancen machte. Dem ranghöchsten Männchen der Gruppe, Nikkie, schien das nicht zu behagen und er näherte sich dem tête-à-tête mit einem Stein in der Hand. Luit sah ihn wohl herannahen, drehte aber Nikkie stets den Rücken zu. Was diesem wohl verborgen bleiben sollte, war Luits erigierter Penis, dessen rosa Farbe bei allen Schimpansen auffällig gegen das schwarzbraune Fell absticht. Luit blickte abwechselnd auf seinen erigierten Penis und den näherkommenden Rivalen. Erst als sein Glied erschlafft war, schlenderte er zu Nikkie hinüber, beroch den Stein wie mit gespielter Verwunderung und ließ das ranghöhere Männchen mit dem Weibchen allein.[20]

Auch *Mimen von Desinteresse* ermöglicht es unter Umständen, Gruppengenossen ein Schnippchen zu schlagen. Die amerikanische Primatologin Dian Fossey widmete sich nahezu zwei Jahrzehnte lang dem Verhalten und der Ökologie ostafrikanischer Berggorillas (bis sie 1985 ermordet wurde). Eines Tages sah sie fünf Gorillas einen Pfad entlangspazieren, angeführt von einem Weibchen. Das Weibchen machte beim Aufblicken eine im Geäst verborgene schmackhafte Mistel aus. Ohne die Nachfolgenden anzuschauen, setzte sich das Weibchen an den Rand des Pfades und begann, sein Fell zu durchsuchen. Als alle anderen vorbeimarschiert waren, stieg es rasch auf den Baum und pflückte den Lecker-

Abb. 14: Ein Langurenweibchen hat ein Männchen hinter die Büsche gelockt, um sich in diesem Versteck, von anderen Artgenossen unbemerkt, paaren zu können. Die heimliche Kopulation wird jedoch entdeckt und gestört – wie es in achtzig Prozent aller Fälle geschieht.

bissen. Es verzehrte ihn hastig, während es den anderen hinterhereilte.[21]

Im Arnheimer Schimpansengehege verbuddelten die Pfleger manchmal Grapefruits im Sand und ließen lediglich kleine gelbe Fleckchen der Schale unbedeckt. Da sie die Pfleger mit gefüllten Kisten ins Gehege gehen sahen, jedoch mit leeren zurückkommen, suchten die Schimpansen wie wild nach den Früchten, sobald sie aus ihren Nachtquartieren ins Freie gelassen wurden. Ein paar Schimpansen eilten sehr nahe an den versteckten Grapefruits vorbei, ohne etwas zu bemerken – das zumindest glaubten die Beobachter. Eines der Männchen – Dandy – gehörte auch zu jenen Schimpansen, die ohne sichtliche Veränderung im Tempo der Bewegung und ohne irgendein erkennbares Interesse an der fraglichen Stelle vorbeirannten. Am Nachmittag jedoch, als alle anderen dösend in der Sonne lagen, stand Dandy plötzlich auf und ging schnurstracks auf das Versteck zu. Ohne zu zögern, grub er die Früchte aus und verzehrte sie genüßlich. Hätte er den Ort des Versteckes nicht für sich behalten, hätten ihm andere wahrscheinlich die Früchte weggenommen.[22]

Ignorieren dessen, was ein anderer tut, kann dazu dienen, eigene Gefühle, Motivationen oder Intentionen zu verbergen. In Arnheim fiel de Waal auf, daß ein Schimpansenmann die extrem geräuschvolle Imponierveranstaltung eines Rivalen völlig unbeachtet lassen kann, selbst wenn sie nur wenige Meter entfernt stattfindet – so komplett, daß «man schwören könnte, er sei taub und blind». Daß er es nicht ist, wird in dem Moment klar, in dem ihm der Imponierende für einen Moment den Rücken zudreht. Dann verrät sich das Interesse beispielsweise durch einen kurzen Blick auf den Rivalen über das eigene Schulterhaar hinweg. De Waal meint, Schimpansen seien eine echte Herausforderung für die landläufige Ansicht, nur der Mensch könne feine Unterschiede zwischen Verhalten und Absicht korrekt diagnostizieren.[23] Primatenmütter ignorieren beim Entwöhnen ihrer Kinder oft das Betteln der Kleinen, die wimmernd herumquengeln, um vielleicht doch die Brustwarze in den Mund nehmen zu dürfen. Die Mütter schauen einfach in eine andere Richtung und es entsteht der Eindruck, als seien sie taub – ein Verhalten, das bei vielen Spezies zu beobachten ist, darunter etwa den Languren und den Pavianen.[24]

Die zweite große Kategorie von Täuschungsmanövern bedient sich der Taktik des *Ablenkens:* «Die Aufmerksamkeit des Zielindividuums wird von einem für den Handelnden interessanten Ort auf einen anderen gelenkt.»

Bewerkstelligt wird dieses Täuschungsmanöver häufig durch *Lautäußerungen,* insbesondere durch Ausstoßen von Warn- und Alarmlauten. Graue Languren reagieren auf mögliche Bodenfeinde – auf Schlangen, Leoparden, Tiger oder Rudel verwilderter Haushunde – mit weithin hörbaren Bellauten, woraufhin der Rest der Gruppe sich sofort auf dem nächsten Baum oder Gebäude in Sicherheit zu bringen versucht. Oft stimmen mehrere Affen sichtlich aufgeregt in das Alarmrufen ein. Dieses ohrenbetäubende «Verbellen» kann leicht über eine Viertelstunde gehen, und besonders Hunde trollen sich recht schnell wieder von dannen. Bei zwei Gelegenheiten hörte ich diese Alarmlaute jedoch in ganz anderem Kontext. Beide Male handelte es sich um einen Wechsel in der Rangordnung einer Männchengruppe, bei dem das ranghöchste, sogenannte Alpha-Männchen seine Vorrangstellung verlor. Im ersten Fall litt das bis dato ranghöchste Männchen von einem Tag auf den anderen an Lähmungserscheinungen in den Beinen, im zweiten Falle war die Ursache nicht ersichtlich. Beide Male realisierten die rangniederen Chargen der Junggesellen sehr schnell die veränderten Umstände und begannen, die Situation durch gezielte Provokationen des bisherigen Alphas auszutesten. Die Provokateure näherten sich den Männchen unter Zähneknirschen und Luftbeißen – deutlichen Drohsignalen –, um eine Platzaufgabe zu erwirken. Bei Platzaufgaben nimmt das «siegreiche» Tier die Stelle ein, auf der das weichende Individuum bisher saß. Die Languren klären auf diese Weise die Dominanz-Submissions-Verhältnisse. Wenn es dann später wirklich um etwas geht – beispielsweise um einen günstigen Sitzplatz in einem Futterbaum oder eine schattige Position bei der Mittagsruhe – dann geben die Rangniederen ihren Platz bereits beim bloßen Näherkommen eines Ranghöheren auf, ohne daß durch Drohsignale nachgeholfen werden muß. Das Austesten durch die Provokateure war für die Alpha-Männchen, deren Thron bereits merklich wackelte, sichtlich nervenaufreibend und ermüdend. Beide Male versuchten die Männchen ganz offenbar, ihre Peiniger durch einen Trick loszuwerden: Sie stießen plötzlich – ohne daß irgendein Bodenfeind zu entdecken gewesen wäre – scharfe Bellaute aus und schickten die Provokateure so für zumindest kurze Zeit auf die Bäume.[25]

Ähnliche Szenen spielen sich im peruanischen Regenwald ab, wo sich die Verbreitungsareale der zu den Krallenaffen zählenden Schnurrbarttamarine und die der Braunrückentamarine teilweise überlappen. Beim Streit um Futterbrocken ziehen die Braunrückentamarine regelmäßig den kürzeren. Der Göttinger Primatologe Eckhard Heymann beobachtete, wie ein männlicher Schnurrbarttamarin auf dem Waldboden eine Schote verzehrte. Plötzlich stieß ein Braunrückentamarin einen «Aufregungslaut» aus – eine Reaktion, die normalerweise erfolgt, wenn es etwa im Laub am Boden raschelt. Diesmal war jedoch nichts Aufregendes zu hören. Als der Schnurrbarttamarin dennoch flugs einen Baumstamm erkletterte, eilte der Braunrückentamarin gemeinsam mit einem Artgenossen sofort auf den Waldboden, um selbst die Schote zu verzehren.[26]

Ablenkungsmanöver können auch auf *Wegschauen* gründen, wie ein bereits genanntes Beispiel deutlich macht: Der von anderen Pavianen attackierte halbstarke Melton starrte ins Gelände, als habe er etwas Bedrohliches oder Interessantes entdeckt, und lenkte so seine Angreifer ab.[27] Dieser Trick klappt sogar zwischen Menschenaffen und Menschen. Im Gombe-Nationalpark kraulte das Schimpansenweibchen Pom dem Feldbeobachter Frans Plooij den Kopf. Dieser verhielt sich daraufhin regungslos – eine Regel für alle Wissenschaftler, damit die Schimpansen in ihrem Verhalten nicht noch bestärkt werden. Pom jedoch wollte durchaus nicht aufhören. Erst als Plooij durch aufmerksames Starren vorgab, etwas Interessantes entdeckt zu haben, schien Pom irritiert. Neugierig bewegte sie sich in Richtung der vermuteten Attraktion – um nach einiger Zeit offenbar enttäuscht zurückzukommen und Plooij einen Schlag auf den Kopf zu versetzen. Was bedeuten konnte, daß sie dessen unlautere Absicht wohl begriffen hatte. Für den Rest des Tages beachtete sie ihn jedenfalls nicht mehr.[28]

Eine Kombination von Wegschauen und Lautäußerung wird aus dem Deutschen Primatenzentrum in Göttingen berichtet, wo das Aggressionsverhalten von Braunrückentamarinen untersucht wurde. Einzelne Tamarine, in das «Territorium» eines etablierten Paares gesetzt, waren oft Ziel heftiger Angriffe. «Eindringlingen» gelang es mehrfach, Attacken zu verhindern, indem sie ein seltsames Verhalten zeigten – das «Dort-ist-ein-Monster-in-der-Ecke». Sie starrten intensiv in eine leere Ecke des Testraumes und stießen eine Serie jener Alarmlaute aus, die im Freiland signalisieren, daß ein Raubfeind ausgemacht wurde – beispielsweise Schlangen oder Greifvögel. Andere Gruppenmitglieder unterbrechen dann ihre Aktivität und der Feind wird gemeinsam «verbellt». Auch in der Testsituation gesellte sich das Pärchen meist zu dem Eindringling, um das imaginäre Monster in der Ecke durch gemeinsames Vokalisieren zu vertreiben. Während mehrerer hundert Aggressionstests mit etwa fünfzig verschiedenen Tamarinen wurde dieses Ablenkungsmanöver von vier bis fünf Tieren gezeigt – allerdings nur manchmal und durchaus nicht während aller Testsituationen. Die relative Seltenheit macht Sinn, denn würde ein Ablenkungsmanöver zu oft angewandt, dürften die «Betrogenen» nach einiger Zeit nicht mehr reagieren.[29] – In leicht modifizierter Form, verbunden mit *Drohen*, zeigen etliche andere Primatenspezies dieses Verhalten – so Kapuzineraffen, Rhesusaffen, Bärenmakaken, Javaneraffen. Wird ein Gruppenmitglied von einem anderen bedroht oder angegriffen, dann bedroht es selbst ohne ersichtlichen Grund einen leblosen Gegenstand oder eben nur eine Himmelsrichtung und kann so oft den Opponenten von seinem Vorhaben abbringen.[30]

Deutlich komplexere geistige Leistungen dürften hinter dem Ablenken durch *In-die-Irre-Führen* stecken. Wenn Schimpansen während ihrer Tageswanderung eine Ruhepause einlegen und eines der Gruppenmitglieder entschieden und ohne zu zögern aufbricht, folgen andere mit großer Wahrscheinlichkeit. Das wurde im Gombe-Park oft beobachtet. Ein solcher Aufbruch muß nicht unbedingt von einem hochrangigen Gruppenmitglied eingeleitet werden – Weibchen oder Jugendliche können ebenfalls erfolgreich die Initiative ergreifen. Eines Tages besuchte eine vielköpfige Schimpansengruppe das Camp zur Bananenfütterung. Der junge Figan hatte lediglich ein paar der Früchte ergattern können. Plötzlich stand er auf und ging los. Die anderen folgten ihm. Zehn Minuten später kam er allein ins Camp zurück. Natürlich erhielt er eine Portion Bananen für sich alleine. Zunächst glaubten die Verhaltensforscher an einen Zufall. Doch das Manöver wiederholte sich regelmäßig: Figan veranlaßte eine Gruppe zum Aufbruch, um kurze Zeit später zurückzukehren.[31]

Die amerikanische Primatologin Shirley Strum dokumentierte bei Pavianen in Kenia ein Ablenkungsmanöver, bei dem *Verwickeln in eine Interaktion* offenbar die Taktik war, mit der das handelnde Individuum das Zielindividuum manipulierte. Savannenpaviane leben in gemischtgeschlechtlichen Gruppen von vielen Dutzend Tieren. Ein Weibchen entwickelte eine besondere Vorliebe für Fleischnahrung, obwohl meistens die Männchen auf Jagd gehen, um etwa Gazellen oder Hasen zu erbeuten. Ein Männchen, das nicht gerne teilte, erbeutete eine Antilope. Das Weibchen pflegte ihm so lange das Fell, bis er sich seelenruhig auf den Rücken legte – woraufhin sich das Weibchen die Beute schnappte und wegrannte![32] Ganz ähnlich erging es einem heranwachsenden Männchen in jener Gruppe Grauer Languren, die am Kailana-See bei Jodhpur lebt. Es aß eine der Bananen, die ein Fütterer an die Affen verteilt hatte. Ein erwachsenes Weibchen näherte sich dem Männchen, mit dem es zuvor keinen sozialen Kontakt hatte, da das Männchen sich im Zuge einer Ablösung des bisherigen Haremshalters erst seit kurzem im Wohngebiet der Weibchen aufhielt. Das Männchen kauerte sich über seinem Leckerbissen zusammen. Das Weibchen begann, ihm das Fell zu pflegen, woraufhin er wiederum eine entspannte Position einnahm. Das Weibchen entriß ihm schnell die Banane und machte sich gleichfalls mit der Diebesbeute aus dem Staub.[33]

Ein dritter großer Komplex taktischer Täuschung läßt sich der Kategorie *Hinlocken* zuordnen: «Das Verhalten des Handelnden veranlaßt das Zielindividuum, einen besonderen Ort aufzusuchen, womit der Handelnde ein bestimmtes Ziel erreicht.»

Wiederum sind *Lautäußerungen* ein probates Mittel beim Verfolgen dieses Zieles. Madagaskar ist die Heimat der zu den Halbaffen zählenden Lemuren, die sich – etwa im Unterschied zu Menschenaffen – meist nur während bestimmter Monate paaren. Wenn Larvensifakas – eine Lemurenspezies mit weißem Fell und einer schwarzen Gesichts-«Maske» – bei der Tageswanderung den Kontakt zum Rest der Gruppe verlieren, stoßen sie einen hohen, feinen Laut aus, der über mehrere hundert Meter hin hörbar, jedoch schwer zu orten ist. Die Gruppe antwortet mit leicht ortbaren Trillern, die ebenfalls über weite Strecken wahrnehmbar sind. Während der mehr als 2000 Stunden, in denen die amerikanische Primatologin Alison Richard die madegassischen Halbaffen außerhalb der Paarungssaison beobachtete, trillerten die Sifakas nur, wenn zuvor ein Verlorenheitslaut zu hören war. Während der Paarungszeit, wenn Männchen allein oder in kleinen Gruppen durch den Wald streifen, stoßen sie besonders häufig Verlorenheitslaute aus. Alison Richard hatte jedoch den Eindruck, die Vokalisationen sollten dazu dienen, paarungswillige Weibchen zu finden. Diese antworteten regelmäßig mit Ortungslauten. Fanden die «verlorenen» Männchen hierdurch Anschluß, versuchten sie oft, die bereits vorhandenen Männchen der Gruppe zu verjagen.[34]

Zu jenen Primatenarten, bei denen die Weibchen während ihrer fruchtbaren Tage auffällige Schwellungen um die Schamlippen und die Afterregion entwickeln, gehören Savannenpaviane. Paarungen finden gehäuft statt, wenn diese «Ano-Genital-Schwellungen» am ausgeprägtesten sind und damit die Wahrscheinlichkeit einer Befruchtung am größten ist. Weibliche Savannenpaviane vokalisieren während der Paarung. Erwachsene Männchen verfolgen recht aufmerksam, wo diese Laute zu hören sind und versuchen, Rivalen an der Paarung zu hindern. Dieser recht laute Grunzton wird offenbar durch eine Reizung der Anogenitalregion ausgelöst, denn er ist gelegentlich auch zu hören, wenn maximal geschwollene Weibchen defäkieren (was offenbar die gleiche Reizung bewirkt). Wenn sich Weibchen mit jugendlichen Männchen paaren, vokalisieren sie nur selten. Shirley Strum, der wir die Beobachtungen verdanken, vermutet, daß in solchen Fällen die Anogenitalregion nicht genügend stimuliert wird – sei es, weil heranwachsende Männchen sich oft unbeholfen verhalten, sei es, weil ihr Penis relativ klein ist. Erwachsene Männchen scheinen Paarungen von Weibchen mit Jugendlichen nicht sonderlich ernst zu nehmen, denn sie schreiten nur selten ein. Eines Morgens beobachtete Strum das deutlich «geschwollene» und mithin paarungswillige Weibchen Danielle, dem es jedoch nicht gelang, die Aufmerksamkeit erwachsener Männchen auf sich zu lenken. Lediglich eine Reihe jugendlicher Männchen kopulierte mit Danielle. Als sie sich in einem Gebüsch den Bemühungen der Jugendlichen hingab und somit für den Rest der Gruppe nicht zu sehen war, stieß sie plötzlich lautes Kopulationsgrunzen aus – was nach Meinung von Shirley Strum eventuell ihre Absicht widerspiegelte, erwachsene Männchen «eifersüchtig» zu machen und an den Ort des Geschehens zu locken.[35]

Auf komplexerem Niveau spielt sich das Ablenken durch *Hinführen* ab. Im Yerkes-Primatenzentrum, das eng mit der Emory-Universität zusammenarbeitet, wurden Menschenaffen unterrichtet, Symboltasten eines Computers zu drücken, um auf diese Weise mit ihren Trainern zu kommunizieren. Zu den Musterschülern gehörten die Schimpansen Sherman und Austin sowie der Bonobo Kanzi. Bonobos – nicht besonders glücklich auch «Zwergschimpansen» genannt – sind zwar nahe mit Schimpansen verwandt, gelten jedoch als eigenständige Spezies. Schimpansen und Bonobos dürfen sich zu Zeiten an bestimmten Lokalitäten des Primatenzentrums nicht aufhalten, damit beispielsweise die Unterrichtsstunden anderer Menschenaffen nicht gestört werden. Kanzis signalisierter Wunsch, er wolle dort oder dort hingehen, wurde deshalb oft verneint. Alsbald lernte Kanzi, seine Bedürfnisse durch Tricks zu erfüllen. Mehrfach ließ er seine Lehrer etwa wissen, er wolle Sherman und Austin besuchen. Wurde sein Wunsch abgeschlagen, äußerte er das Bedürfnis, sich ein Stück Melone holen zu dürfen. Verschiedene Früchte werden an auseinanderliegenden Orten des Geländes aufbewahrt, und die Menschenaffen lernen schnell, an welchen. Der Weg zu den Melonen führte «zufällig» an jenem Laboratorium vorbei, in dem sich Sherman und Austin aufhielten. Sobald Kanzi dieses Gebäude erreichte, riß er sich los und rannte zu den beiden Schimpansen, um mit ihnen spielen zu können. Wenn er zurückgeholt wurde, folgte er nur widerwillig, und bei den Melonen angekommen, hatte er durchaus kein Interesse, die Leckerbissen zu kosten.[36]

Verwickeln in eine Interaktion kann ein Zielindividuum ebenfalls ablenken. Auf welche Weise Schimpansen sich nach Konflikten versöhnen, bildete einen Schwerpunkt wissenschaftlichen Interesses im Zoo von Arnheim. Regelmäßig umarmen und küssen sich die Menschenaffen, nachdem die aggressive Begegnung eine Zeit zurückliegt. Manchmal nahm die Aussöhnung allerdings einen unerwarteten Ausgang. In *diesen* Fällen signalisierte stets einer der Opponenten seine Versöhnungsbereitschaft durch Schmollippen, ein Spielgesicht, ein sanftes Hecheln oder eine einladende Armbewegung mit nach oben geöffneten Handtellern. Die Signale schlugen jedoch in blanke Aggression um, sobald sich der Opponent bis auf Reichweite genähert hatte. Bei sämtlichen Vorfällen hatte der Angreifer zuvor bereits vergeblich versucht, sein späteres Opfer zu attackieren. Der Trick funktioniert vermutlich, weil er so selten angewandt wird: Unter Tausenden von Versöhnungsepisoden, welche die Verhaltensforscher dokumentierten, fanden sich nur sechs solcher Heucheleien.[37]

Dem Ablenken ähnlich ist die Kategorie *Falschen-Eindruck-Erwecken*: «Das Verhalten des Handelnden bewirkt beim Zielindividuum, daß die Bedeutung des Verhaltens fehlinterpretiert wird.»

Bewerkstelligt werden kann das zunächst durch *neutrales Verhalten*. Im Schimpansengehege des Arnheimer Zoos hatte das Männchen Nikkie seinen Rivalen Yeroen an der Hand verwundet – allerdings nicht ernstlich. Schimpansen bewegen sich meist im «Knöchelgang» fort, das heißt, sie stützen die mittleren Fingerglieder auf. Yeroen humpelte heftig, wenn er Nikkie begegnete – nahezu eine Woche lang. Sobald sein Opponent jedoch außer Sicht war, bewegte er sich völlig normal fort.[38] Ein Verhalten, das *Freundlichkeit* signalisiert, kann ein Zielindividuum ebenfalls zu einer Mißdeutung veranlassen. In der Langurengruppe am Kailana-See von

Jodhpur beobachtete ich einmal den Haremshalter, der vor einem Haufen Weizenfladen saß, die er von einem Fütterer ergattert hatte. Ein erwachsenes Weibchen schlich sich von hinten heran und schnappte sich einen Fladen. Das Männchen bedachte das Weibchen mit drohendem Zähneentblößen. Ein zweites Weibchen näherte sich dem Männchen, offenbar ebenfalls mit der Absicht, einen Fladen zu ergattern. Sie langte bereits mit einer Hand um seinen Rücken herum, als das Männchen sich plötzlich umdrehte. Mit eben jener Hand, die bereits zum Stehlen ausgestreckt war, begann das Weibchen sofort, dem Männchen den Rücken zu kraulen![39]

Während eines Drittels der Tageszeit werden Langurenbabys nicht von ihren Müttern betreut, sondern es kümmern sich andere Gruppenmitglieder – meist jüngere Weibchen – um die Säuglinge. Die Babysitter tragen die Kleinen herum und pflegen ihnen das Fell, während die Mütter sich in ihrer «Freizeit» vorwiegend der ungestörten Nahrungssuche widmen. Meist überlassen Mütter ihre Säuglinge den sich anbietenden Babysittern anstandslos. Zuweilen jedoch verweigern sie die Übergabe. In diesem Zusammenhang beobachtete ich, wie ein Weibchen nach einer jugendlichen Gruppengenossin schlug, die ihr am gleichen Tag geborenes Baby übernehmen wollte. Das jugendliche Weibchen pflegte daraufhin der frischgebackenen Mutter für einige Sekunden das Fell – und die gab daraufhin ihr Baby widerstandslos her. Eine knappe Stunde später näherte sich das jugendliche Weibchen nochmals der Mutter, die ihr Baby inzwischen wieder in den Armen hielt. Jetzt pflegte es der Mutter gleich vorsorglich kurz das Fell, bevor sie das Baby widerstandslos übernehmen konnte. Solche offenbar beruhigende und ablenkende Taktik wird auch von anderen Primaten wie Rhesusaffen, Grünen Meerkatzen und Savannenpavianen berichtet.[40]

Falscher Eindruck kann gleichfalls durch *Drohen* erweckt werden. Eine weit verbreitete kurzfristige Verhaltensänderung ist das Aufrichten der Körperbehaarung, das einen Affen oder Menschenaffen größer erscheinen läßt, als er oder sie ist. Zur Abschreckung können auch Vokalisationen eingesetzt werden. Die Kronendächer des thailändischen Regenwaldes sind die Heimat verschiedener Gibbonarten, die in Einehe leben. Ein Pärchen verteidigt sein Territorium unter anderem durch morgendliche Duettgesänge, die den Nachbarn wohl klarmachen sollen: «Das Stück Wald gehört uns. Kommt ihr näher, kriegt ihr's mit uns zu tun.» Dabei übernehmen Weibchen und Männchen verschiedene Parts, zu denen Soloeinlagen gehören. Ein geübter Lauscher kann die Geschlechter allein am Gesang unterscheiden. Der in Thailand lebende amerikanische Biologe Warren Brockelman hat sich mit der Struktur der Duette besonders beschäftigt. Er berichtet von einem Kappengibbon-Weibchen, das allein in einem Territorium lebte. Offenbar war es verwitwet, vielleicht hatten – was oft vorkommt – Wilderer das Männchen erschossen. Dieses einsame

Weibchen sang Solopartien, die dem normalerweise von Männchen übernommenen Part ausgesprochen ähnlich klangen. Die Vermutung liegt nahe, daß die Gibbon-Witwe so den Eindruck erwecken wollte, als befänden sich noch immer zwei Erwachsene im Territorium.[41]

Vom Benutzen sozialer Werkzeuge

Die bisherigen Episoden möglicher taktischer Täuschung unter Primaten spielten sich ausnahmslos ab zwischen dem handelnden Individuum – dem Täuschenden – und dem Zielindividuum – dem Getäuschten. Bei der Kategorie *Ablenken auf unbeteiligte Dritte* ist das anders: «Der Handelnde lenkt die Drohung eines Zielindividuums auf eine unschuldige dritte Partei.»

Das *Umlenken einer Drohung* kommt relativ häufig im Verhaltenskatalog vor. Es unterscheidet sich von den oben beschriebenen Episoden des Ablenkens durch Drohung nur insofern, als nicht imaginäre Feinde oder Gruppenmitglieder bedroht werden, sondern tatsächlich vorhandene. Wird etwa ein Bärenmakake, ein Japanmakake, ein Berberaffe oder Savannenpavian bedroht, wendet sich der Angegriffene plötzlich unvermittelt gegen einen dritten, im Rang meist unter ihm stehenden Affen. Die entstehende Konfusion reicht gewöhnlich aus, den ursprünglichen Angreifer von weiteren Attacken abzubringen.[42] Graue Languren geben Aggression, die sie von Ranghöheren an sich erfahren, ebenfalls häufig «nach unten» weiter. Ich selbst mußte mehrfach die Erfahrung machen, im Rang offenbar ganz unten eingestuft zu werden. Um das Verhalten der Affen möglichst wenig zu beeinflussen, wich ich regelmäßig aus, sobald ein Affe in meine Richtung spazierte, zeigte also jene Platzaufgabe, die für submissive Gruppenmitglieder typisch ist. So war es nur logisch, daß im Falle einer Attacke eines ranghohen auf einen rangniederen Affen letzterer zuweilen tätliche Angriffe auf mich startete, bei denen nicht selten die Beine der dünnen Baumwollhosen zerrissen, die ich bei der Affenbeobachtung trug.

Auf eindrucksvolle Weise versuchte eine Schimpansin, eigene Schuld auf unschuldige Dritte abzuwälzen. Es handelt sich um Lucy, der in den USA von mehreren Trainern eine Zeichensprache beigebracht wurde, wie sie ursprünglich für Gehörlose entwickelt wurde. Zwischen ihrem Betreuer Roger Fouts und Lucy entspann sich folgender Dialog, nachdem Fouts einen Haufen Fäkalien im Wohnraum entdeckt hatte. Roger: «Was ist das?» – Lucy: «Lucy nicht wissen.» – Roger: «Du wissen. Was das?» – Lucy: «Schmutzig, schmutzig.» – Roger: «Wessen schmutzig, schmutzig?« Lucy: «Sues» (Sue ist eine andere Trainerin). Roger: «Das nicht Sues. Wessen das ist?» – Lucy: «Rogers.» – Roger: «Nein! Das nicht Rogers. Wessen ist das?» – Lucy: «Lucy schmutzig, schmutzig. Tut leid Lucy».[43]

Sind lediglich zwei Partner (etwa Handelnder und Zielindividuum) in eine Handlung verwickelt, so gilt das als «dyadische» Interaktion. Beziehen die (bereits beschriebenen) Formen des Ablenkens auf unbeteiligte Dritte einen weiteren Partner ein, so fallen die komplexesten Muster sogenannter «triadischer» Interaktionen unter die Kategorie der *sozialen Werkzeugbenutzung*: «Der Handelnde beeinflußt ein Individuum – das Werkzeug – so, daß dieses wiederum das Zielindividuum zum Vorteil des Handelnden manipuliert.» Von der «technischen» Werkzeugbenutzung unterscheidet sich die soziale insofern, als nicht die Eigenschaften eines unbelebten Gegenstandes (etwa die harte Oberfläche eines Steines) zum Erreichen eines Zieles (etwa dem Knacken einer Nuß) genutzt wird, sondern die Muskelkraft eines Artgenossen.

Einer der möglichen Fälle – das *Täuschen des Werkzeuges* – wurde bereits zu Beginn des Kapitels erzählt: Die Geschichte des jugendlichen Pavians Paul, der wie am Spieß schrie und so seine Mutter veranlaßte, ihm zu Hilfe zu eilen und ein anderes Weibchen zu vertreiben, das sie offenbar für die Übeltäterin hielt. Paul konnte daraufhin jene Leckerbissen verzehren, die das Weibchen ausgegraben hatte.[44] Auch Haremsweibchen von Mantelpavianen tragen Aggressionen untereinander auf raffinierte Weise aus. Sie versuchen, sich zwischen dem Haremshalter und einer Opponentin zu positionieren. Die Opponentin wird bedroht, während das Hinterteil gleichzeitig dem Haremshalter präsentiert wird – eine beschwichtigende Geste. Die Opponentin kann sich schlecht wehren. Wenn sie die Drohung erwidert, wäre diese automatisch auch auf den Haremshalter gerichtet, der sie dafür bestrafen würde (Abb. 15).[45] Wolfgang Wickler hat die Verhältnisse der sogenannten «gesicherten Drohung» analogisiert mit dem alttestamentlichen Verbot «Du sollst gegen deinen Nächsten nicht aussagen als Lügenzeuge». Durch sein unterwürfiges Gebaren zwinge nämlich das drohende Weibchen den Ranghohen dazu, auf einen Dritten zornig zu werden, der von sich aus gar keinen Anlaß liefere. Auch Affen könnten dann «wie ein falscher Zeuge – einen Unschuldigen durch die Obrigkeit bestrafen lassen».[46]

Täuschen des Zielindividuums kann ebenfalls im Rahmen sozialer Werkzeugbenutzung vorkommen. So lassen sich die weiblichen Mitglieder eines Langurenharems durchaus nicht alles von ihrem Haremshalter gefallen. Von allen Weibchen der Gruppe am Kailana-See ging das Weibchen Nummer Acht am rigorosesten gegen erwachsene Männchen vor. Obwohl beim besten Willen keine aggressiven Intentionen des Haremshalters erkennbar waren, «verteidigte» sie ihr letztes Kind durch vehemente Attakken. Erwachsene Männchen sind zwar weitaus schwerer, stärker und mit schärferen Eckzähnen bewaffnet, sie wehren sich jedoch nur halbherzig gegen Angriffe von Weibchen. Da sie lediglich eine begrenzte Zeit zur Fortpflanzung haben – ihre relativ kurze Residenzperiode –, können sie es sich nicht leisten, Weibchen zu verletzen, weil sie sich damit einer poten-

Abb. 15: Bei Mantelpavianen dient das «Präsentieren» des Hinterteiles als Aufforderung zur Paarung und als Beschwichtigung. Diese Angriffshemmung wird bei der «gesicherten Drohung» taktisch eingesetzt: Das mittlere Tier bedroht das linke, präsentiert gleichzeitig vor dem ranghohen Haremshalter. Die Opponentin kann sich nicht wehren, da ihre Drohung automatisch auch auf das Männchen gerichtet wäre.

tiellen Partnerin für die Fortpflanzung berauben würden. Der anderhalbjährige Sohn von Weibchen Acht lernte offenbar rasch, die Reaktion seiner Mutter einzukalkulieren und schien geradezu ein Spiel «Alpha-verjagen-Lassen» zu inszenieren. Ab Mitte Juli 1982 begann er, regelmäßig und ohne ersichtlichen Grund in Richtung des Haremshalters zu fiepen – was Langurenkinder normalerweise nur tun, wenn sie sich unwohl fühlen oder in Gefahr wähnen. Seine Mutter eilte jeweils sofort zur Stelle und griff den Haremshalter unter heftigem Gekreisch an. Offenbar bewirkte das Fiepen des heranwachsenden Männchens bei dem Haremshalter eine «klassische Konditionierung» – einen Lerneffekt durch wiederholte negative Erfahrung. Am 3. August 1982 gesellte sich Weibchen Acht zu ihm, als er die Gegend observierte. Als sich auch das junge Männchen fiepend näherte, entfernte sich der Haremshalter ausgesprochen eilig und offenbar vorsorglich.[47] Einen unmittelbaren Vorteil schien der Sohn des Weibchens Acht nicht davon zu haben, daß er den Haremshalter regelmäßig in Bedrängnis brachte. Ich vermute allerdings, daß er sich auf diese Weise gesteigerte Fürsorge seiner Mutter sicherte, da er bereits in einem Alter war, in dem die meisten Mütter ihren Kindern den Zugang zur Brust verwehren. Denn Weibchen Acht erlaubte ihrem Sohn noch «Nippelkontakt» – so der terminus technicus – in einer Lebensphase, als seine Geschlechtsgenossen bereits ihre Geburtsgruppe verlassen und sich einer Männchengruppe angeschlossen hatten.

Bei Languren und vielen anderen Primatenspezies entwickelt sich während der Entwöhnungszeit ein heftiger Konflikt zwischen Mutter und Kind. Verweigert die Mutter den Zugang zur Brustwarze, werfen sich die frustrierten Kinder oft auf den Boden, schlagen mit dem Kopf gegen Steine, beginnen, sich zu beißen, und schreien wie am Spieß. Die Botschaft an die Mutter kann folgendermaßen übersetzt werden: «Wenn du dich nicht sofort um mich kümmerst, zerstöre ich mich selbst, und alle

Mühe, die du bisher in deine Fortpflanzung gesteckt hast, während du mich aufzogst, ist umsonst.» In der Tat wirken die Inszenierungen zumindest manchmal und Mütter nehmen ihre Kleinen wieder zur Brust. In der Fachliteratur wird das Verhalten als «temper tantrum» bezeichnet, was sich am besten mit «Wutanfall» übersetzen läßt. Derartige «Wut»-Anfälle können selbst bereits interpretiert werden als Täuschungsmanöver der Kategorie «Einen falschen Eindruck erwecken» – denn es ist ja kaum vorstellbar, daß es den Kleinen von einer Sekunde auf die andere dermaßen schlecht geht. Das Verhalten tritt gelegentlich in der eben beschriebenen Weise zusammen mit sozialer Werkzeugbenutzung auf, wie der britische Primatologe Robin Dunbar von den ebenfalls haremsbildenden Blutbrustpavianen berichtet, die er in Äthiopien beobachtete. Ein einjähriges Kind störte nach der Ablehnung durch seine Mutter im Rahmen eines solchen Tantrums einen Haremshalter, der sich der Fellpflege mit einem anderen Weibchen hingab. Die beiden ignorierten das Kleine zunächst, das darauf dem Männchen auf den Rücken schlug und es an seiner Mähne zog. Das Männchen ließ das Kleine wieder unbeachtet. Das Einjährige zog es darauf erneut an der Mähne, woraufhin sich das Männchen umdrehte und ihm einen Schlag versetzte. Darauf stürzte das Kind zu seiner Mutter, welche die Szene verfolgt hatte. Sie erlaubte ihm sofort den Zugang zur Brust und trug es von dannen[48] – eine Szene, die sich in nur leicht veränderter Form tagtäglich in vielen Menschenfamilien abspielt.

Opfer sozialer Werkzeugbenutzung wurde auch jener Savannenpavian, der – wie oben beschrieben – von einem Weibchen durch Fellpflege eingelullt wurde, und dem so seine Jagdbeute abgeluchst wurde. Das Männchen erjagte einige Tage später erneut eine Thompson-Gazelle. Dasselbe Weibchen näherte sich wiederum und versuchte, einen Fleischbrocken zu erbetteln. Sie blickte zunächst das Männchen an, dann dessen Jagdbeute, und als beides nichts half, begann sie erneut, sein Fell zu kraulen. Das Männchen ließ sich das zwar gefallen, behielt jedoch diesmal eine Hand auf der Gazelle; immer dann preßte es heftiger zu, wenn die Fellpflege weniger intensiv wurde. Das Weibchen hörte nach einiger Zeit mit ihren Bemühungen auf, um plötzlich und ohne ersichtlichen Grund jenes Weibchen zu attackieren, das als Favoritin des Männchens galt. Das Männchen zögerte, blickte abwechselnd auf die Gazelle und zu seiner Freundin, um ihr schließlich zu Hilfe zu eilen. Da aber rannte die Angreiferin schnell zurück und schnappte sich die Gazelle. Die Favoritin des Männchens war zum Zeitpunkt der Attacke mehr als 100 Meter entfernt. Zudem war sie weder das nächste Gruppenmitglied noch das rangniedrigste. Mithin erscheint es wahrscheinlich, daß die Angreiferin nicht lediglich ihre Frustration auslassen wollte, sondern daß sie gezielt ein mit dem Männchen eng verbundenes Individuum auswählte, um dessen Verhalten zum eigenen Vorteil zu manipulieren.[49]

Den Täuschenden täuschen

Deutliche Hinweise, daß Affen und Menschenaffen die Täuschungsmanöver anderer Individuen als solche begreifen und entlarven können, lassen sich aus jenen Episoden ableiten, die unter die Kategorie *Kontern einer Täuschung* fallen: «Das Verhalten des Handelnden vereitelt die taktische Täuschung eines anderen Individuums.»

Dieses komplexe Verhalten hat eine einfachere und eine kompliziertere Variante. Die einfachere ist das *Verhindern des Erfolges einer Täuschung.* So entdeckte der Arnheimer Schimpansenmann Dandy eines Tages das Weibchen Spin, als es sich mit einem anderen Männchen in einem abgelegenen Bereich des Geheges versteckt hatte. Unter lautem Bellen rannte Dandy zum ranghöchsten Männchen der Gruppe – das sich weit abseits aufhielt und nichts mitbekommen hatte – und führte es zu dem Versteck der beiden, die sich gerade mitten in der Paarung befanden.[50]

Die kompliziertere Variante besteht im *Täuschen eines Täuschenden.* In der Schimpansen-Population des tansanischen Gombe-Parks ereignete sich folgender Vorfall: Ein Männchen verzehrte Bananen, deren Versteck niemand sonst kannte, als ein anderer Schimpanse auftauchte. Das Männchen ließ die Leckerbissen sofort liegen, lief ein Stück weiter und schaute Löcher in die Luft. Der Neuling ging weiter, versteckte sich aber – sowie er außer Sichtweite war – hinter einem Baum, um das erste Männchen zu beobachten. Als dieses seine Mahlzeit fortsetzen wollte, war der zweite Mann prompt zur Stelle, jagte den ersten fort und aß die Bananen selbst *(Abb. 16).*[51]

Emil Menzel führte im Yerkes-Primatenzentrum eine faszinierende Serie von Experimenten vor, bei denen jeweils eine Gruppe von sechs heranwachsenden Schimpansen in ein Gehege gelassen wurde, nachdem einem von ihnen das dort sorgfältig vergrabene Futter gezeigt worden war. Dieser «Führer» – meistens das Weibchen Belle – leitete die fünf Genossen und Genossinen in der ersten Zeit zielsicher zum Versteck. Zunächst teilten die Schimpansen mehr oder weniger redlich den Fund. Nach einiger Zeit verzögerte Belle jedoch ihre Aktionen, wenn die Gruppe losgelassen wurde. Der Grund lag vor allem darin, daß Rock – das dominante Männchen der Gruppe – Belle zu treten und zu beißen begann, sobald sie das Versteck verriet. Rock reklamierte damit alles Futter für sich allein. Zwischen ihm und Belle entwickelte sich nun über Monate hin ein immer raffinierter werdender Prozeß von Täuschung und Gegentäuschung. Zunächst verriet Belle das Futterversteck nicht, solange Rock in der Nähe war. Meistens setzte sie sich direkt auf die entsprechende Stelle im Gehege. Rock durchschaute die Taktik jedoch schnell, und sobald Belle irgendwo länger als ein paar Sekunden saß, kam er zu ihr, schubste sie beiseite, suchte den Platz um sie herum ab und reklamierte die Früchte oder

Abb. 16: Schimpansen sind die Lügenbarone des Tierreichs. Ihre Intelligenzleistungen reichen offenbar sogar aus, um die Täuschungsabsicht anderer zu durchschauen und zu kontern – wie diese Comic-Folge illustriert, die auf einer wahren Begebenheit in Tansania beruht.

das Gemüse für sich allein. Belle reagierte hierauf, indem sie nicht länger bis zu dem Versteck lief, sondern auf dem Wege dorthin sitzen blieb. Rock machte ihre Bemühungen freilich zunichte, indem er in einem stetig größer werdenden Zirkel jenes Areal durchsuchte, in dessen Zentrum Belle saß. Schließlich setzte sich Belle weiter und weiter weg vom Versteck. Sie wartete, bis Rock in die entgegengesetzte Richtung schaute, um sich dann erst zu dem verborgenen Futter zu begeben. Rock, im Gegenzug, schaute zwar weg, solange Belle sich nicht rührte. Manchmal trollte er sich sogar von dannen, machte jedoch eine sofortige Kehrtwendung, wenn Belle sich gerade anschickte, eine Frucht aufzudecken. Auf diese Weise entdeckte Rock sogar oft das sorgfältig versteckte Futter in mehr als zehn Metern Entfernung von Belle. Mehrfach orientierte er sich an Belles momentaner

Position, um seine Suche genau dort zu beginnen, wohin Belle schaute. Wenn Rock dem Versteck nahe kam, beschleunigte Belle meist ihr Tempo und verriet Rock durch diese nervöse Bewegung, daß er richtig lag mit seiner Vermutung. Bei einigen Gelegenheiten führte sie die Gruppe jedoch in die dem Versteck genau entgegengesetzte Richtung, um dann, wenn Rock intensiv suchte, mit äußerster Geschwindigkeit zum wahren Versteck zu rennen und sich ihre Ration zu sichern. Manchmal versteckten die Verhaltensforscher einen einzelnen Nahrungsbrocken etwa drei Meter entfernt von dem großen Haufen. Belle führte Rock dann zu dem einzelnen Brokken, und während er sich darüber hermachte, rannte sie zu dem Haufen. Rock jedoch lernte auch diesen Trick bald zu durchschauen, ignorierte den einzelnen Futterbrocken und überwachte statt dessen Belles Bewegungen. Belle reagierte hierauf mit wütenden «temper tantrums» – wie es Kleinkinder tun, denen die Mutter die Brust verweigert.[52]

Der Wettkampf zwischen Belle und Rock, sicherlich einer der interessantesten Fälle von Täuschung und Gegentäuschung, illustriert somit auf faszinierende Weise einen Ausspruch aus dem 1510 erschienenen Werk *Der Seelen Paradiß* des Predigers und Volksschriftstellers Johann Geiler von Kaysersberg: «Wo der mensch ein lügin ausspricht, so bedarf es darnach vierzig unwarheiten uf das er der ersten lügy mög ein gestalt machen.»[53]

Sechstes Kapitel

Können Tiere Gedanken lesen?

Die Stufen mentaler Repräsentation

Man muß ein gutes Gedächtnis haben, nachdem man gelogen hat.
Pierre Corneille, *Le Menteur*[1]

Mentalismus contra Behaviorismus

Die Frage, ob Tiere ein Bewußtsein haben oder nicht, erhitzte bereits vor ziemlich genau einem Jahrhundert die Gemüter von Psychologen und Verhaltensforschern. Sie ist auch heute keineswegs vom Tisch und war und ist eng gekoppelt mit dem Problem, ob Tiere lügen können. Augustinus definierte Lüge als «willentliche» Täuschung. Sich aber einen «Willen» ohne Bewußtsein vorzustellen, ist schwierig. Auf die zu leistende Kopfarbeit weist bereits die Etymologie hin: lateinisch *mens* bedeutet «Verstand», *mendacio* aber Lüge. Der Lügner also nimmt *bewußt* eine Gegenperspektive zur Wirklichkeit ein.

Einer der ersten Streiter in den Reihen der Verhaltenspsychologie, der den Tieren ein Bewußtsein zubilligte, war der britische Psychologe Georg John Romanes. Er beschrieb in seinen Büchern *Animal Intelligence* vom Jahr 1883 und dem ein Jahr später erschienenen *Mental Evolution in Animals* das Innenleben von Tieren, freilich nicht, ohne es stark zu vermenschlichen. Sein prominenter Gegenspieler Lloyd Morgan verdammte eine solche Auffassung in den Werken *An Introduction to Comparative Psychology* aus dem Jahre 1894 und *Animal Behaviour* vom Jahre 1900.[2] Romanes – ein Anhänger Darwins – nahm für die Evolution des Verstandes drei Stufen: Reflex, Instinkt und Intelligenz (oder «Vernunft», engl. *reason*). Solche Steuerungsmechanismen helfen Organismen, in ihrer Umwelt zu bestehen und sind ein Produkt der natürlichen Auslese. Nach Romanes' Auffassung laufen Reflexe quasi «mechanisch» ab, während an instinktivem oder intelligentem Verhalten «mentale» – geistige – Prozesse beteiligt sind. Reflexe sind angeboren und erfolgen stereotyp als Reaktion auf Reize. Instinkte sind zwar ebenfalls nicht über Erfahrung erworben. Doch werden sie flexibler eingesetzt (nicht auf jeden Reiz folgt eine Instinkthandlung), obgleich der Organismus über den Zusammenhang von Mittel und Zweck nichts weiß. Beim intelligenten Verhalten allerdings, so meint Romanes, sei «bewußtes Wissen» (engl. *conscious knowledge*, d. h. «Bewußtsein») am Werke. Romanes schrieb Tieren immer dann Bewußtsein zu, wenn ihr Verhalten geplant wirkte. Die Zuschreibung hielt er nicht für subjektiv oder objektiv, sondern «ejektiv» – womit er meinte, die mentalen Zustände in anderen Organismen könnten nur abgeleitet werden aus Vergleichen mit der eigenen Person.[3]

Die systematische Vermenschlichung führte zu Beschreibungen tierlichen Verhaltens, die heute bizarr anmuten. Ein Erlebnis mit seinem Hund beschreibt Romanes folgendermaßen: «Der Terrier hatte großen Spaß daran, Fliegen von den Fensterscheiben wegzufangen. Wurde er gehänselt, falls ihm das nicht gelang, ärgerte ihn das offenbar sehr. Eines Tages – um zu sehen, was er tun würde – lachte ich ungezügelt jedesmal, wenn einer seiner Versuche fehlschlug. Das passierte mehrere Male hintereinander – teilweise, glaube ich, als Reaktion auf mein Lachen – und schließlich war er so bedrängt, daß er gewißlich *vorgab*, die Fliege zu fangen. Er machte mit Lippen und Zunge alle entsprechenden Bewegungen, und anschließend rieb er seinen Hals auf dem Boden, als wolle er sein Opfer töten: Dann schaute er zu mir auf mit einer triumphierenden Miene des Erfolges. Der ganze Prozeß war so gut simuliert, daß ich wohl darauf hereingefallen wäre, hätte ich nicht die Fliege bemerkt, die noch immer auf dem Fenster saß. Ich machte ihn auf diese Tatsache entsprechend aufmerksam als auch darauf, daß auf dem Boden nichts zu sehen war. Und als er erkannte, daß seine Heuchelei durschaut worden war, verkroch er sich unter die Möbel, offenbar sehr über sich selbst beschämt.»[4]

Lloyd Morgan reagierte auf solch extremen Anthropomorphismus mit den Worten: «In keinem Fall dürfen wir eine Handlung interpretieren als das Ergebnis des Ausübens einer höheren psychischen Fähigkeit, wenn eine Deutung möglich ist als Ergebnis einer Ausübung auf einer niedrigeren psychologischen Stufe.»[5] Morgan warnte, sich bei Spekulationen über «geistige» Leistungen allein auf Anekdoten zu verlassen. Denn wenn wir nicht wissen, wie sich ein Verhalten entwickelt, könne uns entgangen sein, daß es allmählich in einem Lernprozeß über Versuch und Irrtum entstand und nicht das Ergebnis «einsichtigen» Verhaltens ist, nicht die Konsequenz eines Gedankenblitzes. «The guiding influence of pleasure and pain» – der richtende Einfluß von Freude und Leid stecke meist hinter dem Erwerb einer intelligent *wirkenden* Fertigkeit. Von intelligenten Handlungen, die das Ergebnis positiver oder negativer Verstärkung durch Lust oder Schmerz sind, unterschied Morgan «rationale» Handlungen, die auf «reflektivem Denken» und einem «willentlichen Plan» beruhen.[6]

Morgan erklärte Romanes' Beobachtungen auf einfachere Weise: Eine absichtliche Täuschung wurzele in der Idee, die Handlung werde anders gedeutet, als sie gemeint ist. Nur wenige Leute aber würden Tieren solche auf vollem Bewußtsein beruhende Manöver zubilligen: «Gleich den Flunkereien kleiner Kinder sind scheinbare Täuschungen von Tieren vermutlich lediglich Verhaltensweisen, die mit der Erfahrung einer angenehmen Folge verknüpft sind.»[7]

Morgan behauptet nicht, kein Wesen außer dem Menschen habe Bewußtsein. Er war lediglich überzeugt, solches Bewußtsein sei weniger komplex, als vermenschlichende Beschreibungen suggerierten. Erst der Begründer des Behaviorismus, John Broadus Watson (1878–1958), rang sich um das Jahr 1913 zu der extremen Auffassung durch, das Verhalten von Tieren könne adäquat beschrieben werden, *ohne* sich auf Bewußtseinszustände zu berufen: «Der Behaviorist findet keine Hinweise auf ‹mentale Zustände› oder ‹mentale Prozesse› irgendwelcher Art.»[8] Dieses Credo wurde von Watsons geistigen Schülern – allen voran Burrhus Frederic Skinner (1904–1991) – in den Rang eines Dogmas erhoben und selbst auf den Menschen ausgedehnt: Auch unser Handeln gründe nicht in Einsicht oder vorausschauender Planung, sondern sei das Ergebnis komplexer Lernprozesse, die auf Versuch und Irrtum, auf positiver und negativer Verstärkung beruhen, und die unser Vorgehen programmieren.

Einen Mittelweg versuchte Margarete Washburn einzuschlagen, die sich darüber Gedanken machte, wie denn – ohne in die Fußstapfen von Romanes' Anthropomorphismus zu treten, doch unter Benutzung seiner «ejektiven» Methode – verläßliche Evidenzen für mentale Prozesse bei Tieren zu finden sein könnten. Ihre Überzeugung, auch Tiere hätten ein Bewußtsein, basiert auf einer Kombination von Tier-Mensch-Vergleichen hinsichtlich Körperbau, Physiologie und Verhalten. Sie folgerte, «wenn ein Wesen, dessen Strukturen den unseren ähneln, einen Reiz erhält, und sich genauso verhält, bewegt, wie wir es als Reaktion auf den gleich Reiz tun, dann verfügt es über innere Erfahrungen, die den unseren gleichen». Deshalb können und müssen wir «den tierlichen Verstand [engl. *mind*] menschlich deuten». Dabei allerdings – und hierin folgt Washburn der Warnung von Lloyd Morgan – sollte «die am wenigsten komplexe Interpretation» gewählt werden.[9]

Unabhängig von solchem Liebäugeln mit dem «Mentalismus» entwickelte sich bis in die Mitte dieses Jahrhunderts das terminologische Handwerkszeug der vergleichenden Verhaltensforschung. Oskar Heinroth (1871–1945), Erich von Holst (1908–1962), Nikolaas Tinbergen und Konrad Lorenz versuchten, die stammesgeschichtliche Entwicklung von Verhaltensmustern durch den Vergleich verschiedener Arten zu rekonstruieren. Indem sie das Instinkt-Modell zu begrifflicher Schärfe entwickelten, sahen sie viele Verhaltensweisen kontrolliert von starren, unabänderlichen Programmen. Vermutlich erklärt die vehemente und mit Leidenschaft gepflegte Gegnerschaft zur behavioristischen Schule, daß insbesondere Konrad Lorenz zwar einerseits die angeborenen und damit vorprogrammierten Komponenten tierlichen und menschlichen Verhaltens betonte, andererseits aber keinerlei Probleme damit hatte, Tiere als bewußt handelnde Wesen zu beschreiben. Er faszinierte nicht nur ein Laienpublikum durch meisterhafte Erzählkunst, die vor Anthropomorphismen nicht zurückschreckte: «Gänse sind eben auch nur Menschen», die sich verlieben, den Unschuldigen spielen und Eindruck schinden wollen ... Allerdings war Konrad Lorenz keineswegs so naiv, daß er seine Worte wörtlich nahm. Er hielt mentale Prozesse für unbeobachtbar, aber Ausdrücke wie «Furcht». «Glauben», «Erkennen», verwandte er als bequeme Stenographie für komplexe Verhaltensmuster.[10]

Im Jahre 1986 schlossen die Psychologen Robert Mitchell und Nicholas Thompson ihren Sammelband hinsichtlich des damaligen Standes der Diskussion über Täuschung bei Mensch und Tier mit einem Epilog. Sie wiesen darauf hin, Wissenschaftler würden um so eher eine «kognitive», auf «Bewußtsein» verweisende Sprache verwenden, je komplexer die von ihnen untersuchten Systeme der Täuschung seien. Hierbei gäbe es zwischen Psychologen und Zoologen einen wichtigen Unterschied. Letztere versähen psychologische Begriffe mit Gänsefüßchen und schwächten ihre Verwendung ab. So schreibt der Zoologe John Krebs: «Merke, daß die Worte ‹Entscheidung› und ‹Wahl› nichts über bewußtes Denken aussagen, sondern lediglich eine Abkürzung der Aussage sind, ein Tier sei dazu geschaffen, bestimmten Regeln zu folgen.»[11] Richard Dawkins wiederum bezieht sich in seinem Buch *Das egoistische Gen* auf einen Vortrag von Beatrice und Allan Gardner über ihre berühmte «sprechende» Schimpasin Washoe, die die amerikanische Zeichensprache für Gehörlose benutzte. Unter den Zuhörern waren einige Philosophen, welche anschließend fragten, ob Washoe lügen könne. Dawkins hielt diese Frage jedoch für nicht sonderlich interessant: «Die Vorstellung, daß ein Tier lügt, kann zu Mißverständnissen führen. [...] Ich spreche einfach von einer Wirkung, die funktional der Täuschung entspricht.»[12] Mitchell und Thompson attackieren derlei Zurückhaltung mit den Worten: «Wir denken, die Zeit ist reif, unsere Gänsefüßchen und Abschwächungen wegzulassen und den Implikationen der Tatsache ins Auge zu sehen, daß einige kognitive Begriffe eine praktische Beschreibung komplexer natürlicher Organisation liefern.»[13] Einer der schärfsten Befürworter der Auffassung, Tieren sei Bewußtsein zuzubilligen – der amerikanische Biologe Donald R. Griffin – apostrophiert die Gänsefüßchen als «security blanket», als eine Art intellektuelle Schmusedecke, die gegen den kalten Wind wärmt, der aus den Lagern des «mindless behaviorism» – des «geistlosen Behaviorismus» – wehe.[14]

Irgendwo in diesen geistigen Räumen mußten sich auch Richard Byrne und Andy Whiten ein Eckchen suchen, um die von ihnen gesammelten – und im vorangegangenen Kapitel vorgestellten – Episoden taktischer Täuschung unter Primaten einzuordnen und zu interpretieren *(Abb. 17)*. Angesichts der verwirrend zahlreichen Tapeten mit Mustern wie «Mentalismus», «Behaviorismus», «Kommunikation» und «Manipulation» fiel jedoch die Wahl nicht leicht. Ein von den beiden Schotten herausgegebener

Abb. 17: Die beiden schottischen Psychologen und Primatologen Andrew Whiten (links) und Richard Byrne haben frischen Wind in die Diskussion darüber gebracht, ob Tiere zu bewußten Täuschungsmanövern fähig sind – nicht zuletzt mit dem von ihnen herausgegebenen Sammelband *Machiavellian Intelligence,* dessen Erscheinen im Jahre 1988 sie hier im Ornat der Universität von St. Andrews würdig begehen. Machiavelli beschrieb, wie die Fähigkeit zum «Gedankenlesen» betrügerisch eingesetzt werden kann. Daraus zogen die beiden Psychologen eigene Konsequenzen: Sowohl Byrne als auch Whiten wollten beide gerne den eigenen Namen als ersten Herausgeber genannt haben. Um gegenseitigem Übervorteilen vorzubeugen, überließen sie dem Zufall die Entscheidung und warfen eine Münze.

Sammelband bündelt den Stand der Diskussion unter dem Titel *Machiavellian Intelligence.* Zwar war es ein italienischer Renaissance-Politiker, der jene Maxime offen aussprach, nach der sich nicht nur Politiker noch immer zu richten scheinen. Doch verhalten sich Paviane in solch komplexer Weise, daß zumindest die Frage berechtigt erscheint, ob sie Machiavellis Handlungsanweisungen in ihrer Affengesellschaft nicht längst verwirklicht haben: «Der Fürst muß ein begabter Heuchler und Täuscher sein. Die Menschen denken so simpel und werden so sehr von augenblicklichen Begierden geleitet, daß ein betrügerischer Fürst stets jemanden findet, der sich betrügen läßt.»[15]

Die Suche nach einfacheren Erklärungen

«Wir müssen [...] von der Lüge [...], der bewußten und zielgerichteten Täuschung [...], jenes lügenhaft erscheinende Verhalten abgrenzen, das äußerlich wohl den Schein der Lüge erweckt, gewiß aber nicht bewußte und mit Rücksicht auf Kausal- und Zweckzusammenhänge vollbrachte Täuschung ist, sondern ein unbewußtes, wesentlich triebhaftes Verhalten, das wir in dieser Form auch im Tierreich finden.» Diese Forderung erhob Karl Reininger im Jahre 1927 in einem Aufsatz über «Die Lüge beim Kind und beim Jugendlichen als psychologisches und pädagogisches Problem».[16]

Hier wird die Frage berührt, an welcher Schnittstelle im Lauf der *Ontogenese* – der individuellen Entwicklung – die Fähigkeit zur Lüge ausgebildet wird. Beim Vergleich der Verhaltensmuster von Halbaffen, Affen und Menschenaffen geht es um die Frage, an welcher Stelle im Laufe der *Phylogenese* – der stammesgeschichtlichen Entwicklung – die Fähigkeit zur Lüge ausgebildet wird. Für Reininger stellte sich die letzte Frage allerdings nicht. Er hielt es für ein schlichtes Faktum, daß sich «im Tierreich» nichts anderes findet als «unbewußtes, wesentlich triebhaftes Verhalten» – eine Auffassung, die mehr als sechzig Jahre später noch immer viele Wissenschaftler teilen. Den Bemühungen von Richard Byrne und Andy Whiten ist es zu danken, daß die Schlußfolgerung nicht mehr selbstverständlich ist. Bevor allerdings zweifelsfrei erwiesen sein wird, ob und welche «Bewußtseinsarten» in den Hirnen von anderen Primaten als dem Menschen existieren, wird viel Detailarbeit nötig sein. Whiten und Byrne legen strengste Maßstäbe bei der Bewertung der im Täuschungs-Katalog aufgezählten Episoden an und weisen ausdrücklich darauf hin, daß sich für viele Fälle einfachere Erklärungen finden lassen als jene, die auf «bewußte» Täuschung abheben. So betrachtet auch Karl Reininger den seinerzeit frühesten in der Fachliteratur verzeichneten Fall einer «Lüge» mit Skepsis, bei dem über einen einjährigen Jungen folgendes berichtet wird: «Bubi kaute entgegen dem Verbot der Eltern gerne Papier. Zu einem solchen Vorfall notierten die Eltern folgendes: Heute wandte sich die Mutter plötzlich um und ertappte das Kind beim Papierkauen. Erschreckt fuhr es zusammen, nahm das Papier heraus und, um der Sache eine scherzhafte Wendung zu geben, lachte es die Mutter neckisch an. Diese aber blieb ernst, wiederholte das Verbot und kehrte ihm absichtlich den Rücken zu. Der Junge kicherte nun in sich hinein, schielte dann und wann listig zur Mutter und wollte gerade das Papier im Mund verschwinden lassen, als die Mutter sich rasch umdrehte. Erschreckt zwinkerte er mit den Augen und stieß ein kurzes, krampfhaftes Verlegenheitslachen aus – um auf einmal mit der scheinheiligsten Miene das bewußte Papierstücken an die Nase, die Augen, ans Ohr zu legen, gerade als hätte er immer die harmlose Absicht gehabt, und als sei er dabei nur ganz aus Versehen in die Nähe des Mundes geraten.» Karl Reininger meint, es sei bereits vom Alter her klar, daß es sich nicht um eine «echte» Lüge handeln könne, sondern daß «der das Kind beherrschende Spieltrieb [...] das kindliche Verhalten zumindest wesentlich mitbedingt».[17]

Ob diese «Entwertung» des Falles richtig ist, sei dahingestellt. Auf jeden Fall ist es in der Regel angezeigt, die einfachere Erklärung der komplizierteren vorzuziehen. Erinnern wir uns an den ähnlich gelagerten Fall, bei dem ein Langurenmännchen, das vor einem Haufen Futter saß, sich plötzlich nach einem Weibchen umdrehte, das sich hinter seinem Rücken darauf vorbereitete, ihm etwas davon zu stehlen, und das nun, dergestalt überrascht, dem Männchen das Fell zu pflegen begann. Die komplizierte Erklärung geht davon aus, daß sich im Gehirn des Affenweibchens folgender Denkvorgang abspielt: «Der Affenmann denkt zu Recht, ich wolle ihn bestehlen und wird mich dafür vermutlich bestrafen. Wenn ich ihm jedoch schnell das Fell pflege, kann ich dem Affenmann eventuell vormachen, ich habe meine Hand nur ausgestreckt, um ihn zu kraulen, und er wird mich schonen.» Eine wesentlich einfachere Erklärung wäre natürlich, daß sich die Aggression eines Männchens dämpfen läßt, wenn ihm das Fell gepflegt wird, und daß das Weibchen diese Verbindung herstellen kann. Zudem mag das Männchen gar keiner Täuschung aufsitzen, sondern es mag die angenehme Erfahrung der Fellpflege seiner eigenen aggressiven Handlung vorziehen.

Bereits um die Jahrhundertwende wiesen die Kinderpsychologen Clara und William Stern darauf hin, bis zum Ende des zweiten Lebensjahres könnten die meisten sogenannten Lügen von Menschenkindern auf irrigen Ausdeutungen beruhen. Wenn beispielsweise ein Kind etwas beschädigt hat, mag es auf die strenge Frage der Mutter nach dem Übertäter unrichtig mit «Papa» antworten. Um eine Lüge muß es sich nicht notgedrungen handeln. Vielleicht wurde es durch den Ton der Mutter außer Fassung gebracht und äußert den Wunsch, zum Vater zu fliehen. Sein kleiner Wortschatz, seine geringe Sprechgewandtheit mögen es ihm nicht erlaubt haben, sich klarer zu äußern.[18] Ganz ähnlich hat die in Zeichensprache unterrichtete Schimpansin Lucy bei der strengen Frage ihres Trainers, ob sie den Teppich beschmutzt habe, vielleicht nicht der Trainerin Sue die Schuld in die Schuhe schieben wollen, sondern erhoffte sich von dieser Person eine mildere Behandlung – eine eher unwahrscheinliche Annahme zwar, doch im Sinne des Prinzips «im Zweifel für den Angeklagten».

Eine einfachere Erklärung als die, ein Affe wolle «einen falschen Eindruck erwecken», erscheint hingegen angebracht, wenn Weibchen sich Müttern nähern, um ihnen das Fell zu pflegen. Zwar mögen sie «in Wirklichkeit» daran interessiert sein, den Säugling der Mutter in ihren Besitz zu bringen, ihn zu halten, zu inspizieren und herumzutragen. Aber müssen wir annehmen, die Mütter – speziell jene, die mehrere Kinder geboren und so etwas oft erlebt haben – würden wirklich auf einen Trick hereinfallen? Kann nicht vielmehr ein einfacher Tauschhandel vorliegen: ein bißchen Fellpflege gegen die Übergabe des Kindes?[19] Ebenso: Wenn, wie es bei nonhumanen und humanen Primaten regelmäßig vorkommt, ein Kind während der Entwöhnungsperiode herzzerreißendes Gezeter anstimmt und sich in offensichtlich selbstzerstörerischer Absicht auf den Boden wirft, dann mag das zwar seine Mutter veranlassen, es wieder an die Brust zu lassen – allerdings muß die Mutter nicht notwendig «glauben», es ginge ihrem Baby so schlecht, wie es sich gebärdet.

Im Kern geht der Streit darum, ob die «Täuscher» *wissen*, was sie tun, ob also – im Sinne der augustinischen Definition von Lüge – «Absicht» im Spiel ist. Der junge Pavian Paul beispielsweise könnte einmal einen stärkeren Affen um Nahrung angebettelt haben, von ihm bedroht worden sein und voller Angst losgeschrieen haben. Seine alarmierte Mutter vertrieb den stärkeren Pavian und Paul blieb mit dem Futterbrocken zurück. Die Nahrung entspräche der Belohnung in einem Dressurakt: Paul wäre dressiert worden, bei zukünftigen ähnlichen Situationen ebenfalls loszuschreien. Ähnliches gilt für Alarmlaute – normalerweise bei Sichtung eines Raubfeindes ausgestoßen –, die ein Affe beim Angriff eines Artgenossen produziert. Sie können ebenfalls einen relativ einfachen Lernprozeß widerspiegeln: Der Affe hat – ohne «Einsicht» in die Folgen seines Handelns – zuvor die Erfahrung gemacht, daß aggressive Auseinandersetzungen in der Gruppe abrupt stoppen, wenn ein Warnlaut zu hören ist. Gibt er bei einer aggressiven Auseinandersetzung Raubfeind-Alarm, so muß keineswegs angenommen werden, das Verhalten sei «intentional» – auch wenn es funktioniert, also «funktional» ist. Handelt es sich nicht um Affen, sondern um Vögel – die ja, wie geschildert, ganz ähnliche Verhaltensmuster zeigen –, dann fühlen wir uns interessanterweise weit weniger motiviert, die Frage zu diskutieren.

Spezielle Zuneigung zu den Studienobjekten mag manchmal zu «Reporter»-Verfälschungen führen, speziell wenn ein «Wettrennen» im Gange ist, eventuell vorhandene Fähigkeiten einer bestimmten Spezies als erstes zu dokumentieren. Margarete Washburn bemerkte hierzu in ihrem im Jahre 1908 erschienenen Buch *Der tierliche Verstand:* «Hunde gehen Hunderte von Malen verloren und niemand [...] schickt einen Bericht darüber an eine wissenschaftliche Zeitschrift. Aber wenn nur einer seinen Rückweg von Brooklyn nach Yonkers findet, dann wird diese Tatsache sofort eine kursierende Anekdote.»[20]

Wie unbewußt auch immer, mag es tatsächlich der Wunsch mancher Verhaltensforscher sein, eine gute Story über «ihre» Primaten zu erzählen. Dian Fossey beispielsweise wird zuweilen unterstellt, daß sie sich so eng mit den Berggorillas identifizierte und so eifersüchtig bemüht war, die Reputation «ihrer» Menschenaffen etwa im Vergleich mit Schimpansen aufzubessern, daß sie den Handlungen der Gorillas menschliche Qualitäten zuschrieb.[21] Zweifellos können Vorlieben zu Datenverfälschungen führen, aber sie müssen es nicht. Frans de Waal gibt zwar unumwunden zu, er halte Schimpansen für besonders clevere Primaten. Gleichzeitig räumt er aber auch eine Leidenschaft für Rhesusaffen ein – ohne bei ihnen auch nur annähernd so viele Hinweise auf taktische Täuschungen zu entdecken als bei den Menschenaffen.[22]

Ebenso problematisch können «falsch-positiv» Befunde werden, die eigentlich auf Zufall beruhen. Jenes Pavianweibchen, das einem Männchen das Fell pflegte und ihm dann die Jagdbeute wegnahm, pflegte vielleicht dem Männchen ohnehin häufig das Fell. Um einen zufälligen Zusammenhang zwischen der Fellpflege und dem Fleischdiebstahl auszuschließen, müßte die Wahrscheinlichkeit berechnet werden, daß ein Weibchen ein bestimmtes Männchen in einer gegebenen Minute pflegt. Um solche Aussagen machen zu können, müßten die Beobachter nicht nur die Täuschungsmanöver dokumentieren, sondern zudem die Häufigkeit «ehrlicher» Episoden.[23] Solche Kontrolldaten zu liefern, macht natürlich weitaus mehr Mühe, aber in zumindest manchen Fällen sind sie im Verhaltenskatalog inkorporiert – etwa bezüglich des Gorilla-Silberrückens, der seine Paarungslaute erst unterdrückte, nachdem er seinen dominanten Status an einen jüngeren verloren hatte.

Kritiker des Ansatzes von Byrne und Whiten pflegen gelegentlich einzuwenden, allein Experimente könnten Klarheit schaffen, da allein im Experiment Möglichkeit bestünde, den Einfluß verschiedener Faktoren auf das Verhalten genau zu bestimmen und konkurrierende Hypothesen gezielt zu überprüfen. Würden wir beispielsweise Bienen bewußtes und absichtliches Handeln unterstellen, müßten wir ihr *Wissen* bewundern, in toten Bienen eine Gefahr für die hygienischen Verhältnisse im Stock zu realisieren: Stirbt eine Biene, so *erkennt* ihre Schwester, daß sie tot ist, und weil sie *glaubt,* tote Bienen würden die Gesundheit der lebenden bedrohen, *will* sie das verhindern und *entscheidet* sich, die tote Artgenossin aus dem Stock zu schleppen. Die einfachere – experimentell überprüfbare – Erklärung für den Sauberkeitsfimmel der Bienen beruft sich auf die Tatsache, tote Bienen würden eine organische Säure ausscheiden. Der Duft dieser Substanz löst eine routinemäßige Handlung bei anderen Bienen aus. Wird eine quicklebendige Biene mit der Substanz betropft, so wird sie, trotz heftiger Gegenwehr, von ihren Schwestern aus dem Stock geschleppt.[24]

Demgegenüber vertritt der britische Primatologe Robin Dunbar die Auffassung, wissenschaftliches Arbeiten sei durchaus nicht synonym mit experimentellem Arbeiten. Im Gegenteil: Wenn Verhaltensmuster evolviert seien unter komplexen ökologischen und sozialen Bedingungen, dann könnten wir kaum hoffen, im Labor dieses Umfeld ohne wesentliche Verfälschungen zu simulieren. Ein Affe oder Menschenaffe werde im Labor bestimmte Verhaltensmuster vielleicht gar nicht zeigen, die in einer vielköpfigen Gruppe von Artgenossen in natürlicher Umgebung mit einiger Wahrscheinlichkeit auftreten. Byrne und Whiten meinen eher lakonisch, wenn Wissenschaft sich allein auf experimentelle Manipulation gründe, dann wäre es beispielsweise schlecht bestellt um die Astronomie.[25]

Zweifellos sollten solche Einwände ernstgenommen werden. Allerdings sind Vorfälle taktischer Täuschung per se weitaus schwieriger zu dokumentieren als die alltägliche Nahrungsaufnahme oder Sprünge von Ast zu Ast. Eine Geringschätzung seltener Beobachtungen war dafür verantwortlich, daß beispielsweise das Vorkommen von Kindestötungen unter Primaten lange Zeit nicht ernsthaft diskutiert wurde, obgleich es – wie wir heute wissen – regelmäßig vorkommt.[26] Eine der bewährtesten Methoden, einen Saulus, der nicht an taktische Täuschung bei Primaten glaubt, zu einem Paulus zu machen, ist die Beobachtung derselben, speziell der Menschenaffen. «Die Tatsache, daß vollkommen ‹Ungläubige› selten sind unter Leuten, die mit Mitgliedern dieser Arten vertraut sind», meint Frans de Waal, «weist auf die starke Überzeugungskraft hin, die der direkte Kontakt mit ihren Aktionen hat.»[27] In dem Zusammenhang darf nicht übersehen werden, daß jene führenden Primatologen, die im Jahre 1988 aufgefordert waren, in der Fachzeitschrift *Behavioral and Brain Sciences* den Ansatz von Byrne und Whiten zu kommentieren, ihn nahezu ausnahmslos begrüßten. Daß das auch für die beiden Philosophen unter den Kommentatoren zutrifft – Jonathan Bennett von der Syracuse University im Staate New York und Daniel Dennett von der Tufts University im Staate Massachusetts – schwächt den Verdacht der «Vetternwirtschaft» von menschlichen mit nichtmenschlichen Primaten zumindest ab …[28]

Ich denke, daß du denkst, daß er denkt

Die Auffächerung der Kategorien möglicher taktischer Täuschung unter Primaten, wie sie im vorigen Kapitel vorgenommen wurde, sollte einen Eindruck vermitteln von der Bandbreite des Verhaltenskomplexes. Von ebensolcher Wichtigkeit sind die Fragen, ob sich Regelmäßigkeiten erkennen lassen, ob bestimmte Verhaltensmuster überrepräsentiert, andere hingegen selten sind, ob manche Spezies von Affen und Menschenaffen in bestimmten Kategorien nicht oder in anderen gehäuft auftreten.

Andy Whiten und Richard Byrne waren bei der Durchsicht des Episodenkataloges zunächst davon überrascht, daß die Mehrzahl der Täuschungsmanöver auf *Manipulation der Aufmerksamkeit* anderer abzielt – jedenfalls wenn die Anzahl der Kategorien und der hierunter summierten

Episoden als grobes Maß genommen werden. In der Kategorie *Verbergen* dient das Verhalten des Handelnden dazu, der Aufmerksamkeit des Zielindividuums etwas vorzuenthalten. In der Kategorie *Ablenken* bewirkt der Handelnde, daß sich die Aufmerksamkeit des Zielindividuums von einem Ort auf eine andere Stelle richtet; das Zielindividuum wird zu einer Mißinterpretation hinsichtlich dessen veranlaßt, worauf es seine Aufmerksamkeit vorrangig richten sollte. Nach Meinung der beiden Verhaltensforscher wird in zumindest einigen Episoden das Zielindividuum dermaßen fein manipuliert, daß sie zwangsläufig dem Handelnden die Fähigkeit zuschreiben müssen, in seinem eigenen Hirn eine Vorstellung von den Vorgängen im Hirn des Zielindividuums zu haben.

«Zustände» im Gehirn anderer Individuen lassen sich kaum anders als über psychologische Begriffe beschreiben – oder über «mentalistische» Begriffe, um eine Wortschöpfung Daniel Dennetts zu gebrauchen. Byrne und Whiten bezeichnen in Anlehnung an Dennett die Verschlüsselung eines Aspekts der Welt im zentralen Nervensystem als «mentale Repräsentation». Wenn Primaten nicht lediglich das Verhalten eines anderen Primaten mental repräsentieren, sondern eine Vorstellung haben, was andere «glauben» oder «beabsichtigen», werden sie zu «natürlichen Psychologen» oder «Gedankenlesern».[29] Mentalistische Begriffe benutzten Whiten und Byrne bereits bei den Definitionen der Täuschungs-Kategorien, die schwerlich auskommen könnten ohne die Annahme, daß das Zielindividuum in seinem Gehirn das Verhalten des Täuschenden *mißinterpretiert.* Bezüglich der Kategorie *Verbergen* nimmt der Beobachter ja an, das Zielindividuum wisse nicht, wo das verborgene Objekt ist. Einen wichtigen Schritt weiter freilich geht die Feststellung, zusätzlich zum Beobachter habe auch der Täuschende eine mentale Repräsentation von dem, was das Zielindividuum nicht weiß.

Whiten und Byrne rechtfertigten ihr strittiges Vorgehen zunächst mit dem Hinweis auf seine Ökonomie. Es sei weitaus einfacher, den Begriff «psychologische Repräsentation» zu gebrauchen, als – was durchaus möglich sei – eine Definition auf lange und umständliche Weise durch nichtpsychologische Begriffe zu versuchen.[30] Beim Versuch, die Fähigkeit des «Gedankenlesens» bei nichtmenschlichen Primaten nachzuweisen, greifen sie auf die von Daniel Dennett entwickelte Theorie des «intentionalen Systems» zurück, welche «Stufen mentaler Repräsentation» unterscheidet. Zu ihrer Charakterisierung dienen genau jene mentalistischen Vokabeln, die Anhänger der behavioristischen Schule zum Haareraufen veranlassen: «glauben», «vermuten». «wissen», «erwarten», «wünschen», «erkennen», «verstehen» etc.[31]:

Auf einer Stufe *nullter Ordnung* fehlt dem Organismus jede verstandesmäßige Einordnung seines Handelns. Er reagiert lediglich auf bestimmte Signale: Pauls Magen ist leer, was ihn zum Schreien veranlaßt. Auf einer

Stufe *erster Ordnung* hat ein Organismus Vermutungen und Wünsche, jedoch keine Vermutungen und Wünsche über Vermutungen und Wünsche anderer Organismen: Paul will, daß seine Mutter hergerannt kommt. Ein Organismus, der vermutet, was ein anderer vermutet, erreicht die *zweite Ordnung*: Paul will, daß seine Mutter glaubt, er sei in Gefahr, und daß sie hergerannt kommt. Ab der zweiten Ordnung erfüllt ein Organismus damit das Kriterium, ein «natürlicher Psychologe» oder «Gedankenleser» zu sein. Auf einer mentalen Stufe *dritter Ordnung* werden Denkleistungen vollbracht wie: Paul will, daß seine Mutter glaubt, daß er glaubt, er sei in Gefahr. Wir Menschen können uns «im Prinzip» zu ziemlich komplexen Ordnungen aufschwingen, aber – so gibt Dennett zu bedenken – «ich vermute, daß du dich fragst, ob ich realisiere, wie schwierig es für dich ist, sicher zu sein, daß du verstehst, ob ich zu sagen meine, du könnest erkennen, daß ich glaube, du möchtest von mir erklärt haben, daß die meisten von uns es lediglich bis zur fünften oder sechsten Stufe bringen».[32]

Welche Stufe können nichtmenschliche Primaten erklimmen? Orthodoxe Behavioristen sagen: Alles ist nullter Ordnung, alles Verhalten entspringt kleinschrittigen, auf ständiger Verstärkung beruhenden Lernprozessen. Einsicht ist nicht vorhanden. Whiten und Byrne sind anderer Meinung, die sie insbesondere anhand jener Episoden entwickeln, bei denen die Aufmerksamkeit des Zielindividuums fein manipuliert wird. Wenn ein Affe sich vollkommen vor der Sicht eines anderen verbirgt – während einer Paarung in einem versteckten Winkel –, muß der Handelnde lediglich die Anwesenheit oder Abwesenheit des zu täuschenden Zielindividuums mental verarbeiten. Der sich versteckende Affe braucht nichts darüber zu wissen, was das Zielindividuum – ein höherrangiger Affe – gerade denkt. Der Täuschende kommt mit einer Stufe *erster Ordnung* aus: Ich glaube, dieser Busch verdeckt mich. Komplizierter ist jener Fall gelagert, bei dem ein Mantelpavian-Weibchen sich langsam auf einen Felsbrocken zubewegte, bis seine Hände für den Haremshalter nicht mehr sichtbar waren, und es einem jüngeren, hinter dem Felsen befindlichen Männchen das Fell pflegte *(Abb. 18)*. Das Weibchen veränderte sein Verhalten sorgfältig so lange, bis das Zielindividuum – der Haremshalter – seine Hände nicht mehr sehen konnte. Somit verringerte es systematisch den Unterschied zwischen der mentalen Repräsentation eines Zielzustandes – dem Verdecktsein seiner Hände – und der Repräsentation der gegenwärtigen Fähigkeit des Zielindividuums, seine Hände sehen zu können. Das Weibchen vollbrachte mit diesem *teilweisen* Verbergen vermutlich eine Denkleistung auf der Stufe *zweiter Ordnung:* Ich glaube, daß du wahrnimmst, wo meine Hände sind.[33]

Die feine Abstimmung bezüglich der Aufmerksamkeit anderer läßt sich eindrucksvoll aus Beobachtungen Frans de Waals im Arnheimer Schimpansengehege herauslesen: Niedrigrangige Männchen setzen sich oft in

Abb. 18: Für den Pascha nur halb sichtbar pflegt ein Mantelpavian-Weibchen einem jüngeren Männchen das Fell. Das Weibchen weiß vermutlich, daß der Jüngere für den Pascha unsichtbar ist. Es würde den Pascha damit gemäß dem Motto «Ich glaube, daß du denkst» austricksen und wäre somit zu einem mentalen Prozeß zweiter Ordnung fähig.

die Nähe von Weibchen, wobei sie ihren Oberarm auf dem Knie plazieren und gleichzeitig die Hand locker nach unten hängen lassen. Die Weibchen können ihren erigierten Penis dabei sehen, aber die Schimpansenmännchen an der Seite nicht. Diese elegante Form des teilweisen Verbergens geht einher mit verstohlenem Blinzeln in die Richtung dominanter Männchen. Interessanterweise verdecken die Schimpansen mit ihrer Hand jeweils die Körperseite, welche von den dominanten Männchen eingesehen werden kann.[34]

Eine mentale Repräsentation *dritter Ordnung* liegt vor, wenn das handelnde Individuum eine Vorstellung davon hat, daß sich im Hirn des Zielindividuums eine Repräsentation davon befindet, was ein anderes Individuum denkt – etwa das handelnde. Potentielle Kandidaten für solche Denkleistungen finden sich unter der Kategorie «mimen von Desinteresse». Erinnern wir uns an jenes Gorillaweibchen, das seiner Gruppe voranging, im Geäst eine schmackhafte Pflanze ausmachte, dann – ohne einen Blick auf die anderen zu werfen – zurückblieb, um sich allein den Leckerbissen zu holen. Zielindividuen sind hier die hinter dem Weibchen spazierenden Gorillas. Sie könnten im Prinzip aus den Kopfbewegungen des Weibchens erschließen, was es wahrnimmt; die Zielindividuen würden die Welt quasi durch die Augen des handelnden Weibchens sehen. Dieses berücksichtigt offenbar die mentale Leistung zweiter Ordnung in seinen Kalkulationen – und macht sie unwirksam, indem es nicht auffällig die Futterpflanze als Objekt seiner Begierde anstarrt, sondern sein Interesse verbirgt: «Ich glaube, daß du beobachtest, was ich sehe ...»

Mentale Repräsentation *vierter Ordnung* läßt sich eventuell aus den Beispielen für das Kontern einer Täuschung herauslesen – etwa aus der bereits geschilderten Episode, in der ein Schimpanse Bananen ignorierte, als ein zweiter Schimpanse auftauchte. Der zweite ging wieder fort, versteckte sich jedoch hinter einem Busch und stürzte sich auf die Bananen, sobald der erste Schimpanse – offenbar in der Annahme, die Luft sei rein – sich wieder zu seinem Versteck begeben hatte. Sollte sich hier ein absichtliches Täuschungsmanöver abgespielt haben, so gäbe es zwischen der Psychologie von Schimpansen und Menschen enorme Überlappungen. Denn auch ein *Homo sapiens* muß zweimal denken, um mentale Stufen vierter oder fünfter Ordnung auf die richtige Reihe zu bekommen: «X denkt, daß ich denke, daß er nicht weiß, wo Bananen sind; doch eigentlich glaube ich, daß er sehr genau weiß, wo die Bananen sind ...»

Der britische Verhaltenspsychologe Nicholas Humphrey wendet ein, ein gelackmeierter Primat sollte – wenn er soviel Verstand hat, um sich als Blamierten zu begreifen – eine gewisse «moralische Entrüstung» zeigen. Dem Einwand ist beizukommen: Genau dies tat der junge Schimpanse nämlich, den ein Feldbeobachter durch intensives Starren auf eine falsche Fährte geführt hatte: Er kam zurück, schlug dem Lügner auf den Kopf und ignorierte ihn für den Rest des Tages.[35]

Jede im *Katalog taktischer Täuschungen* verzeichnete Episode wurde von Byrne und Whiten einer vorläufigen Wertung unterzogen, sie wurde einem «Evidenz-Level» zugeordnet. Die höchste Stufe – *Level 2* – bedeutet, daß ein Primat mit ziemlicher Wahrscheinlichkeit die Vorgänge, die sich im Hirn eines anderen abspielen, im eigenen Hirn nachvollziehen kann und somit das Geschäft des «Gedankenlesens» (engl. *mind reading*) betreibt. – Nicht ganz so komplex ist *Level 1.5*. Solcherart bewertet werden Episoden, welche offensichtlich belegen, daß ein Tier versteht, wie die Welt aus einer anderen physikalischen Perspektive aussieht. Die Fähigkeit, zumindest einfache geometrische Sachverhalte zu verstehen, ist eine Grundvoraussetzung für räumlich-strategische Schachzüge. – Damit eine Episode als taktische Täuschung zählt, muß sie mindestens die Wertung *Level 1* erhalten. Danach muß überzeugend belegt sein, daß (a) ein Individuum eine Situation mißdeutet durch (b) das Handeln eines anderen Individuums, dem hieraus ein Vorteil erwächst, und daß (c) hierzu ein Verhalten taktisch eingesetzt wird, d. h. nicht in der dem üblichen Verhaltensrepertoire einer Spezies entsprechenden Weise. – Wann immer die Episode ohne Annahme taktischer Täuschung erklärt werden konnte, wann immer also adäquate konkurrierende Erklärungen zur Verfügung standen, wurde sie mit *Level 0* bewertet. Negative Befunde wurden dem *Level N* zugeordnet, wenn die Beobachtungen angemessen lang und detailliert waren, aber die Wissenschaftler feststellten, daß sie Täuschungsmanöver *nicht* ausmachen konnten. Diese Informationen sind wertvoll, da sie Aufschluß darüber geben, bei welchen Spezies Täuschungen vielleicht ganz im Verhaltensrepertoire fehlen. Allerdings ist es recht schwierig, das Nicht-Vorhandensein eines bestimmten Verhaltens bei einer Art schlüssig zu belegen. Denn es mag ja sein, daß die Beobachtungs-«Dichte» einfach nicht ausreicht oder daß Täuschungen von einem menschlichen Beobachter gar nicht wahrgenommen werden können. Denkbar wäre beispielsweise, daß Halbaffen – die sich stark olfaktorisch orientieren – falsche Geruchsfährten legen, von deren Existenz Verhaltensbeobachter gar nichts ahnen. Byrne und Whiten betonen daher: «Das Fehlen eines Beweises ist nicht der Beweis des Fehlens.»[36]

Im Spiegel der Selbsterkenntnis

Ein als dürres Blatt getarntes Insekt bekommt die Fähigkeit, sich bei plötzlichen Bewegungen in seiner Umgebung totzustellen, vollständig von seinen Genen in die Wiege gelegt. Das Insekt lernt nicht erst im Laufe seines Lebens, die Verstellung anzuwenden und daraus Vorteile zu ziehen. Ganz anders sieht es aus bei Manövern der taktischen Täuschung. Sie beruhen auf Fähigkeiten, die erst allmählich erworben werden.

Zum Lebenswerk des Schweizer Entwicklungspsychologen Jean Piaget (1896–1980) gehört eine Stadientheorie der Intelligenzentwicklung. Piaget beobachtete zunächst seine drei eigenen Sprößlinge, dann eine größere Anzahl von Kindern in Genf, und mittlerweile wenden seine Schüler den Ansatz weltweit bei verschiedenen Kulturen an. Die amerikanische Primatologin Suzanne Chevalier-Skolnikoff benutzte das Piaget-Modell, um die ontogenetische Entwicklung jener kognitiven Kapazitäten nachzuvollziehen, die bei der taktischen Täuschung benötigt werden. Chevalier-Skolnikoff bezieht das Modell ausdrücklich nicht nur auf Menschen, sondern auch auf Affen und Menschenaffen – eine Ausweitung, die bereits Piaget selbst vornahm, der in Zoologie promoviert hatte.[37] Piaget unterscheidet fließend ineinander übergehende Perioden der Organisation kognitiver Strukturen. Die erste Periode bis zum Alter von etwa zwei Jahren nennt er «senso-motorische» Stufe; das Kleinkind organisiert sich die Wirklichkeit mittels eines Systems von raum-zeitlichen Strukturen und erreicht so beispielsweise entfernte oder verborgene Gegenstände. Seine diesbezüglichen Konstruktionen stützen sich ausschließlich auf Wahrnehmungen und Bewegungen mittels senso-motorischer Koordination. Symbolische Vorstellungskraft – wie sie vor allem der Sprache zu eigen ist – wirkt nicht mit. So existiert zwar bereits vor der Sprache Intelligenz, doch ist die ganz auf das Praktische ausgerichtet: Statt Wahrheiten auszusprechen, strebt sie Erfolge an.

Die senso-motorische Stufe umfaßt ihrerseits sechs Stadien. Im Stadium 1 (0–1 Monat) zeigen Neugeborene vor allem ungelernte, stereotype Reflexe wie Saugen oder Greifen, die im Stadium 2 (1–4 Monate) durch wiederholte Anwendung zur ersten Gewohnheit werden. Im Stadium 3 (4–8 Monate) werden Sehen und Greifen miteinander koordiniert. Ein Kleinkind ergreift alles, was es in seinem engsten Lebensraum sieht. Wiederholt zieht es beispielsweise an einer Schnur – mit dem Resultat, daß daran aufgehängte Spielsachen sich bewegen. Die zunächst zufällig, ohne Absicht und Einsicht in den Zusammenhang zwischen Ursache und Wirkung ausgelöste Wirkung wird nach mehrfacher Wiederholung zu einer «Zirkulärreaktion». Im Stadium 4 (8–12 Monate) differenziert das Kind weiter zwischen Zweck und Mittel. Will es einen unter einem Tuch verschwundenen Gegenstand holen, so deckt es das Tuch auf. Zwischen einer anderen Decke und einem anderen Gegenstand kann ein Kleinkind den gleichen Zusammenhang herstellen, doch beschränken sich die Mittel der praktischen Intelligenz auf wenige und meist bereits bekannte Koordinationen zwischen Ursache und Wirkung. Erst im Laufe des Stadiums 5 (etwa 12–18 Monate) varriiert das Kind die bekannten schematischen Handlungen und sucht und entdeckt neue Mittel. Piaget gibt dazu folgendes Beispiel: Hat ein Kind vergeblich versucht, ein auf einer Decke liegendes Spielzeug zu erreichen, und erwischt es dabei zufällig einen Zipfel der Decke, so lernt es allmählich, die Beziehung zwischen dem Heranziehen der Decke zu sich und dem Näherrücken des Spielzeuges zu begreifen. – Im Stadium 6 (etwa 18–24 Monate) wird das Kind fähig, neue Mittel nicht mehr ausschließlich durch tastendes Versuchen zu entdecken, sondern ist in der Lage, Probleme durch mentales «innerliches» Kombinieren zu lösen. Es versucht zunächst, eine nur leicht geöffnete Streichholzschachtel mit einem Bonbon darin durch Betasten des Materials zu öffnen – eine Reaktionsweise des Stadiums 5. Schlägt das fehl, stellt es die Versuche ein und prüft die Situation aufmerksam, wobei es langsam den Mund öffnet und schließt, als wolle es die Vergrößerung der Öffnung – wie Piaget schreibt – «vor»-ahmen. Plötzlich steckt es einen Finger in den Spalt und bewirkt das Öffnen der Schachtel.[38]

Mit einem derartigen Verhalten, das das Kriterium der Einsicht erfüllt, ist die Basis für taktische Täuschungsmanöver erreicht. Auch beim Täuschen kommt es darauf an, ein vorgefaßtes Ziel mental zu repräsentieren, um dann gleich im ersten Versuch einen Informationsempfänger in der gewünschten Richtung manipulieren zu können. Makaken und Languren durchlaufen die ersten vier Stadien innerhalb von nur vier Monaten und damit wesentlich schneller als Menschenaffen und Menschen. Das Stadium 5 wird von Affen diese Spezies jedoch nur in Ansätzen, und das Stadium 6 gar nicht erreicht. Die senso-motorische Entwicklung von Gorillas, Schimpansen und Organ-Utans vollzieht sich in generell den gleichen Stadien wie bei Menschenkindern. Allerdings durchlaufen die Menschenaffen die ersten vier Stadien ebenfalls schneller. Das Stadium 5

a

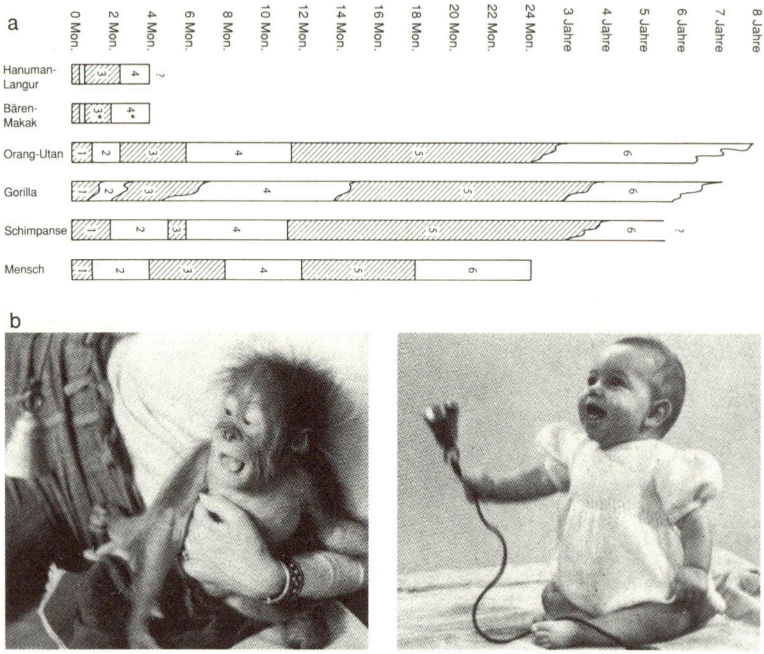

b

Abb. 19: (a) Das von Jean Piaget entwickelte Modell der Intelligenzentwicklung beginnt mit der «senso-motorischen» Stufe, die sechs Stadien der Objektmanipulation umfaßt: 1 – Reflexe; 2 – erste Gewohnheiten; 3 – Koordination von Sehen und Greifen; 4 – Unterscheidung von Zweck und Mittel; 5 – Abwandlung schematischer Handlungen, Entdecken neuer Mittel; 6 – «einsichtiges» Verhalten (vgl. Text). Altweltaffen wie Hanuman-Languren und Bärenmakaken durchlaufen die ersten vier Stadien wesentlich schneller als Menschenaffen und Menschen, kommen jedoch nicht darüber hinaus. Menschenaffen erreichen Stadium 4 zwar schneller als Menschen, sind allerdings erst im Alter von 3–7 Jahren zur Lösung von Problemen fähig, die Menschenkinder bereits mit anderthalb bis zwei Jahren bewältigen. (b) Wiederholen einfacher Gewohnheiten kennzeichnet Stadium 3 und erfüllt sowohl einen kleinen Orang-Utan wie ein Menschenbaby mit Freude.

beginnt um das gleiche Lebensalter, dauert jedoch etwa bis zum dritten Lebensjahr, und Stadium 6 des «einsichtigen» Verhaltens ist oft erst mit acht Jahren abgeschlossen *(Abb. 19)*.[39]

Bei zwei hausaufgezogenen Schimpansen wurde die Frage des Verstehens von Ursache und Wirkung genauer untersucht: Bis zu welchem Grad wiederholen Schimpansen lediglich ihre eigenen Aktionen (Stadium 3), stellen sie Zusammenhänge her zwischen äußeren Ereignissen und eigenen Handlungen (Stadium 4), kombinieren sie Objekte, um diese gegenseitig zu manipulieren (Stadium 5), oder suchen sie aktiv nach einer unsichtbaren Ursache oder einem Werkzeug (Stadium 6)? Einer der Schimpansen zeigte mit 22 Monaten Verhalten des Stadiums 4: Er bewegte sich trotz eines angelegten Geschirrs koordiniert mit dem Betreuer fort oder legte dessen Hand auf ein Spielzeug, um eine Wiederholung des Spiels zu erwirken. Mit zweieinhalb Jahren waren beide Schimpansen bereits in Ansätzen zu Verhalten des Stadiums 6 fähig. Flogen Papierschwalben über sie hinweg, schauten sie hinter sich; sie suchten nach einem Topf und dem Schöpfspachtel, mittels deren sich Seifenblasen erzeugen ließen; sie suchten nach einer versteckten Forke, um Futter heranrakeln zu können.[40] Dieses plötzliche Verstehen hatte Piaget schon bei jenen Schimpansen vermutet, mit denen der deutsche Tierpsychologe Wolfgang Köhler vor dem Ersten Weltkrieg auf Teneriffa experimentierte: Ohne vorheriges Ausprobieren benutzten Köhlers Schimpansen Stöcke, um an außer ihrer Reichweite befindliche Bananen zu gelangen.[41]

Ohne Tücken ist der Vergleich des Verhaltens von Affen und Menschen allerdings nicht. Wenn ein Pavian seinen Gruppengenossen den Rücken zudreht und damit seine Nahrung verbirgt – repräsentiert das dann lediglich Stadium 4 (Verknüpfung von Mittel und Zweck), oder Stadium 6 (der Pavian weiß, daß die anderen seinen Futterbrocken nicht sehen können)? Selbst wenn zwei Handlungen gleich aussehen, können ihnen ganz unterschiedliche mentale Prozesse zugrunde liegen, je nachdem, wie sie ontogenetisch zustande kamen. Beispielsweise kann ein bestimmtes Täuschungsmanöver zuerst durch Zufall entstehen und später, wenn es positive Konsequenzen hat, über den Weg des Verstärkungslernens in das Verhaltensrepertoire des Handelnden eingehen – was ein Mechanismus des Stadiums 3 wäre. Die Täuschung kann aber auch durch Versuch und Irrtum erlernt werden – einen Mechanismus des Stadiums 5 – oder das täuschende Individuum hat eine mentale Repräsentation von dem, was das Zielindividuum denkt – ein an Einsicht gekoppelter Mechanismus des Stadiums 6. Obwohl das Täuschungsmanöver gleich aussieht und in allen drei Fällen gleiche Funktion hat, wären seine kausalen Grundlagen stets andere.[42]

Sozialwissenschaftler und Philosophen, die das Handeln des Menschen als der Weisheit letzten Schluß begreifen, benutzen solche Einschränkungen gern, um ihre antiquierte Grenzziehung zwischen «dem Menschen» und «dem Tier» zu verteidigen. Der wegen seiner kritischen Einstellung zu Sigmund Freud zu den «Neopsychoanalytikern» zählende Schriftsteller Erich Fromm (1900–1980) tat das beispielsweise bezüglich einer Qualität, die während der senso-motorischen Intelligenzentwicklung Stück für Stück an Konturen gewinnt: die Wahrnehmung des «Selbst». Fromm meinte, nur der Mensch sei hierzu fähig: «Der Mensch ist eine Laune der Natur. Er ist das einzige Lebewesen, das sich seiner selbst bewußt ist. Es ist das einzige Wesen, das innerhalb der Natur lebt und sie gleichzeitig transzendiert. Der Mensch ist sich seiner selbst, seiner Vergangenheit und seiner Zukunft bewußt. Der Mensch lebt nicht nur instinktiv, so wie es das Tier tut.»[43]

Daß eine solche Anschauung aus vielerlei Gründen überholt und unhaltbar ist, gehört zu den zentralen Botschaften des vorliegenden Buches. Der Begriff des «Selbst» rekurriert auf das Wissen eines Individuums um seine Existenz, seine Identität und seine personale Kontinuität. Eine entscheidende Rolle bei Untersuchungen zur Entwicklung von Selbstkonzepten kommt Experimenten zum Selbsterkennen im Spiegel zu. Basierend auf den Ergebnissen verschiedener Versuchsreihen und Piagets Theorien hat die Psychologin Sigrun-Heide Filipp zwei Stufenmodelle vorgeschlagen, von denen das eine sich auf die individuelle Entwicklung (Ontogenese) bezieht, das andere auf die stammesgeschichtliche Entwicklung (Phylogenese).[44] Das Modell zur *Ontogenese* des Selbst unterscheidet in den ersten beiden Lebensjahren vier Stufen: (a) Erste Formen der Unterscheidung zwischen «Ich» und «Anderer» (0–4 Monate): keine Reaktionen auf eigenes Spiegelbild; (b) Festigung der Unterscheidung zwischen «Ich» und «Anderer» (4–8 Monate): Reaktionen auf eigenes Spiegelbild; (c) Auftreten erster Selbstkategorisierungen (8–12 Monate): wiederholte Aktivitäten vor dem Spiegel; (d) Festigung von Selbstkategorisierungen (12–24 Monate): Zeigebewegungen, beispielsweise beim Bemerken einer rotgeschminkten Nase auf die eigene Nase und nicht auf den Spiegel. Das Modell schließt einen entscheidenden Schritt in der Entwicklung des menschlichen Selbst zu Beginn des zweiten Lebensjahres ein, nämlich den Übergang vom «existenziellen Selbst» («Ich weiß, daß ich bin») zum «kategorialen Selbst» («Ich weiß, wer ich bin»).

Das Modell zur *Phylogenese* der Fähigkeit zu visuellem Selbsterkennen umfaßt drei Stufen: (a) Visuelle Gleichsetzung (Wirbellose, Wirbeltiere außer Primaten): Das eigene Spiegelbild wird als Artgenosse angesehen und löst entsprechende soziale Reaktionen aus; Papageienfische oder Kampffische etwa greifen die vermeintlichen Gegner an. (b) Visuelle Differenzierung (viele Halbaffen und Affen): Kein Selbst-Erkennen, aber es wird bereits zwischen dem eigenen Spiegelbild und «normalen» Artgenossen unterschieden, dessen Aktionen wesentlich größere Interessen auslösen als das eigene Konterfei. (c) Visuelles Selbsterkennen (Menschenaffen): Der Spiegel wird eingesetzt, um verdeckte Teile des eigenen Körpers sichtbar zu machen; ein farbiger Punkt auf der Nase oder der Stirn löst einen gezielten Griff nach der Nase, nicht nach dem Spiegel aus.[45] Um auszuschließen, daß die Menschenaffen allein über den Akt des Markiert-Werdens einen Zusammenhang zwischen sich und dem Spiegel herstellen können, narkotisierte der amerikanische Psychologe Gordon Gallup in einer Reihe von Experimenten Affen und Menschenaffen. Während der Narkose wurde den Tieren Farbe ins Gesicht getupft oder eine kleine Stelle kahlrasiert, etwa an der Augenbraue. Nach dem Aufwachen befühlten Schimpansen und Orang-Utans gezielt die Markierungen, sobald sie mit einem Spiegel konfrontiert wurden. Makaken oder Meerkatzen reagierten auf ihre Spiegelbilder eher wie auf fremde Artgenossen. Die Fähigkeiten der Gorillas zur visuellen Selbsterkenntnis sind nicht ganz klar; die Gallup-Experimente jedenfalls verliefen negativ. Das von Francine Patterson in Kalifornien in einer Zeichensprache unterrichtete Gorillaweibchen Koko machte jedoch beim Blick in einen Spiegel die jeweiligen Zeichen für Auge, Zähne, Lippe und Pickel.[46]

Der Schriftsteller und Ästhetiker Friedrich Theodor Vischer (1807–1887) befand, «daß mit der Erfindung des Spiegels eine gründliche Veränderung in das Seelenleben» getreten sei: «Verschärfung des Selbstbewußtseins, aber auch eitle Selbstbespiegelung und eitle Bespiegelung in andern.»[47] Genau das – die Fähigkeit, sich in ein anderes Individuum hineinzuversetzen – ist eine weitere elementare Voraussetzung für erfolgreiche taktische Täuschungsmanöver. Mentale Konzepte vom «Selbst» müssen sich verschränken mit einer Vorstellung vom «Selbst» des andern. Kirchenvater Augustinus freilich sah die Fähigkeit, sich in den Nächsten versetzen zu können, nicht als eine Voraussetzung für Betrug, sondern als gangbaren Weg zur Nächstenliebe, die über die Eigenliebe führe: «Wenn man sich selbst nach seinem ganzen Wesen, das heißt nach Seele und Leib, begreift und wenn man auch den Nächsten nach seinem ganzen Wesen, das heißt nach Seele und Leib, begreift [...], so ist in diesen beiden Geboten nichts von all dem übergangen, das geliebt werden soll.»[48]

Die Fähigkeit, den Nächsten «nach seinem ganzen Wesen zu begreifen», wurde bis vor zwei Jahrzehnten für eine typische und ausschließliche Verhaltensqualität des Menschen gehalten. Neuere Untersuchungen erhärten die Vermutung, daß die Fähigkeit zu gewissem Grade bereits bei nichtmenschlichen Primaten entwickelt ist: Auch sie können offenbar differenziert die psychosoziale Situation anderer Gruppenmitglieder einschätzen und derartiges Wissen vorausschauend in eigenes Verhalten einbeziehen. Der Göttinger Primatologe Andreas Paul analysierte im großen Berberaffen-Freigehege bei Salem am Bodensee ein recht kompliziertes Verhaltensmuster: Die Männchen tragen über weite Strecken des Tages Säuglinge herum. Dabei bemühen sich die Berberaffen nicht wahllos um irgendein Baby, sondern entwickeln meist, ohne daß biologische Vaterschaft vorliegen muß, zu bestimmten Säuglingen – «ihren» Babies – enge Babysitter-Beziehungen. Männchen interagieren selten «soziopositiv» miteinander, sie pflegen einander beispielsweise selten das Fell. Im Gegenteil, ihre Beziehungen sind gespannt, da sie um Zugang zu Weibchen konkurrieren. Säuglinge werden in diesem Zusammenhang als «soziale Werkzeuge» eingesetzt, um Spannungen abzubauen und das Risiko aggressiver Eskalationen zu verringern. Häufig überbringt ein Babysitter einem anderen Männchen ein Baby, woraufhin beide sich in einer theatralischen

Abb. 20: Bei Berberaffen werden Jungtiere von «Babysittern» benutzt, um Aggressionen abzupuffern. Die Babysitter wählen dabei bevorzugt diejenigen Jungtiere, die eine enge Beziehung zu dem Gruppenmitglied besitzen, das beschwichtigt werden soll. Das bedeutet, daß auch nichtmenschliche Primaten die psychosoziale Situation anderer einzuschätzen vermögen und dieses Wissen in ihr eigenes Handeln vorausschauend einbeziehen können.

«Dreierzeremonie» ergehen: Das Baby wird zwischen den beiden hochgehalten, mit den Zähnen «beklappert» und beschmatzt. Im Anschluß an eine Dreierzeremonie kann es zu Fellpflege-Sitzungen unter Männchen kommen. Offenbar können Männchen mittels der Babies Aggressionen von Geschlechtsgenossen «abpuffern». Derartige «Puffer» sind insbesondere für rangniedere Männchen nützlich, die ranghöhere beschwichtigen möchten. Bemerkenswerterweise werden den Männchen überdurchschnittlich häufig «ihre» beim Babysitten bevorzugten Jungtiere überbracht. Andreas Paul schließt daraus nicht nur, daß die Tiere sich persönlich kennen, sondern daß sie auch um die Beziehungen unter anderen Gruppenmitgliedern wissen. Dieses Wissen setzen sie gezielt ein, «indem sie Jungtiere benutzen, die durch ihre enge Beziehung zum Interaktionspartner als Beschwichtigungsobjekt beziehungsweise Auslöser freundlichen Verhaltens besonders geeignet erscheinen» *(Abb. 20).*[49]

Die mentale Leistung, die mit ziemlicher Wahrscheinlichkeit hinter solchem Verhalten steht, hat der Philosoph Johann Georg Hamann (1730–1788) in schöne Worte einer vorwissenschaftlichen Sprache gekleidet:

«Um die Erkenntnis unserer selbst zu erleichtern, ist in jedem Nächsten mein eigen Selbst als in einem Spiegel sichtbar.»[50]

Zensuren für Affen und Menschenaffen

Die Häufigkeit, mit der Primatenspezies im Katalog taktischer Täuschungen vertreten sind, könnte dazu benutzt werden, Zensuren hinsichtlich ihrer sozialen Intelligenz zu verteilen. Betrachten wir zunächst die Menschenaffen. Hierzu zählen die etwa neun verschiedenen Spezies von Gibbons in Südostasien, die Orang-Utans auf Borneo und Sumatra sowie die Gorillas, Bonobos und Schimpansen, die in Afrika in einem breiten Gürtel um den Äquator leben. Der Titel eines Lügenbarons gebührt eindeutig den Schimpansen, denn sie zeigen die komplexesten Muster von Täuschungsmanövern. Von Bonobos liegen nur wenige Beobachtungen aus dem Freiland vor – was teilweise auf die für Beobachter schwierige Zugänglichkeit ihres eng umgrenzten Lebensraumes im tropischen Regenwald von Zaïre zurückzuführen ist. Untersuchungen an den in Menschenobhut lebenden Bonobos lassen jedoch den Schluß zu, daß sie der Intelligenz «gewöhnlicher» Schimpansen zumindest ebenbürtig sind, wenn nicht gar überlegen. Das überrascht nicht, denn beide Arten sind stammesgeschichtlich eng miteinander verwandt; ihre Stammlinien trennten sich erst vor etwa zwei bis zweieinhalb Millionen Jahren. Bonobos wie Schimpansen leben in sogenannten «fusion-fission»-Gesellschaften – also in großen, manchmal mehr als hundert Individuen umfassenden Sozietäten, deren Mitglieder einander regelmäßig begegnen («fusion»), um dann in oft neu zusammengesetzten Kleingruppen wieder auseinanderzugehen («fission»).[51] In solch einer sozialen Umwelt bieten sich oft Situationen, in denen es von Vorteil ist, andere zu täuschen – zumal Schimpansen wie Bonobos mit Dutzenden verschiedener Partner interagieren und Begegnungen meist von kurzer Dauer sind.

Eine weit schlechtere Zensur würden Gorillas erhalten. Sie sind im Katalog ziemlich dürftig vertreten, obleich zumindest die Berggorillas in Ruanda seit mehr als zwanzig Jahren von Primatologen intensiv beobachtet werden. Gorillas leben in kleinen Gruppen von im Mittel kaum mehr als einem halben Dutzend Individuen, wo jeder jeden genau kennt. Die Gruppen sind kohäsiv und ihre Mitglieder bleiben während der täglichen Wanderungen eng beieinander. Unter derartig intimen sozialen Verhältnissen mag es weitaus schwieriger sein, mit Täuschungsmanövern Erfolg zu haben. Eventuell ist also die soziale Intelligenz von Gorillas im Grunde nicht geringer als die von Schimpansen, nur haben Gorillas weit weniger Gelegenheit und Anlaß, sie zur Schau zu stellen.

Orang-Utans schneiden ebenfalls nicht gut ab, verglichen mit Schimpansen. Während Gorillas und Schimpansen sich aber meist auf dem Boden aufhalten, leben Orangs weitgehend auf den Bäumen. Während sie in höheren Stockwerken des Dschungels von Baum zu Baum hangeln, sind sie naturgemäß schwer zu studieren. Entsprechend ungenau ist die Kenntnis ihrer sozialen Beziehungen – zumindest hinsichtlich feiner Interaktionen, wie sie bei Täuschungen ablaufen. Zudem leben Orangs weitgehend einzelgängerisch – vielleicht, weil nur wenige Äste existieren, die mehrere der schweren Tiere auf einmal tragen könnten. Das sind keine idealen Voraussetzungen, um besondere Fertigkeiten im Bereich sozialer Intelligenz zu entwickeln. In Gefangenschaft zeigen Orangs jedoch verblüffende Fähigkeiten im Bereich des Werkzeuggebrauches, was daran zweifeln läßt, ob sie wirklich so stoisch sind, wie sie aufgrund ihrer zeitlupenhaften Bewegungen bereits auf den ersten Blick wirken. Gordon Gallup meint gar, Orang-Utans zögen möglicherweise einzelgängerische Lebensweise vor, weil sie gelernt hätten, einander nicht trauen zu können![52]

Gibbons, unübertroffen akrobatisch als Schwinghangler in Baumkronen, glänzen ebenfalls nicht auf dem Felde der sozialen Intelligenz. Wiederum läßt sich – neben dem generellen Problem, daß ihr Verhalten schwer im Detail zu beobachten ist – eine «Entschuldigung» anführen, die sich auf ihr Sozialverhalten beruft: Gibbons leben streng monogam – jeweils lediglich ein Männchen und ein Weibchen mit maximal zwei bis drei Kindern. In solchen Familiengruppen ist ein hohes Maß an Kooperation zu erwarten – zum einen zwischen den beiden erwachsenen «Oberhäuptern», die aufeinander angewiesen sind, um sich erfolgreich fortpflanzen zu können, zum anderen zwischen Eltern und Kindern sowie unter Geschwistern, die ja im statistischen Mittel jeweils zur Hälfte identisches Erbgut haben. Deshalb überlappen auch ihre «Interessen» zu fünfzig Prozent. Bei einer derartigen sozialen Konstellation mag es wenig Sinn machen, den eigenen Vorteil zu suchen. Denn wer anderen Familienmitgliedern Schaden zufügt, schneidet sich dabei – zumindest teilweise – ins eigene Fleisch.[53]

Spärlich sind die Episoden taktischer Täuschung auch unter südamerikanischen Krallenaffen gesät – was es an Beobachtungen gibt, wurde nahezu vollständig im vorangegangenen Kapitel wiedergegeben. Die Erklärung für diesen Mangel zielt wiederum auf die Sozialstruktur: Wie Gibbons leben Krallenaffen in sozial und genetisch eng miteinander verwobenen Familiengruppen[54] – und da lohnt sich Betrug vermutlich selten.

Ein Vergleich zwischen den beiden großen Gruppen von Altweltaffen macht auf grundlegende Unterschiede in der Ökologie aufmerksam. Altweltaffen sind – wie ihr Name besagt – über Afrika und Asien verbreitet, und vor der letzten Eiszeit lebten sie auch in Europa. Die zu den *Cercopithecinae* – «Hundskopfaffen» oder «Meerkatzenartigen» – zählenden Makaken, Paviane, Mangaben und Meerkatzen bilden die erste Gruppe; sie sind mehr oder weniger Allesfresser. sie verzehren reife Früchte und erbeuten – von Art zu Art unterschiedlich – Insekten, Fische, Vögel, kleinere und größere Wirbeltiere. Meerkatzenartige sind bei fast allen Kategorien taktischer Täuschung häufig vertreten und schneiden bei einer Beurteilung der dahintersteckenden «geistigen» Leistung recht gut ab. Die zweite Gruppe bilden die *Colobinae* oder «Schlank- und Stummelaffen», zu denen Languren, Guerezas, Stumpfnasen und Stummelaffen zählen. Die beinahe einzige im Täuschungskatalog vertretene Spezies sind die Grauen Languren. Die meisten der Episoden lassen sich jedoch – wie dargestellt – auf einfachere Weise erklären als durch Postulate besonderer geistiger Leistungen.

Primatologen neigen dazu, Meerkatzenartigen mehr Intelligenz zuzubilligen als Schlankaffen, was auf deren unterschiedliche Lebensweise zurückgeführt wird. Hauptbestandteil der Nahrung von Schlankaffen sind Blätter. Ihr Verdauungstrakt gleicht dem von Wiederkäuern, da große Mengen relativ nährstoffarmer Nahrung durch Bakterien aufgespalten werden müssen.[55] Etliche Stunden am Tag geben sich die Languren deshalb ausführlichem Verdauungsdösen hin. Das Hirngewicht von blätterfressenden – «folivoren» – Primaten ist im Verhältnis zum Körpergewicht realtiv klein. Deutlich größere relative Hirngewichte weisen die Meerkatzenartigen auf, was von einigen Evolutionsbiologen auf ihre allesfressende – «omnivore» – Lebensweise zurückgeführt wird, Ihre Nahrungsressourcen sind verstreut und schwierig zu finden – Früchte reifen zu bestimmten Jahreszeiten an bestimmten Bäumen, Beutetiere müssen aufgestöbert und gefangen werden. Wo und wann etwas zu finden ist – das müssen sie sich gut merken können, und dazu – so die Theorie – brauchen sie ein großes Gehirn. Den Blätterfressern hingegen wächst die Nahrung geradezu in den Mund. Sie müssen nicht weit wandern, sondern finden praktisch überall reichlich Nahrungspflanzen. Schlankaffen kommen deshalb mit kleinen Gehirnen aus. – Eine derartige Argumentation wird gestützt durch die Unterschiede im Sozialverhalten zwischen Gorillas, die überwiegend Blätter verzehren, und Schimpansen, die als Allesfresser gelten. Da Anhänger dieser Theorie den Blätterfressern keine sonderliche Intelligenz zuschreiben, gelten sie auch nicht als verheißungsvolle Kandidaten bei der Fahndung nach taktischen Täuschungsmanövern. Allerdings ließe sich der Spieß bei der Argumentation umdrehen: Blätterfresser müssen wegen ihrer relativ nährstoffarmen Nahrung große Mengen zu sich nehmen, um auf ihre Kosten zu kommen. Das geht nur mit entsprechend vergrößertem Verdauungstrakt. Dadurch aber nimmt ihr Körpergewicht zu und der prozentuale Anteil ihres Hirngewichtes sinkt im Vergleich mit Allesfressern! – Entschieden ist dieser Streit um Ursache und Folge noch nicht.[56]

Die meisten Negativ-Eintragungen im Katalog taktischer Täuschungen finden sich für Lemuren, jene Halbaffen, die ausschließlich auf Madagaskar und einigen umliegenden Inseln zu finden sind. Auch für deren «Fehlleistung» existiert eine Erklärung, die mit ihrer Ökologie zusammengebracht wird. Säugetiere in Nord- und Südamerika sowie diejenigen auf dem Festlandsblock von Europa und Asien haben seit dem Eozän – dem Erdzeitalter, das vor etwa 36 Millionen Jahren zu Ende ging – im Durchschnitt eine merkliche Gehirnvergrößerung erfahren. Die Ursache hierfür wird in der Räuber-Beute-Konstellation gesucht. Da Beutearten sich unter dem Druck der Selektion den Nachstellungen immer gewiefter entzogen, konnten sich nur solche Raubfeinde und konkurrierende Spezies behaupten, die ihrerseits die Taktiken verbesserten. Dieser Mechanismus greift am besten unter starkem Konkurrenzdruck, also in Lebensräumen, die von vielen Arten geteilt werden. Die Intelligenz von Säugetierarten evolvierte dieser Theorie gemäß schneller und «weiter» auf zusammenhängenden kontinentalen Landmassen als etwa in Australien oder Madagaskar.[57]

Zur Vorsicht mahnen solche Überlegungen hinsichtlich der Interpretation von «Intelligenztests» an gefangengehaltenen Affen und Menschenaffen. Was dabei getestet wird, ist normalerweise die Fähigkeit, Objekte gemäß den Ideen von Psychologen zu manipulieren – Hebel zu bedienen oder Schlösser zu öffnen, um Futterbelohnungen zu erhalten. Ob mit solchen Experimenten «Lernfähigkeit» oder «einsichtiges Verhalten» untersucht werden soll – die Vorgaben, wie sich in einer bestimmten Weise «intelligent» zu verhalten sei, gehen vom Menschen aus. Dabei wären vielleicht gänzlich andere Versuchsanordnungen nötig, um ein weniger verzerrtes Bild von der Leistungsfähigkeit nichtmenschlicher Primaten zu erhalten. Ein Affe, selbst wenn er lange an einer Apparatur trainiert wurde, wird zwanzig oder hundert Versuche brauchen, um sich im Wahlversuch richtig zu entscheiden. Dagegen sind lediglich Sekunden oder Minuten nötig, damit er seinen Dominanzrang einschätzen kann, wird er mit Artgenossen zusammengebracht[58] – denn das ist eine Situation, die sich ganz ähnlich auch unter natürlichen Lebensbedingungen oft ereignet.

Ein Pionier der Freilandforschung an Primaten, Sherwood Washburn, definierte Lernen als «Prozeß des Erwerbs von Fähigkeiten und Haltungen, die von evolutionärer Signifikanz für eine Art sind in der Umgebung, an die sie angepaßt ist».[59] Bereits Friedrich Nietzsche hat – ohne auf die Evolutionstheorie zurückzugreifen – festgestellt, Tiere würden «eine ganz andere Welt perzipieren als der Mensch», weshalb «die Frage, welche von beiden Weltperzeptionen richtiger ist, eine ganz sinnlose ist, da hierzu bereits mit dem Maßstabe der *richtigen Perzeption,* das heißt mit einem *nicht vorhandenen* Maßstab gemessen werden müßte».[60]

Mithin dürfte klar sein: Wir müssen bei einer Beurteilung dessen, was bestimmte Arten von Primaten hinsichtlich taktischer Täuschung leisten, nach den jeweiligen Strukturen und Anforderungen in ihrem spezifischen sozialen Feld fragen *(Abb. 21)*! Eine amüsante Parallele zu diesem Ansatz

Abb. 21. Verschiedene Primatenarten sind zu ganz unterschiedlichen Leistungen bei taktischen Täuschungen fähig, deren Ausbildung vermutlich mit jeweils unterschiedlichen Anforderungen ihres sozialen Feldes zusammenhängt. (a) Orang-Utans – hier das auf Sumatra aufgenommene Porträt eines Jungtieres – sind Einzelgänger und kommen vielleicht selten in die Verlegenheit, anderen ein Schnippchen schlagen zu müssen. (b) Schlankaffen – wie der hier abgebildete, in Nordindien lebende Hanuman-Langur – sind Blätterfresser und mußten deshalb – so eine Theorie – kein besonders gutes Gedächtnis entwickeln, da sie ihre Nahrung vielerorts bequem finden können.

findet sich bei Franziska Baumgarten, die im Jahre 1927 den Versuch unternahm, die Häufigkeit von Lügen bei verschiedenen Berufen in Beziehung zu setzen zu «ihren Anforderungen in bezug auf Wahrhaftigkeit». Baumgarten faßte erstens Berufe zusammen, deren Aufgabe es sei, «reine Wahrheit» zu suchen und verkünden – beispielsweise Forschungs- und Lehrberufe. Hier herrsche «die reine Atmosphäre der Höhenluft des menschlichen Denkens». Zweitens gäbe es Berufe, bei deren Ausübung oft Situationen vorkommen, die «edle Lügen» notwendig machten – Paradebeispiel: der Beruf des Arztes. Drittens schließlich fänden sich Berufe, «denen Lug und Trug als etwa Immanentes anhaftet»: Kaufmann, Verkäufer und Diplomat.[61] In dieser Hinsicht ist der deutsche Titel eines Buches von Frans de Waal, in dem er die Sozialbeziehungen in Gruppen von Bonobos und Schimpansen beschreibt, gut gewählt – er lautet: *Wilde Diplomaten*.[62]

Und schon Georg Paul Hönn hat in seinem *Betrugs-Lexicon* – freilich aus einem den heutigen Leser erheiternden theologisch-spekulativen Blickwinkel – die sich steigernde Raffinesse bei Lug und Trug zusammengebracht mit der wachsenden Komplexität der Gesellschaftstruktur: «Da nun auf solche Art die Welt zu des Herrn Christi und seiner Apostel Zeiten in dem Argen gelegen, so hat man sie bey denen jetzigen nicht anders / als vor eine Grund-Suppe von allerhand Betrügereyen zu achten. Je länger sie auf die Neige gehet / je mehr solcherley Hefen bey ihr zum Vorschein kommt. Je höher immittelst die guten Künste gestiegen / um so höher hat der Tausendkünstler seine Reichs- und Handwercks-Genossen in neuen Kunst-Grieffen von Lug / Arglist und Betrug es bringen lassen. [...] Ihr Oberster Zunfftmeister / der Fürst dieser Welt / giebt Ihnen den hierzu nöthigen Werckzeug / eine Larve / den Schalck dahinter zu verbergen/ [...] In dieser Masquerade und immer Mode bleibenden Habit spielen sie ihre Person auf dieser Welt-Schaubühne so lange / biß ihnen die Larve abgezogen / oder das saubere Handwerk geleget wird«.[63] Letzteres geschieht nicht erst beim Jüngsten Gericht, sondern hierum bemühen sich Affen und Menschen unter bereits sehr irdischen Verhältnissen.

Siebtes Kapitel

Die Logik der Selbsttäuschung

Lügen, ohne rot zu werden

> Nun vergißt freilich der Mensch, daß es so mit ihm steht; er lügt also in der bezeichneten Weise unbewußt und nach hundertjährigen Gewöhnungen – und kommt eben *durch diese Unbewußtheit,* eben durch dies Vergessen zum Gefühl der Wahrheit.
>
> Friedrich Nietzsche[1]

Die Haut weiß mehr als das Gehirn

So unerbittlich Kirchenvater Augustinus jede Lüge verdammte einschließlich der aus edelsten Motiven begangenen Notlüge, so klar war ihm, daß Falschaussagen absichtlich gemacht werden müssen, um moralisch verwerflich zu sein: «Keinen darf man natürlich als Lügner ansehen, der etwas Unwahres sagt, das er selbst für wahr hält; denn soviel an ihm liegt, lügt er nicht, sondern er täuscht sich.»[2]

Was aber ist das genau – «Für-Wahr-Halten»? Haben wir überhaupt Zugang zu allen Bereichen unseres Wissens, oder existieren verdunkelte Bezirke, in denen geheime Informationen schlummern? Von dem Weisen sagt ein orientalisches Sprichwort, er trüge sein Herz nicht auf der Zunge. Zumindest unterschwellig also wird ihm Wahlfreiheit zugebilligt über die im Laufe des Lebens angehäuften Schätze von Wissen und Erfahrung. Aber kann ein Mensch überhaupt alles ans Tageslicht befördern, was sich – um die Metapher eines Zwischenlagers der Kognition beizubehalten – auf seinem Herzensgrunde angesammelt hat? Aus umgekehrter Blickrichtung gefragt: Kann Wissen unabhängig vom Bewußtsein existieren? Können wir mit bestem Wissen und Gewissen Falsches sagen, obwohl «auf dem Grunde unseres Herzens» gegenteilige Information lagert? Gibt es außer Täuschung auch Selbsttäuschung?

In Pionierzeiten der modernen Psychologie wurde das verneint. Wenn Wissen und Bewußtsein notwendigerweise verknüpft sind, ist das Konzept der Selbsttäuschung ein Widerspruch in sich. Jean-Paul Sartre (1905–1980) hat ihn in seinem Essay *Das Sein und das Nichts* behandelt: «Derjenige, dem die Lüge erzählt wird, und derjenige, der lügt, sind ein und dieselbe Person. Dies bedeutet, ich muß in meiner Eigenschaft als Betrüger die Wahrheit wissen, die mir vor mir verborgen ist in meiner Eigenschaft als Betrogener. Mehr noch, ich muß die Wahrheit sehr genau kennen, um sie um so sorgfältiger zu verheimlichen – und dies nicht während zweier unterschiedlicher Augenblicke, was uns im Notfall erlauben würde, den

Anschein von Dualität zu erwecken – sondern in der einheitlichen Struktur eines einzigen Projektes. Wie kann dann die Lüge fortbestehen, wenn die Dualität unterdrückt wird, die sie bedingt?»[3]

Weniger schwer fällt der Glaube an die Existenz bewußter und unterbewußter – beziehungsweise «unbewußter» – Sphären des Zentralnervensystems. Vermutlich entwickelte sich eine solche Spaltung aus ökonomischen Gründen, denn andauernde mentale Aufmerksamkeit ist energieverzehrend. Bewußte Organismen gleichen Häusern, in denen das Licht eingeschaltet ist. Gehirne haben gute Gründe, Dimmerschalter einzubauen. Normalerweise brauchen wir nicht kontinuierlich wahrzunehmen, daß unser Herz schlägt, unser Atem fließt, unsere Muskeln kontrahieren. Kommt es darauf an – wenn es links sticht in der Brust, wenn es verdächtig riecht oder die Wade krampft – knipsen wir das Licht an und inspizieren die Funktionen sorgfältig. Die weitaus meiste Zeit vertrauen wir bei unserer Reise durchs Leben auf den Autopiloten in uns. Ein derartiges Prinzip des Energiesparens könnte die Basis gewesen sein für Mechanismen der Selbsttäuschung.[4]

Angenommen, Selbsttäuschung existiert –, wie könnte sie belegt werden? Ein gültiger Nachweis hätte dreierlei Kriterien zu berücksichtigen und müßte dabei insbesondere die von Sartre vorgetragenen Einwände entkräften. Erstens: Ein Individuum müßte zwei einander widersprechende Überzeugungen haben, beispielsweise «A existiert» und «A existiert nicht». Die eine Überzeugung müßte dem Bewußtsein zugänglich, die andere im Unterbewußtsein gespeichert sein. Zweitens: Die widersprüchlichen Überzeugungen müßten gleichzeitig vorhanden sein. Drittens: Das Individuum müßte Gründe haben, eine der Überzeugungen nicht bewußt werden zu lassen.

Der letzte Punkt trägt übrigens der verbreiteten Auffassung Rechnung, daß Leute nicht ohne Grund oder aus Ignoranz einer Selbsttäuschung aufsitzen, sondern sich dadurch irgendeinen Vorteil zu verschaffen suchen. Die Frage nach der Selbsttäuschung müssen wir denn auch auf zwei Ebenen angehen: zum einen gilt es, die *Wirkursachen* zu erkennen – jene physiologischen und psychologischen *Mechanismen,* die einem Organismus die Selbsttäuschung ermöglichen. Zum anderen kommt es darauf an, nach *Zweckursachen* zu fragen – nach der *Funktion* von Selbsttäuschung. Wirkursachen lassen sich gut über die Frage «Wie?» erschließen. Zweckursachen über die Frage «Warum?». Ein Beispiel mag das verdeutlichen: Wir sehen am Waldrand eine Heckenrose blühen. Die Frage nach der Wirkursache («Wie kommt es, daß die Rose blüht?») läßt sich unter anderem folgendermaßen beantworten: Die Rose blüht, weil es Sommer ist, die Tage eine bestimmte Länge und Temperatur haben und deshalb Hormone im Inneren der Pflanze aktiviert werden, die die Blütenblätter zur Entfaltung bringen. Einen Biochemiker mag eine solche Antwort zufriedenstellen.

Ein Evolutionsbiologe wird zudem auf die Frage nach der Zweckursache («Warum blüht die Rose?») antworten wollen: Die Rose blüht, weil sie damit Insekten anlockt, so ihre Bestäubung sichert und damit die Weitergabe ihrer Erbinformation an die nächste Generation wahrscheinlicher wird.[5]

Die amerikanischen Psychologen Ruben Gur und Harald Sackeim haben eines ihrer Forschungsobjekte überschrieben mit: «Selbsttäuschung: ein Konzept auf der Suche nach einem Phänomen.» In einer genialen Serie von Experimenten gelang es ihnen, das Phänomen der Selbsttäuschung nicht nur hinsichtlich seiner Existenz, sondern auch hinsichtlich seiner Mechanismen und Funktionen zu beleuchten.[6] Gur und Sackeim warben an der Universität von Pennsylvania je dreißig Studenten und Studentinnen an, denen lediglich gesagt wurde, sie würden an einer Untersuchung über «Stimmenerkennen und Persönlichkeit» teilnehmen. Ihnen wurden Tonbänder vorgespielt, auf denen insgesamt dreißig Mal für kurze Zeit Stimmen zu hören waren – darunter fünfmal die eigene, und zwar in den Positionen 4, 10, 15, 24 und 28. Den Versuchspersonen wurde mitgeteilt, ihre eigene Stimme könne nie, manchmal oder häufig zu hören sein. Die Aufgabe bestand darin, einen Knopf zu drücken, sobald sie glaubten, die eigene Stimme erkannt zu haben, und einen anderen, sobald sie eine nichteigene Stimme zu hören glaubten. Gemessen wurden nicht nur die Reaktionszeiten, sondern zudem der sogenannte «psychogalvanische Hautwiderstand». Dazu wurden auf der Innenseite der Mittelglieder des zweiten und dritten Fingers jener Hand, welche nicht zum Drücken der Antwortknöpfe benutzt wurde, Elektroden montiert, die die Leitfähigkeit der Haut maßen.

Der Aufbau des Experiments hat Ähnlichkeit mit einem Lügendetektor, wie er in der Kriminalistik verwendet wird. Das Gerät registriert Herzströme, Atemfrequenz, Blutdruck und Hautfeuchtigkeit während einer Befragung; es mißt die Erregung, die beim Lügen auftreten kann und sich in Erhöhung von Blutdruck und Atemfrequenz bei gleichzeitiger Erniedrigung des elektrischen Hautwiderstandes äußert.[7]

Die Untersuchung von Gur und Sackeim zeigte zunächst, daß der Hautwiderstand beim Hören der eigenen Stimme stets höher ist als beim Hören fremder Stimmen. Das bestätigt einen wohlbekannten Befund: Personen zeigen intensivere psycho-physische Reaktionen, wenn sie mit sich selbst konfrontiert werden, als wenn sie sich mit anderen Personen auseinanderzusetzen haben – ganz egal, ob es sich um das Betrachten eines Filmes, eines Fotos oder um das Hören von Stimmen handelt. Die Reaktionszeit bis zum Drücken des Knopfes beim Identifizieren der eigenen Stimme war zudem länger als beim Erkennen einer fremden Stimme. Eventuell hatten die Versuchspersonen größere Hemmungen, die eigene Stimme falsch zu identifizieren, als den umgekehrten Fehler zu machen.

Beim Hören der eigenen Stimme zögerten sie deshalb länger als beim Ausschluß einer fremden.

Bei der Zuordnung der Stimmen existierten insgesamt vier Möglichkeiten. Eine «richtige positive» Reaktion lag vor, wenn die eigene Stimme korrekt erkannt wurde. Der Hautwiderstand war dann erwartungsgemäß hoch. Eine «richtige negative» Reaktion lag vor, wenn eine fremde Stimme korrekt erkannt wurde. Der Hautwiderstand war entsprechend niedrig. Von besonderem Interesse waren die beiden möglichen Irrtümer. Zum einen konnte ja die eigenen Stimme als fremd eingeordnet werden. Bei solch «falsch-negativen» Reaktionen war der Hautwiderstand jedoch abermals hoch. Zum anderen konnte eine fremde Stimme als eigene angesehen werden. Bei dieser «falsch-positiven» Reaktion war der Hautwiderstand hingegen niedrig. In beiden Fällen falscher Reaktion «wußte» die Haut also besser Bescheid als das Gehirn!

Diese Befunde erfüllten das erste Kriterium für die Existenz von Selbsttäuschung, denn die Versuchspersonen verfügten über zwei einander widersprechende Überzeugungen. Deren Gleichzeitigkeit – das zweite Kriterium – war nachgewiesen, da beide Werte – die Antwort per Knopfdruck und die «Antwort» des Hautwiderstandes – simultan erhoben wurden.

Die Erfüllung des dritten Kriteriums, wonach ein (unterbewußter) Grund für die Selbsttäuschung besteht, ließ sich gleichfalls nachweisen. Den Teilnehmern wurden zu Beginn des Versuches ausführliche Fragebögen vorgelegt, deren Auswertung Rückschlüsse zuließ hinsichtlich ihrer Selbsteinschätzung. Maßstab hierfür war die «kognitive Diskrepanz»: der Grad jenes Konfliktes zwischen dem, was eine Versuchsperson zu sein glaubt, und dem, was sie sein möchte. Fragen, die über solche Unterschiede zwischen Wirklichkeit und Wunsch Aufschluß geben, beziehen sich meist auf Zufriedenheit mit sich selbst – beispielsweise: «Machen Sie sich oft Sorgen über Dinge, die sie nicht getan oder gesagt haben sollten?» Jene Personen, die beim Test häufig falsch-negativ reagiert hatten – also die «Selbst-Verleugner», die ihre eigene Stimme oft nicht erkannten – erreichten auf der Skala der kognitiven Diskrepanz hohe Werte. Offenbar scheuten diese Personen die Konfrontation mit sich selbst. Demgegenüber können Testteilnehmer, die viele falsch-positive Reaktionen aufwiesen, als «Selbst-Erweiterer» eingestuft werden, da sie ihre eigene Stimme selbst dann zu erkennen glaubten, wenn es nachweislich die eines anderen war. Sie hatten auf der Skala der kognitiven Diskrepanz nur wenige Punkte. Für sie lagen Wunsch und Wirklichkeit nicht weit auseinander und dementsprechend brauchten sie die Konfrontation mit sich selbst nicht zu scheuen. Bei der Selbsttäuschung neigten mit sich selbst unzufriedene Personen mithin zur Selbst-Verleugnung, während selbstsichere zur Projektion neigten, zur narzißtischen Selbst-Erweiterung. Ganz ohne Probleme mit ihrem Selbstbild sind Angehörige der letzteren Gruppe allerdings auch nicht. Sie fühlen sich oft nicht genügend gewürdigt.

In einem zweiten Experiment haben Gur und Sackeim die Motivationen bei der Selbsttäuschung weiter analysiert. Sie gingen von der Erfahrung aus, daß die Reaktion bei Konfrontation mit sich selbst stark beeinflußt wird vom Selbstwertgefühl. Wiederum wurden je dreißig männliche und weibliche Studenten in einen Versuchsraum gebeten. Ihnen wurde erklärt, sie würden zunächst an einem Intelligenztest teilnehmen. Eine Hälfte der Testpersonen wurde gezielt frustriert: Sie erhielten besonders schwere Aufgaben, welche die wenigsten Testpersonen lösen konnten. Dann wurde ihnen mitgeteilt, sie hätten besonders schlecht abgeschnitten. Die andere Hälfte wurde gezielt positiv motiviert durch besonders leichte Testaufgaben. Erwartungsgemäß wurden in der zweiten Gruppe auch weitaus mehr Aufgaben gelöst. Ihren Mitgliedern wurde gesagt, daß ihre Intelligenzleistung besonders gut war. Auf einem Standardfragebogen assoziierten die – manipulierten – Verlierer ihre Person weitaus häufiger mit Kategorien wie «Ängstlichkeit», «Depression» und «Feindseligkeit», als die – manipulierten – Gewinner beim Intelligenztest.

Anschließend wurde mit allen Testpersonen das Stimmenerkennungs-Experiment durchgeführt. Die Verlierer machten weitaus mehr falsch-negative Fehler beim Hören der eigenen Stimme, neigten also unbewußt zur Selbstverleugnung. Umgekehrt machte die Gewinnergruppe weit häufiger falsch-positive Fehler, neigte somit unbewußt zur Selbsterweiterung. Die Verlierergruppe war zudem – wie eine den Versuch begleitende Befragung ergab – weniger erfreut, die eigene Stimme zu hören, als die Gewinnergruppe. Es scheint somit, als ob sich unser Selbst aufbläht, wenn wir Erfolg haben, und daß es sich bei Mißerfolg verkleinert. Beide Prozesse laufen unterbewußt ab und erfüllen damit das Kriterium der Selbsttäuschung.[8]

Experimentelle Untersuchungen zum Selbstbetrug beim Menschen sind schwierig. Noch schwieriger wären sie bei Tieren. Im Prinzip spricht freilich nichts dagegen, daß auch andere Organismen ihre Zentralnervensysteme in bewußte und unbewußte Sphären spalten können und damit zum Selbstbetrug fähig sind. Wir könnten beispielsweise einen Vogel trainieren, beim Hören des eigenen Gesanges auf einen grünen Kreis zu picken, beim Wahrnehmen eines fremden auf einen roten, und könnten den jeweiligen Hautwiderstand messen. Anschließend könnte dem Versuchstier ein Mißerfolgserlebnis verschafft werden – etwa die Niederlage in einem Kampf mit einem Rivalen – und wir könnten in einem Picktest untersuchen, ob der Vogel seine eigene Stimme weniger häufig erkennt.[9]

Wem eine solche Perspektive zu weit hergeholt erscheint, dem sei eine wissenschaftshistorische Notiz nicht vorenthalten, mittels der Robert Trivers zwar ursprünglich jene Skeptiker verwarnt, die Tieren ein Bewußtsein absprechen wollen. Der zu schildernde Umstand scheint jedoch geeignet, uns einmal mehr dafür zu sensibilisieren, daß es vermutlich viele Dinge gibt – vielleicht eben auch ein Phänomen wie Selbstbetrug bei Tieren! –, von denen sich unsere Schulweisheit nichts träumen läßt. Womit wir beim Stichwort wären: Neurobiologische Untersuchungen zeigen, daß nicht nur Menschen, sondern auch gewisse andere Tiere beim Träumen die Augäpfel schnell hin- und herbewegen. Das Phänomen, das Hundebesitzer ohne komplizierte Labortechnik beobachten können, ist in der Literatur als «rapid eye movement» (REM) bekannt. Einige unverbesserliche Vertreter der Auffassung, Tiere hätten kein Bewußtsein, erhoben ihre Stimme und fragten, woher wir wissen wollten, daß Tiere im Schlaf tatsächlich visuelle Erlebnisse hätten, die dem «Kinoerlebnis» unseres Träumens entsprächen. Ein Experimentator trainierte daraufhin in einem abgedunkelten Raum einen Affen, jedesmal eine Signalstange zu treten, wenn auf einer Leinwand Bilder gezeigt wurden. Und genau das passierte auch während der REM-Phasen: Das Versuchstier trat im Schlaf unwillkürlich auf die Signalstange ...[10]

Unterdrückung der Gefühle

Grundvoraussetzung der schrittweisen Entwicklung zur Selbsttäuschung dürfte das Beherrschen von Gefühlen gewesen sein. Frans de Waal sieht auch diese Fähigkeit bereits bei Menschenaffen verwirklicht. Er begrüßt die wachsende Bereitschaft von Psychologen und Verhaltensforschern, bei Tieren nach Bewußtsein, mentalen Prozessen, einsichtigem Verhalten und Intentionalität zu fragen, stellt jedoch fest, daß ein Bereich noch immer weitgehend tabuisiert ist – eben der Bereich der *Gefühle.* Geistige Leistungen würden Tieren meist so zugebilligt, als seien sie Computer, Maschinen ohne Hoffnungen und Ängste. In Wirklichkeit sei es jedoch nahezu unmöglich, rationale und emotionale Komponenten von Entscheidungsprozessen auseinanderzudividieren.[11]

Damit Täuschungsmanöver erfolgreich sein können, muß ein Tier Intentionen und Emotionen zurückhalten. Das wäre einfach, wenn Tiere tatsächlich kalt kalkulierende Maschinen wären. Daß sie es nicht sind, offenbaren besonders Schimpansen, die in vielen Situationen ihre Gefühle auf dramatische Weise zur Schau stellen. In Täuschungssituationen jedoch müssen sie ihre Emotionen wirkungsvoll kontrollieren. Beobachtungen im Schimpansengehege von Arnheim weisen darauf hin, daß sie sehr wohl in der Lage sind, die Auswirkungen eigener Emotionen auf Gruppengenossen einzuschätzen und Gefühlsäußerungen durch «Signalverschleierung» zu unterdrücken:

Das dominante Schimpansen-Männchen Luit wurde von Nikkie, einem anderen Schimpansenmann, herausgefordert. Zunächst versuchten sie, einander durch Fellsträuben, Auf-den-Boden-Schlagen, gezielte Steinwürfe und lautes Geheul einzuschüchtern. Schließlich wurde Nikkie auf einen Baum gejagt. Noch im Geäst sitzend, forderte er Luit durch erneutes Geheul heraus. Bei dieser neuerlichen Provokation entblößte Luit, der mit dem Rücken zu Nikkie unter dem Baum saß, die Zähne – ein «Furchtgrinsen», das Ängstlichkeit signalisiert –, faßte sich aber sofort an den Mund und preßte mit den Fingern die Lippen zusammen. «Ich traute meinen Augen nicht», berichtet de Waal, «und vergewisserte mich durchs Fernglas. Tatsächlich verzog er das Gesicht noch einmal zu einem nervösen Grinsen und nahm wieder die Finger zu Hilfe, um die Lippen zu schließen. Beim dritten Mal schließlich gelang es ihm, das Grinsen von seinem Gesicht zu bannen, und nun erst drehte er sich um.» Luit imponierte gegen Nikkie, als wäre nichts geschehen, und jagte den inzwischen frech wieder zur Erde herabgestiegenen Nikkie mit der Hilfe von Mama – einer verbündeten ranghohen Schimpansin – wieder auf den Baum: «Nikkie seinerseits wartete, bis sich die Gegner entfernten, kehrte ihnen dann plötzlich den Rücken und ließ, als ihn die anderen nicht mehr sehen konnten, dem Grinsen freien Lauf. Gleichzeitig begann er, ganz leise vor sich hinzuwinseln. Da ich nicht weit entfernt war, konnte ich sein unterdrücktes Winseln noch hören, während Luit vermutlich nicht mehr mitbekam, daß auch sein Gegner seine wahren Gefühle nicht ganz unterdrücken konnte.»[12] In einem sozialen Umfeld wie dem von Schimpansen werden die Nerven beständig durch Bluffs und Provokation getestet, wobei gleichzeitig die Reaktionen darauf genau beobachtet werden. Deshalb förderte die Selektion vermutlich besonders stark die Fähigkeit, die ersten Impulse durch Selbstkorrektur zu modulieren: So nämlich kann wertvolle Zeit zum «Überlegen» gewonnen werden, welche Reaktion die vorteilhafteste ist, und zugleich verwirrt dies die Konkurrenten *(Abb. 22).*

Charles Darwin und Sigmund Freud waren beide der Überzeugung, daß sich Täuschungsabsichten meistens durch nonverbales Verhalten verraten. Freud bemerkte: «Wer Augen zum Sehen und Ohren zum Hören hat, möge sich davon überzeugen, daß kein Sterblicher ein Geheimnis bewahren kann. Wenn seine Lippen schweigen, schwätzt er mit den Fingerspitzen: Verrat sickert durch jede seiner Poren.»[13]

Otto Lipmann hat sich bereits bei seinen zu Beginn des Jahrhunderts am Institut für angewandte Psychologie in Berlin durchgeführten Forschungsarbeiten mit dem Problem der Gefühlskontrolle beim Übermitteln falscher Information beschäftigt. Lipmann sah in der Lüge vor allem eine «willensmäßige» Handlung, bei der sich «zwischen die Zielvorstellung und ihre Realisation irgendwelche hemmenden Zwischenglieder» einschieben. Unter die Hemmungen für die sprachliche Reproduktion eines «subjektiv lügnerischen Vorstellungskomplexes F» rechnete er (a) den gleichzeitig im Lügner vorhandenen, seiner Ansicht nach wahren Vorstellungskomplex W, (b) unterwünschte Folgen, besonders Furcht vor Auf-

a

b

Abb. 22: Damit Selbsttäuschung funktionieren kann, ist das Unterdrücken von Gefühlen eine wichtige Voraussetzung. (a) Gemischte Gefühle bei einem Schimpansen im Freigehege des Zoos von Arnheim. Die Haare sind aufgestellt, um einem Rivalen gegenüber den Körperumriß bedrohlicher erscheinen zu lassen. Zugleich ist ein «Furchtgrinsen» sichtbar, weil der Rivale mit einer Imponierveranstaltung reagierte. In diesem Kontext versuchen Schimpansen zuweilen, das Zähneentblößen – das Furcht und Unsicherheit verrät – zu verbergen. (b) Schimpansen sind zu emotionaler Zensur fähig – sie können sich mit unauffälligem Gesicht einem Artgenossen nähern, jedoch etwas völlig anderes im Schilde führen.

deckung der Lüge, und (c) Unlustgefühle, etwa durch verbietende moralische Normen hervorgerufen. Solche Hemmungen bleiben jedoch nicht auf das «Seelenbinnenleben» beschränkt, sondern machen sich über mehr oder weniger deutlich erkennbare äußere Symptome bemerkbar. Auch gegen den Willen des Lügners kann Lipmanns Theorie zufolge «der Vorstellungskomplex W so überhand gewinnen, daß es, oft sogar ohne *Wissen* des Lügners, zu Teilreproduktionen von W» kommen kann. Der Lügner «verrät» sich vor allem durch die bekannten «Lügen-Symptome» wie Erröten, Stammeln, unsicherer Blick. Experimentell läßt sich das sogenannte «Atmungssymptom der Lüge» nachweisen: Versuchspersonen wurden nacheinander Zettel zum Lesen vorgelegt, über deren Inhalt sie Aussagen zu machen hatten – etwa sie auf dem Blatt Buchstaben oder Zahlen sahen. Bei einigen in bestimmter Weise markierten Zetteln sollten die Testteilnehmer ihr Publikum belügen – also etwa beim Sehen einer Buchstabenfolge sagen, es seien Zahlen auf dem Blatt. In diesen Fällen atmeten die Versuchspersonen anders: Es war nach einer falschen Aussage die Einatmung relativ verlängert, die Ausatmung relativ verkürzt – «gewissermaßen ein ‹Aufatmen› nach gelöster und überwundener Hemmung».[14]

Der Atemrhythmus ist nur ein Beispiel dafür, welche Hürden einem erfolgreichen Täuschungsakt im Wege stehen. Zu kämpfen hat eine lügende Person grundsätzlich mit den von ihr ausgehenden Täuschungssignalen (die das Zielindividuum unwillentlich vor der Täuschungsabsicht warnen, jedoch die verheimlichte Information nicht preisgeben) und darüber hinaus mit der Gefahr von Selbstverrat (dem ungewollten Durchsickern zurückgehaltener Information). Der Kampf richtet sich also gegen die eigenen Emotionen, und er wird geführt, indem entweder ein vorhandenes Gefühl unterdrückt (Inhibition) oder ein nicht vorhandenes vorgegaukelt wird (Simulation). Den Informationsfluß völlig zu unterbinden wäre zwar die wirksamste Vorbeugung gegen Selbstverrat, ist jedoch zugleich ein ziemlich eindeutiges Täuschungssignal, welches das Mißtrauen des Zielindividuums schürt. Weitaus klüger ist es, den Kommunikationsfluß aufrechtzuerhalten und bestimmte Gefühlsäußerungen zu unterdrücken. So entsteht der Eindruck, als werde keine Information zurückgehalten.

Die Körperpartien unterscheiden sich hinsichtlich der Aufmerksamkeit, die ihnen ein Gegenüber während eines kommunikativen Aktes widmet. Am häufigsten und sorgfältigsten wird das Gesicht betrachtet, schon weniger genau die Hände und am nachlässigsten Beine und Füße. Dementsprechend haben die Körperpartien unterschiedliche Tendenz, selbstverräterisch zu wirken. Unser Gegenüber mag nicht bemerken, daß unsere Knie wippen und uns die Hände feucht werden, doch entgeht es seiner Aufmerksamkeit nicht, wenn wir mit zitternder Stimme sprechen und rot werden. Da auf dem «offensichtlichsten» Signalfeld, dem Gesicht, der stärkste Selektionsdruck liegt, entwickelte sich hier die beste Kontrollfähigkeit. Jugendliche Schimpansen und Bonobos schneiden oft seltsame Grimassen – ein solitäres Spiel, bei dem vielleicht trainiert wird, Mimik und Gestik unter willentliche Kontrolle zu bringen.[15] Der Selektionsdruck gegen nonverbalen Selbstverrat von Füßen und Beinen ist weniger ausgeprägt, während der auf die Hände eine Mittelstellung einnimmt.[16] Auch Erving Goffman – um dessen soziologische Theorie der Selbsttäuschung es in Kürze gehen soll – sieht den Schwerpunkt dramaturgischer Disziplin in der Kontrolle über Gesichtsausdruck und Stimme. Sie sei der Prüfstein für die Fähigkeiten eines Darstellers: «Die wirkliche Gefühlsreaktion muß verborgen und die angemessene Gefühlsreaktion gezeigt werden.»[17]

Weshalb es von besonderer Bedeutung ist, die *verbalen* Äußerungen zu kontrollieren, läßt sich trefflich anhand altestamentlicher Bibelstellen verdeutlichen. Im Buch *Jeremia* wird geklagt über die Gottlosen, denn die «schießen mit ihrer Zunge eitel Lügen und keine Wahrheit». Im *Psalter* heißt es ganz ähnlich, die falsche Zunge sei «wie scharfe Pfeile eines Starken». Ein rabbinischer Kommentar dazu bringt nun die überlegene Gefährlichkeit des Wortes gegenüber nackter Gewalt zum Ausdruck: «Die böse Zunge ist wie ein Pfeil. Warum? Wenn einer das Schwert zieht, um den andern zu töten, und dieser ihn um Erbarmen anfleht, so kann sich der Mörder bedenken und das Schwert wieder in die Scheide stecken. Der Pfeil aber, einmal abgeschossen, fliegt fort und kehrt, auch wenn es gewünscht wird, nicht zurück.»[18]

Eine Reihe relativ einfacher Experimente beleuchtet die ontogenetische Entwicklung der Fähigkeit, Mitmenschen zu täuschen, vom Kindes- bis zum Erwachsenenalter. Kinder des ersten Schuljahres, des siebten Schuljahres und Erstsemester einer Universität wurden aufgefordert, einen zufriedenen, positiven Gesichtsausdruck aufzusetzen, während sie sauren Fruchtsaft tranken. Kontrollpersonen fiel es am leichtesten, die Täuschungsabsicht der jüngsten Gruppe zu entlarven.[19] Den stetigen Fortschritt in der Fähigkeit, Emotionen zu kontrollieren, belegt ein Experiment, bei dem Schüler des ersten, dritten und fünften Schuljahres ein enttäuschendes Geschenk erhielten, obgleich sie ein begehrtes erwarteten. Wie in vielen Situationen des täglichen Lebens galt es in dem Falle, nicht vorhandene positive Gefühle zur Schau zu stellen. Die jüngsten Kinder – speziell die Jungen – konnten ihre Enttäuschung am schlechtesten verbergen, als sie ein langweiliges Babyspielzeug bekamen, während die älteren Kinder – speziell die Mädchen – sich weitaus zufriedener stellten.[20]

In welch unterschiedlichem Maße Kinder verschiedener Altersstufen fähig sind, Inhibition und Simulation zur Täuschung eines Erwachsenen einzusetzen, wurde an vierzig Kindergartenkindern im Alter von 40 bis 70 Monaten untersucht. Die Kinder konnten einen Teddybären in drei anderen Spielzeugen verstecken – einem Haus, einem Turm und einem Lastwagen –, die sich in einer Reihe auf einem Brett in fünfzig Zentimeter Entfernung befanden. Sie wurden anschließend aufgefordert, einen Erwachsenen hereinzulegen, der von ihnen das Versteck des Bären wissen wollte. Der Erwachsene fragte dreimal, während er dem Kind in die Augen sah: «Ist der Bär im Haus (im Turm, im Lastwagen)?» Nach jeder der drei Fragen gab der Erwachsene einen Tip ab, wo der Bär seiner Ansicht nach war. Das Spiel wurde mit jedem Kind dreimal wiederholt. Dabei zeigte sich, daß ihr Alter signifikant mit dem Erfolg der Täuschung korreliert war: Je älter, desto häufiger gelang die Täuschung. Bis auf eine Ausnahme vermochte keines jener Kinder, die jünger als 48 Monate waren, den Erwachsenen hereinzulegen. Sie waren nicht in der Lage, Information zurückzuhalten, und manche freuten sich sogar, dem Erwachsenen das Versteck zu verraten. Unabhängig von ihrem Alter wählten neunzig Prozent aller Kinder für den Teddybären bei jedem neuen Versuch ein anderes Versteck, was es dem Erwachsenen beim dritten Versuch natürlich erleichterte, das Versteck aus dem der beiden vorangegangenen abzuleiten. Die höchste Erfolgsquote – jeweils zwei unentdeckte Verstecke – erreichten lediglich 25 Prozent der ältesten – fünf- bis sechsjährigen – Kinder, während 69 Prozent zumindest einmal erfolgreich waren. Etwa die Hälfte aller Kinder, die älter als 48 Monate waren, wandten 56 Prozent die Technik der Inhibition an (sie schauten auf keines der möglichen Verstecke), obgleich die Taktik oft deshalb erfolglos war, weil sie eine erhebliche Tendenz zum Selbstverrat hatten (sie konnten sich ein Blinzeln in Richtung des Versteckes nicht verkneifen). Nur ganz wenige der älteren Kinder benutzten die Taktik der Simulation (sie schauten auf ein falsches Versteck), und sie waren auch die erfolgreichsten. Kinder, die jünger als vier Jahre sind, können Erwachsene also in dem geschilderten spielerischen Kontext nicht hereinlegen. Dazu ist weder ihre Fähigkeit zur Inhibition selbstverräterischen Verhaltens genügend ausgebildet, noch scheint ihre Muskelkontrolle die genügende Feinheit zu besitzen.[21]

Die Notwendigkeit, sprachliche und emotionale Signale in bestimmten sozialen Situationen zu kontrollieren, produziert die «Pokergesichter». Wenn, was von Frauen oft beklagt wird, Männer weit seltener ihre Emotionen zeigen, dann mag das nicht unbedingt «Unfähigkeit» reflektieren. Vielleicht hängt diese äußerliche Kühle damit zusammen, daß sich die Geschlechter hinsichtlich der Situationen unterscheiden, in denen sie Konkurrenz ausgesetzt sind. In diesem Zusammenhang sind Schlußfolgerungen interessant (und amüsant), die der Jurist Rudof von Ihering um die Jahrhundertwende in bezug auf die «historische Entwicklung des Wahrheitsgebotes» machte, welche sich «nach Maßgabe seiner praktischen Notwendigkeit» vollziehe. Ihering nimmt nämlich an, Frauen würden es mit der Wahrheit weniger genau nehmen als Männer, da Flunkereien während der Hausarbeit weniger Schaden anrichteten als in der großen weiten Welt der Geschäfte, in denen sich der Mann traditionell bewegt. Da «die Erkenntnis der Notwendigkeit der Wahrheit in allen Verhältnissen des Lebens die praktische Schule der Wahrheit bildet, so muß notwendigerweise der Mann dieser Belehrung in ungleich höherem Grade teilhaftig werden, als das Weib, denn die Welt, in der sie sich bewegt, ist die der vier Wände: das Haus, die Welt des Mannes ist die ganze große, weite Welt: Handel und Wandel, Geschäftsverkehr, Amt, Wissenschaft». Hier würde dem Menschen das Auge besonders weit geöffnet hinsichtlich der Verwerflichkeit der Lüge, weshalb die gefühlsmäßige Verpflichtung zur Wahrhaftigkeit beim Manne stärker entwickelt sei als bei der Frau.[22] Ein Zeitgenosse des Göttinger Rechtswissenschaftlers – Gerardus Heymans – bekämpfte hingegen lebhaft «das weitverbreitete Vorurteil, daß die Frau minder ehrlich und wahrheitsliebend sei» als der Mann. Denn – «die Wahrheitsliebe, d. h. das Maß, in welchem das Wahrheitsmotiv bewertet wird, ist bei den Frauen entschieden stärker als bei den Männern». Die Betätigung dieser größeren Wahrheitsliebe würde bei den Frauen, bekräftigt Heymans, lediglich stärker gehemmt «durch ihre, im Verhältnis zu derjenigen der Männer stärkere Emotionalität, die an sich der Wahrhaftigkeit gefährlich ist».[23] Aus der Perspektive der Evolutionsbiologie läßt sich jedoch weder Iherings noch Heymans' Position stützen. Denn wenn Männer stärkerer Konkurrenz in der Geschäftswelt ausgesetzt sind, dann sollten wir nicht etwa wie Ihering größere Ehrlichkeit erwarten, sondern lediglich perfektioniertere Techniken im Verschleiern von Betrugsabsichten. Die Auffassung Heymans', Frauen liebten die Wahrheit in stärkerem Maße, wird im nachfolgenden Kapitel eine starke Relativierung erfahren. Die Vorstellung, stärkere Emotionalität sei der Wahrhaftigkeit gefährlich, läßt sich aber bereits aufgrund des bisher Gesagten verwerfen – denn unkontrollierte Emotionen sind ja gerade der *Lüge* gefährlich!

Leben als Überlebenstheater

In seinen Schriften zum Theater kontrastierte Bertolt Brecht das von ihm verfochtene epische Theater mit dem Illusionstheater: Beim epischen Theater sollen die Schauspieler politisch-kritische Distanz zu ihrer Rolle halten, sich nicht mit dem, was sie spielen, identifizieren und es so auch den Zuschauern unmöglich machen, sich blindmachender Einfühlung in die Handlungsweisen der Figuren hinzugeben.[24] Episches Theater ist in seiner intellektuellen Vielschichtigkeit eine reine Kunstform, deren Mechanismen als solche nicht von der Bühne ins Alltagsleben transponierbar sind. Verfremdende Intellektualisierung wäre jedoch gewiß kein probates Mittel, um die eigene Person vorteilhaft «zu verkaufen». Besser erfüllen würde diese Aufgabe das althergebrachte Illusionstheater, bei dem die Schauspieler – zumindest nach landläufiger Vorstellung – in ihrer Rolle aufgehen und ihr Publikum hineinziehen in eine realitätsferne Perspektive.

Wie wir dies täglich tun im Bestreben, unser Selbst günstig zu präsentieren, hat Erving Goffman in seinem 1959 erschienenen Werk *The Presentation of Self in Everyday Life* analysiert. Der 1982 verstorbene amerikanische Soziologe und Anthropologe lehrte an den Universitäten Berkeley und Philadelphia. Er scheint mit den Konzepten der Evolutionsbiologie nicht vertraut gewesen zu sein, weshalb sich verblüffende Übereinstimmungen, aber auch grundlegende Differenzen zwischen beiden Theorien feststellen lassen. Der Titel der deutschen Übersetzung ist Programm: *Wir alle spielen Theater.* Goffman beschreibt vielfältige Praktiken, Listen und Tricks, mit denen sich der einzelne vor anderen vorteilhaft darzustellen versucht. Wie Schauspieler sich ausgewählter Kleidung, Gestik und Wortwahl bedienen, so inszenieren nach Goffmans Auffassung die Menschen im Alltag unter Anleitung einer unsichtbaren Regie «Vorstellungen» – um beispielsweise Geschäftspartner oder Arbeitskollegen von eigenen echten oder – das ist hier wichtig – vorgetäuschten Fähigkeiten zu überzeugen.

Die Darsteller perfektionieren ihre Rolle im Laufe des Lebens, wobei sie die Dramaturgie entsprechend der aus dem Publikum erfahrenen Reaktionen abändern. Ihr «Selbst ist ein Produkt einer erfolgreichen Szene, und nicht ihre Ursache. Das Selbst als dargestellte Rolle ist also kein organisches Ding, das einen spezifischen Ort hat und dessen Schicksal es ist, geboren zu werden, zu reifen und zu sterben».[25] Und entsprechend ist seine Darstellung kein angeborenes Mimikry, sondern Ergebnis eines Lernprozesses, erfüllt also Voraussetzungen der *taktischen* Täuschung. Der springende Punkt dabei ist natürlich, ob die Darstellung glaubwürdig oder unglaubwürdig wirkt. Das Publikum versucht, Informationen über die Schauspieler zu erhalten. Die Darsteller sind nicht vor verräterischen Mißgeschicken gefeit, und es kann passieren, daß sie momentan die Muskelkontrolle über sich selbst verlieren, und «stolpern und fallen, rülpsen, gähnen, sich versprechen, sich kratzen oder Wind lassen».[26] Das Publikum hat die Neigung, auf solche Zeichen zu achten und wegen kleinster Fehler dem Schauspiel mit Mißtrauen zu begegnen und es für unwahr zu halten. «Es gibt den Tanz des Kolonialwarenhändlers, des Schneiders, des Auktionators», deutete Jean-Paul Sartre die Alltagsgeschäfte, «durch den sie sich bemühen, ihre Kundschaft davon zu überzeugen, daß sie weiter nichts sind als ein Kolonialwarenhändler, ein Auktionator, ein Schneider».[27]

Da die anderen wissen, daß sich die Schauspieler in günstigem Licht darzustellen trachten, können sie auf zwei Aspekte achten. Der erste sind verbale Äußerungen – ein Aspekt, der nach Goffmans Auffassung verhältnismäßig einfach willentlich manipuliert werden kann. Der zweite Aspekt scheint weniger leicht kontrollierbar. Er leitet sich hauptsächlich aus dem ab, was Darsteller «abstrahlen». Goffman meint, das Publikum könne diese schwer manipulierbaren Aspekte eines Schauspielers benutzen, um die Gültigkeit der vermittelten manipulierten Aspekte kritisch zu hinterfragen. Hier würde sich eine fundamentale Asymmetrie des Kommunikationsprozesses zeigen, da Darsteller sich nur *eines* Kommunikationsstromes bewußt seien, während Beobachter noch einen zweiten Strom wahrnehmen. Goffman schildert eine Wirtsfrau, die einem Gast einheimische Gerichte vorsetzt und dessen höfliche Beteuerungen, das Essen schmecke ihm, anhand der Geschwindigkeit überprüft, mit der er die Speisen mit Löffel und Gabel aufnimmt, und aus seinem Kauen auf den Grad seines tatsächlichen Wohlbehagens schließt. Goffman meint, «die Techniken, welche zur Entlarvung berechneter Spontaneität des einzelnen angewandt werden», seien besser entwickelt «als die Fähigkeit, unser Verhalten zu manipulieren», so daß Beobachter den Darstellern gegenüber meist im Vorteil seien.[28]

Hier unterscheidet sich Goffmans Deutung von der evolutionsbiologischen. Denn auf beständige Versuche des Publikums, Darsteller zu entlarven, müssen letztere mit ständiger Verbesserung ihrer schauspielerischen Leistungen reagieren – sonst können sie auf der Bühne nicht bestehen. Ein derartiger Prozeß gleicht einer Evolutionsspirale, in der sich Beutetiere immer effektiver den Nachstellungen der Räuber entziehen, wodurch diese wiederum raffiniertere Techniken des Beutemachens entwickeln. An anderer Stelle erkennt Goffman das freilich und beschreibt den Kommunikationsprozeß als «Informationsspiel – ein potentiell endloser Kreislauf von Verheimlichung, Entdeckung, falscher Enthüllung und Wiederentdeckung».[29]

Über Erfolg und Mißerfolg einer Aufführung entscheidet insbesondere die Tatsache, «wieweit der Einzelne selbst an den Anschein der Wirklichkeit glaubt, den er bei seiner Umgebung hervorzurufen trachtet». Goffman unterscheidet «zynische» Darsteller von «aufrichtigen», die an den Eindruck glauben, den ihre eigene Vorstellung hervorruft; «Zynisch» handle der Arzt, wenn er ein harmlos-unwirksames Mittel verschreibt, oder der Schuhverkäufer, der einen passenden Schuh verkaufe, aber der Kundin die falsche Schuhnummer nennt. Diesen zynischen Darstellern gestatte ihr Publikum nicht, aufrichtig zu sein – woraus Goffman ableitet, die Darsteller seien nicht zwangsläufig von eigennützigen Motiven beseelt.[30] Die Verhaltensbiologie wiederum sieht sich zu solcher Freisprechung zynischer Darsteller nicht veranlaßt. Vielmehr ließe sich das Verhalten sowohl des Arztes als auch des Schuhverkäufers zwangloser deuten als: egoistisch, hebt es doch im Endeffekt die Wahrscheinlichkeit, daß ihre Kundschaft eine gute Meinung über sie hat, sie weitersagt und selbst bei Bedarf wiederkommt.

Die Darstellung des aufrichtigen Schauspielers überzeugt nicht zuletzt in dem Maße, wie sie von der Selbsttäuschung lebt, wie der Schauspieler «von seinem eigenen Spiel gefangengenommen» wird und «den von ihm hervorgerufenen Eindruck einer Realität für die, und zwar für die einzige Realität hält; er wird Darsteller und Zuschauer des gleichen Schauspiels [...]. Es wird Dinge geben, die er weiß oder gewußt hat und die er vor sich selbst nicht zugeben darf. Dieses komplizierte Manöver der Selbsttäuschung geht ständig vor sich.»[31] Das Publikum allerdings wird nach Goffmans Auffassung aus Erfahrung klug – es ist «um so mehr auf der Hut, je ähnlicher die Darstellung des Betrügers der echten Darstellung ist»,[32] und so kitzelt das Mißtrauen des Publikums stets bessere schauspielerische Leistungen heraus. Solche Darsteller mit den Worten Goffmans «aufrichtig» zu nennen, scheint allerdings etwas unglücklich, denn ihr Erfolg nährt sich ja gerade nicht aus dem – «aufrichtigen» – Bewußtsein, daß sie schauspielern, sondern aus der Selbsttäuschung, sie täten es gar nicht.

Goffman lehnt es ab, Unehrlichkeit und Selbsttäuschung als charakterliche Schwächen zu brandmarken. Er hält es mit dem amerikanischen Soziologen Robert Ezra Park (1864–1944), der daran erinnerte, daß das Wort «Person» in seiner ursprünglichen Bedeutung eine Maske bezeichnet. Für Park – der sich zeitlebens besonders mit Minoritäten befaßte – war die Maske «unser wahres Selbst: das Selbst, das wir sein möchten. Schließlich wird die Vorstellung unserer Rolle zu unserer zweiten Natur und zu einem integralen Teil unserer Persönlichkeit. Wir kommen als Individuen zur Welt, bauen einen Charakter auf und werden Personen«.[33]

Glauben kann Berge versetzen

Glauben kann Berge versetzen – so lehren die Evangelien.[34] Das mag übertrieben sein; innerlich jedoch mag falscher Glaube zuzeiten vorteilhafter sein als gar kein Glaube. Zumindest ist es schwieriger, an nichts zu glauben, als irgendeiner Ansicht anzuhängen – und sei sie noch so absurd. Dies mag damit zusammenhängen, daß das Gefühl von Unwissenheit extrem unangenehm ist. Das Gefühl, Bescheid zu wissen, ist beruhigender.

Wenn die natürliche Selektion die Fortpflanzungstauglichkeit von Organismen «bewertet», ist es gleichgültig, ob jenes Gefühl, Bescheid zu wissen, auf einem Trugschluß beruht oder auf Fakten. Wenn Trugschlüsse die Gene eines Individuums mit größerer Wahrscheinlichkeit in die nächste Generation transportieren, wird die Selektion Körper und Gehirne favorisieren, die Trugschlüssen aufsitzen. Gewiß – zuweilen bricht das Eis auch, an dessen Tragfähigkeit wir glauben; aber im großen und ganzen gleiten wir gut darauf dahin ...

Verzerren von Realität schafft ein gutes Gefühl. Sich gut fühlen ist gesünder, und gesündere Leute leben länger, sind attraktiver für andere und pflanzen sich mit größerer Wahrscheinlichkeit fort als nicht gesunde. Derartige Rückwirkungen der Psyche auf die physische Leistungsfähigkeit sind zahlreich: Wenn wir glauben, unser Leben habe einen Sinn, dann kämpfen wir, um es nicht zu verlieren. Wenn wir glauben, eine Situation zu kontrollieren, packen wir mit mehr Zuversicht an. Weil er Kraft mobilisiert, ein Hindernis langsam, aber sicher abzutragen, hilft der Glaube tatsächlich, Berge zu versetzen. Durchhaltevermögen ist vorteilhaft, da Leute, die hartnäckig ein Ziel verfolgen, es mit größerer Wahrscheinlichkeit erreichen als solche, die rasch resignieren. Menschen, die durchhalten, finden wiederum mehr Gleichgesinnte, da auch selbstbewußte Leute sozial attraktiv sind. Allein sich in ihrer Nähe aufzuhalten, ist vorteilhaft, denn durch ihr Überleben beweisen sie, daß von ihnen etwas gelernt werden kann. Ihr Beispiel macht Schule – und sei es mit noch so absurden Theorien geschmückt –, weil diejenigen, die an etwas glauben, sich in ihrer Ansicht bestätigen.[35] Schillers dramatisches Fragment *Demetrius* befaßt sich mit der Geschichte des Dimitrij, der sich im Jahre 1603 für den ermordeten Sohn Iwans des Schrecklichen ausgab und dem es gelang, in Moskau zum Zaren gekrönt zu werden. Ein Kernsatz lautet: «Der Lüge kecke Zuversicht reißt hin, / Das Wunderbare findet Gunst und Glauben.»[36]

Der Glaube an das Wunderbare breitet sich unter Gleichgesinnten wie ein Virus aus. Erving Goffman meint, Individuen würden sich in der Regel gegenseitig unterstützen, um *kollektive* Rollen beim Alltagstheater einzuüben. Zu diesen Gruppen zählt er etwa Parteien, Gewerkschaften, Sportmannschaften: «Da wir alle in Ensembles mitarbeiten, müssen wir alle ein wenig von der süßen Schuld des Verschwörers in uns tragen. Und da jedes Ensemble damit beschäftigt ist, die Stabilität der einen oder anderen Situationsbestimmung zu erhalten, indem es bestimmte Tatsachen verschleiert oder verdunkelt, ist die Laufbahn des Darstellers gewissermaßen die des heimlichen Verschwörers.»[37]

Die Wissenschaft kennt mittlerweile ein ganzes Arsenal physiologischer und psychologischer Mechanismen, die uns zu heimlichen Verschwörern machen, die es verhindern, daß wir der Realität ungetrübt ins Auge blikken. Solche Mechanismen verschaffen Gefühle von Sicherheit und Optimismus und schenken die Illusion, das Leben kontrollieren zu können. Selbstbetrug nimmt dabei eine zentrale Stellung ein:

Da ist zunächst das Faktum, daß Informationen über unsere eigene Person weit größeren Einfluß auf unser Wohlbefinden haben, als Nachrichten über andere. Informationen über uns selbst sind «heiße» Nachrichten für das Gehirn. Da Personen offenbar ein grundlegendes Bedürfnis besitzen, ihr eigenes Gefühl des Selbstwertes zu erhalten und zu schützen, wird die Aufnahme, Deutung und Speicherung solcher Informationen stark beeinflußt von den Bedürfnissen und dem Selbstwertgefühl der betroffenen Person. Diesem Grundbedürfnis tragen verschiedene, dem Selbstwert dienliche Strategien Rechnung. Das Wort «Strategie» meint dabei freilich nicht unbedingt willentliches oder bewußtes Handeln, da viele der aktivierbaren Verhaltensprogramme unbewußt ablaufen. Sie modellieren die zur Verfügung stehende Information mehr oder weniger, um eine Verletzung des Selbstwertgefühls zu verhindern.[38]

Beispielsweise ziehen Erfahrungen von Erfolg nicht notwendigerweise ein erhöhtes und solche von Mißerfolg ein erniedrigtes Selbstwertgefühl nach sich. Wichtiger ist, ob der positive oder negative Ausgang eines Ereignisses auf eigene Fähigkeiten oder Unfähigkeiten zurückgeführt wird oder auf äußere Umstände. Letztere, d. h. «externale» Ursachenzuschreibungen können bei einem Mißerfolg das Selbstwertgefühl schützen: «Ich hatte eben Pech. Der Prüfer ist ein blöder Kerl. Er kann mich ohnehin nicht leiden.» Eine «internale» Ursachenzuschreibung wäre dem Selbstwertgefühl hingegen abträglich: «Ich habe mir nicht genug Mühe gegeben. – Ich bin unfähig.» Um das Selbstwertgefühl zu steigern, sind hingegen externale Begründungen durch Glück oder Zufall nicht hilfreich. Hier helfen nur internale Zuschreibungen: «Ich habe gut gelernt. Ich kann mich gut ausdrücken. Ich bin intelligent.» Wir neigen dazu, Erfolge internalen Ursachen zuzuschreiben und als Frucht eigener Leistungen zu deuten und Mißerfolge als Resultat unglücklicher externaler Umstände. Diese Tendenz wird als «self-serving bias» bezeichnet und ist eine der verbreitetsten selbstwertdienlichen Strategien.[39]

Freilich birgt selektives Wahrnehmen von Ursachen auch Gefahren. Wer externale Ursachen wie Glück oder Zufall verantwortlich macht für ein Ereignis, gibt zu, die Situation nicht unter Kontrolle gehabt zu haben. Eine genauere Analyse lehrt denn auch, daß *internale* Zuschreibungen von Mißerfolgen lediglich dann vorgenommen werden, wenn das Selbst die Ursachen hätte kontrollieren können – beispielsweise, wenn jemand wegen zeitweiliger Erkrankung eine Prüfung nicht bestand, sie jedoch wiederholen kann. Ist eine solche Zuschreibung nicht möglich – beispielsweise, wenn jemand bereits sein Menschenmögliches gab –, dann müssen externale Faktoren herhalten: «Die Prüfung war unfair.»[40]

Zuweilen werden dem Selbstwert förderliche Informationen aktiv provoziert in einem als «impression management» bezeichneten Vorgang. Wir neigen dazu, uns so in Szene zu setzen – durch Kleidung, Redeweise, Handlungen –, daß unsere Umwelt möglichst schmeichelhaft und positiv reagiert. Wird ein derartiges «fishing for compliments» zu offensichtlich, mag allerdings der gegenteilige Effekt eintreten: Wir geraten mit jener sozialen Norm in Konflikt, die allzu positive Selbsteinschätzung als eingebildet und angeberhaft wertet. Sind derartige Reaktionen des sozialen Umfeldes zu erwarten, mag es für unser Selbstwertgefühl dienlicher sein, schickliche Bescheidenheit und «understatement» zur Schau zu tragen. Überzogene Selbstdarstellung scheint auch unangebracht, wenn alsbald Gefahr öffentlicher Überprüfung droht. Jemand, der mit seiner Virtuosität am Klavier prahlt, obwohl er ein Stümper ist, könnte auf einer Party, bei der ein Flügel im Raum steht, peinliche Rückmeldungen erhalten.

Die verzerrte Wahrnehmung und Verarbeitung von Information kann handfeste Folgen auch im ökonomischen Bereich zeitigen. Ein Ansatz der Wirtschafts- und Sozialpsychologie beschäftigt sich mit dem Problem, daß stets ein Teil der Betriebsmanager zu «Dysfunktionen» bei der Gewinnung, Weitergabe oder Anwendung von Nachrichten neigt. Als Ursachen hierfür gelten Faktoren wie «Betriebsblindheit» – immer gleiche Erfahrung in immer gleicher Umgebung stumpft ab –, Verzerrungen aufgrund eines änderungsresistenten Selbstkonzeptes – Neues wird um so schwerer wahrgenommen, je negativer es für das Selbstwertgefühl ausfällt –, eingeschränkter Meinungsaustausch nur mit Gleichgesinnten, macht- und hierarchiebedingte Zurückhaltung oder Verfälschung von Informationen. Bezeichnend ist, daß dieses Problemfeld unter dem Etikett «Informationspathologien» behandelt wird. In der Logik der Selbsttäuschung wären es allerdings keineswegs «krankhafte» Erscheinungen, sondern gerade das, was aufgrund der Vorhersagen der Evolutionsbiologie zu erwarten wäre.[41]

Trefflich hat Wilhelm Busch einen psychologischen Mechanismus geschildert, mittels dessen sich selbstwertdienliche Rückmeldungen erfolgreich vorbereiten lassen: «Die Selbstkritik hat viel für sich. / Gesetzt den Fall, ich tadle mich, / so hab' ich erstens den Gewinn, / daß ich so hübsch bescheiden bin; / zum zweiten denken sich die Leut, / der Mann ist lauter Redlichkeit; / auch schnapp' ich drittens diesen Bissen / vorweg den andern Kritiküssen; / und viertens hoff' ich außerdem / auf Widerspruch, der mir genehm. / So kommt es dann zuletzt heraus, / daß ich ein ganz famoses Haus.»[42]

Unsere Psyche verfügt über mancherlei Tricks, um das Ego entsprechend inneren Bedürfnissen aufzupolieren. Gerne halten wir uns beispielsweise für etwas Besonderes, für eine Ausnahmeerscheinung – selbst wenn Fakten dagegen sprechen. Wie Befragungen ergaben, bagatellisieren die meisten Menschen das statistisch genau berechenbare Risiko, sie selbst könnten ein Opfer von Naturkatastrophen oder Krankheiten werden. Im Durchschnitt überschätzten die Befragten aber die Wahrscheinlichkeit, daß sie eine gute Arbeitsstelle finden, selbst ein Haus besitzen oder mehr als 80 Jahre leben werden. Versuchspersonen, denen die Berechnung der Lebenserwartung durch eine große Versicherungsagentur vorgelegt wurde, schätzten ihre eigene Überlebenswahrscheinlichkeit meist 10 Jahre über dem Durchschnitt ein. Der eigene Gesundheitszustand wurde gleichfalls für stabiler gehalten als der des Nachbarn, ebenso wie das Risiko geringer eingestuft wurde, in Autounfälle verwickelt zu werden oder einen Herzanfall zu erleiden.[43]

Gegen diese Sicht der Dinge drängen sich natürlich Einwände auf: Wer sich selbst für etwas Besonderes hält, wird sich beispielsweise weniger Gedanken über Krankheitsvorsorge machen. Widerspricht das nicht der Annahme, ein gerüttelt Maß an Selbsttäuschung sei adaptiv? Nein, interessanterweise tut es das nicht, wie Befunde der Verhaltensmedizin und Psychosomatik lehren. Wissenschaftler, die sich mit Ursachen und Bewältigung von Streß beschäftigen, stimmen weitgehend darin überein, daß äußere Streßfaktoren die physiologischen Streßreaktionen und das körperliche Befinden geringer beeinflussen, als es die Art und Weise tut, wie die gestreßten Personen mit den Situationen umgehen. Menschen, die über nur wenig ausgeprägte Strategien zur Bewältigung verfügen, entwikkeln mit größerer Wahrscheinlichkeit ernsthafte, meist chronische Krankheiten. Was für den Glauben gilt, gilt auch für die Bewältigungsstrategien: Sie müssen nicht logisch sein, um zum Erfolg zu führen: Dies lehrt etwa das Beispiel von Patienten, die Gedanken an eine bevorstehende Operation vermieden, jedoch deutlich seltener unter postoperativen Komplikationen litten, als Patienten, die dem Ereignis starke Aufmerksamkeit entgegenbrachten. Gerade diejenigen, die am besten informiert waren über Ursachen und Verlauf der Operation, machten den kompliziertesten Heilungsverlauf durch – eine verblüffende Erkenntnis der Arbeitsgruppe um den Psychologen Richard Lazarus der Universität von Kalifornien in Berkeley.[44] Eine wichtige intrapsychische Bewältigungsform sind Selbstbeschwichtigungen wie «Ich finde die Situation ungefährlich», «Wird schon nicht so schlimm sein» oder «Wird schon alles gut gehen».[45] Eine andere Studie bilanzierte die Überlebensraten von Frauen fünf Jahre nach einer Brustamputation und kam zu einem ganz ähnlichen Ergebnis: Von jenen Frauen, die sich der Krankheit innerlich stark entgegengestemmt oder gar abgestritten hatten, krebskrank zu sein, waren 75 Prozent noch am Leben, ohne daß eine erneute Krebsdiagnose vorlag. Von jenen Frauen, welche die Krankheit stoisch oder hilflos akzeptiert hatten, lebten nur noch 35 Prozent, bei denen keine neue Geschwulst festgestellt worden war.[46]

Können wir bedrohliche Situationen nicht vermeiden, hilft es bereits, die Bedrohung abzustreiten und aus dem Bewußtsein zu verdrängen. Derartige Verleugnungsmanöver wirken – so Richard Lazarus – als «intraphysische Tranquilizer». Den Tauschhandel, bei dem im Gehirn Angst und Schmerzminderung gegen Realitätsverlust verrechnet werden, hat der amerikanische Psychologe Daniel Goleman in seinem Buch *Vital Lies, Simple Truths (Lebenslügen und einfache Wahrheiten)* genauer analysiert. Goleman meint, so würde ein «blinder Fleck» geschaffen in der Abbildung der uns umgebenden Realität, der zum Ausgangspunkt für Selbsttäuschungen werde. Goleman vergleicht die psychologischen Abwehrmechanismen mit gehirneigenen Morphinen – den opiatähnlich wirkenden Endorphinen –, die bei starken Verletzungen ausgeschüttet werden und unerträgliche Schmerzempfindungen abblocken. Für einige Zeit können sich Körper und Bewußtsein dadurch über den Schmerz «hinweglügen».[47]

Zwischen positiven geistigen Einstellungen – auch wenn sie auf falschen Annahmen beruhen! – und physischer Gesundheit besteht ein enger Zusammenhang, und Verdrängungsmanöver helfen unter Umständen, kritische und bedrohliche Phasen zu überbrücken. Wie bei anderen Beruhigungsmitteln besteht zwar bei psychischen Tranquilizern die Gefahr der Sucht und die Gefahr, augenblickliche Erleichterung zu erkaufen mit Verlust an Realitätstüchtigkeit. Zudem erfüllen Angst und Schmerz wichtige Warnfunktionen, die in Augenblicken äußerster Gefahr das Überleben sichern – womit dem adaptiven Wert der Selbsttäuschung eine natürliche Grenze gesetzt ist. Doch sind solche Situationen weitaus seltener als relativ geringfügige Streßerfahrungen im Alltag, die die körperliche Widerstandskraft verringern und denen durch Verdrängung angenehme psychische Ereignisse entgegengestellt werden können.[48]

Der Evolutionsbiologe Lionel Tiger zieht eine Parallele zwischen dem hirneigenen Morphium und religiösen Ansichten, Fortschrittsglauben, Kinderwunsch sowie Streben nach Geld oder Macht. Das alles würde uns helfen, den Schmerz der Gegenwart durch eine gewöhnlich trügerische, aber entschlossene Hinwendung zur Zukunft zu dämpfen. Tiger meint, ein Tier – vor allem eines, das sich bewußt ist, sterben zu müssen – könne Mühsal, Angst, Schwierigkeit und Qual des täglichen Lebens ohne irgendein System der Selbstberuhigung einfach nicht ertragen. In seinem Buch *Optimism: The Biology of Hope* stellt er die Überlegung an, die natürliche Auslese hätte deshalb die opiatähnlichen Substanzen im Gehirn hervorgebracht.[49] In der Tat ist das Immunsystem von «Optimisten» deutlich stärker als das von «Pessimisten». Leute, die sich als «Optimisten» bezeichnen, suchen beispielsweise seltener Ärzte auf und haben nur etwa halb so häufig eine Erkältung wie pessimistische Vergleichspersonen.[50]

Optimismus ist angenehm, weil das Gefühl der Vorhersagbarkeit zukünftiger Ereignisse vermittelt wird. Optimisten fühlen sich sicherer, da sie entweder annehmen, diese Welt sei ein Platz, an dem alle bekommen, was ihnen zusteht – durch gnädige externe Zuwendung, sprich göttliche Fügung –, oder da sie davon ausgehen, die Menschen könnten ihr Schicksal selbst in die Hand nehmen. Die Illusion, eine Situation zu kontrollieren, motiviert, eigene Ziele hartnäckig zu verfolgen. Optimisten steigen nicht so schnell aus dem Ring wie diejenigen, die dem Fatalismus huldigen. «Hilf dir selbst, so hilft dir Gott» – dieses Sprichwort umschreibt eine solche häufig anzutreffende Verknüpfung von Glauben an eigene Macht, die Zukunft planen zu können, mit Glauben an die helfende Macht göttlicher oder schicksalhafter Zuwendung. Eine der wichtigsten Funktionen religiöser Überzeugungen ist diejenige, höhere Mächte würden sich um uns kümmern und unser Leben habe damit einen Sinn. Ein solcher Glaube steht in starkem Gegensatz zur «Botschaft» der Evolutionsbiologie, daß dieses Leben recht eigentlich keinen Sinn hat, sondern daß die natürliche Auslese bei allen Organismen lediglich die Anpassungsfähigkeit an bestimmte Umweltbedingungen «herauskitzelt». Der Zweck des Lebens – im Sinne seiner Zweck-Ursache – besteht aus dieser Perspektive lediglich darin, Gene zu verbreiten: Der Zweck von Hühnern ist die Produktion von Eiern und der Zweck von Eiern ist die Produktion von Hühnern. Um eine berühmt gewordene Formulierung von Richard Dawkins zu gebrauchen: Individuen sind nichts als «Überlebensmaschinen», programmiert von Genen, um mehr Gene zu machen.[51]

Galionsfiguren des französischen Existentialismus wie Jean-Paul Sartre und Albert Camus haben sich lebenslang auseinandergesetzt mit der Absurdität eines Daseins, das sich – mit dem Hineingeborenwerden – plötzlich ungefragt vorfindet, jedes Sinnes bar. Hilfreich ist eine solch schonungslose Analyse indes bei der Bewältigung des Alltags nicht und noch weniger beim Blick in die Zukunft. Auch Konrad Lorenz – dem der Vorwurf, ein reduktionistischer Materialist zu sein, weniger leicht gemacht werden kann als Dawkins, Sartre oder Camus – stellte fest, der Mensch sei «mit allen seinen Belangen dem kosmischen Geschehen absolut gleichgültig».[52] Daß viele Leute sich wehren gegen eine derartige Bedeutungslosigkeit, die ihnen die Biologie ins Stammbuch schreibt, gehört ebenfalls zu den Vorhersagen der Evolutionstheorie. Denn – so fragen die Psychologen Dennis Krebs, Kathy Denton und Nancy Higgins rhetorisch – «was zeugt von besserer Angepaßtheit: der Glauben, dieses Leben sei bedeutungslos und man selbst insignifikant, oder der Glauben, man sei der Star in einem wichtigen Schauspiel?»[53]

Falscher Glauben neigt dazu, sich selbst zu bestätigen. Wenn wir an Horoskope glauben, werden wir diejenigen Vorhersagen mit Fleiß beachten, die eintreffen. Diejenigen, die nicht zutreffen – und das dürften die meisten sein –, werden wir rasch vergessen. Unsere Psyche verfügt darüber hinaus über einen Mechanismus, der Prophezeiungen hilft, sich selbst zu erfüllen, und der beispielsweise bei der Vorurteilsbildung am Werke ist: Humanethologen kennen das Phänomen der «doppelten Moral» bei der Unterscheidung von «In-Group» und «Out-Group». Vorurteile entwikkeln sich aus stereotypen Vorstellungen über Geschlechts- oder Rassenunterschiede, die häufig mit Bewertungen verknüpft werden und emotionale Reaktionen auslösen. So demonstrierten die Ergebnisse einer amerikanischen Studie, daß College-Studenten einen Essay höher einschätzten, wenn ihnen gesagt wurde, er sei von einem Mann geschrieben, als wenn sie meinten, eine Frau sei die Verfasserin. Ein Rassenfanatiker wiederum dürfte sich nichts dabei denken, wenn er einen gutgekleideten weißen Mann am hellichten Werktag auf einer Parkbank sitzen sieht; ist der Mann aber schwarz und ärmlich gekleidet, wird ihm wahrscheinlich Faulheit unterstellt.[54] Vorurteile haben typische Merkmale von «self-fulfilling-prophecies», die einen Teufelskreis der Selbstbestätigung in Gang setzen. Sie sind veränderungsresistent, da der Kontakt mit der Fremdgruppe gemieden wird und die stereotype Sichtweise oft auf irrationalen Annahmen beruht. Die Wahrnehmung verzerrt sich und die Aufmerksamkeit richtet sich selektiv auf Eigenschaften, die die vorgefaßte Meinung bestätigen. Ein Mensch wird nicht mehr als Einzelperson, sondern lediglich als Mitglied der negativen Gruppe wahrgenommen. Vorurteile sind von einer hartnäckigen Unzugänglichkeit gegenüber Fakten. Demagogen können deshalb durch ihr geschicktes Ausspielen leicht Haß und Feindseligkeit gegen irgendeine Fremdgruppe schüren.[55]

Der amerikanische Psychologe Gordon Allport illustrierte das in seiner Monographie *The Nature of Prejudice (Die Natur des Vorurteils)* aus dem Jahre 1954 durch einen Dialog: «Mr. X: Der Ärger mit den Juden ist, daß sie sich nur um ihre eigene Gruppe kümmern. Mr. Y: Der Finanzbericht der Gemeinde zeigt doch aber, daß sie im Verhältnis zu ihrer Zahl mehr für allgemeine Wohlfahrtseinrichtungen in der Gemeinde stiften als Nichtjuden. Mr. X: Da zeigt sich wieder einmal, daß sie immer versuchen, sich die Gunst anderer zu kaufen und sich in die Angelegenheiten der Christen einzumischen. Sie denken nur ans Geld. Deshalb gibt es so viele jüdische Bankiers. Mr. Y: Eine kürzlich durchgeführte Untersuchung zeigt aber, daß der Prozentsatz der Juden, die im Bankgeschäft tätig sind, minimal ist, weit kleiner als der Prozentsatz der Nichtjuden. Mr. X: Genau das ist es; anständige Arbeit interessiert sie überhaupt nicht. Nur im Filmgeschäft sind sie zu finden, oder sie haben Nachtklubs.»[56]

Wir haben Vorurteilsbildung soeben aus der Perspektive der Wirkursache beleuchtet. Zu ihren möglichen Funktionen, also Zweckursachen, könnten ursprünglich sicherheitsfördernde Mechanismen gehören. Organismen müssen oft auf Anhieb richtige Entscheidungen in lebenswichtigen Situationen treffen können. Insbesondere, wenn sie jung sind, reicht hierzu ihre Erfahrung nicht aus. Vor allem von Artgenossen, mit denen ein Individuum vertraut ist – das sind in der Regel seine Verwandten – und denen es entsprechend «vertrauen» kann, werden dann Stereotype übernommen. In diesem Sinne kann Vorurteilsbildung adaptiv sein und von der Selektion begünstigt werden.

Vorurteile sind natürlich auch in der mit einem Anspruch von Objektivität antretenden Wissenschaft am Werke, denn die Erwartungshaltung der Forscher beeinflußt zumindest manchmal ihre Ergebnisse. Der amerikanische Psychologe Robert Rosenthal führte mit 12 Psychologiestudenten ein Experiment durch, bei dem es angeblich um den Lernerfolg von 60 Albino-Ratten ging. Die eine Hälfte der Ratten schilderte Rosenthal als «dumm». Diese Tiere bräuchten lange, um durch ein Labyrinth den Weg zu einer Futterquelle zu finden. Die andere Hälfte der Ratten wurde als «klug»

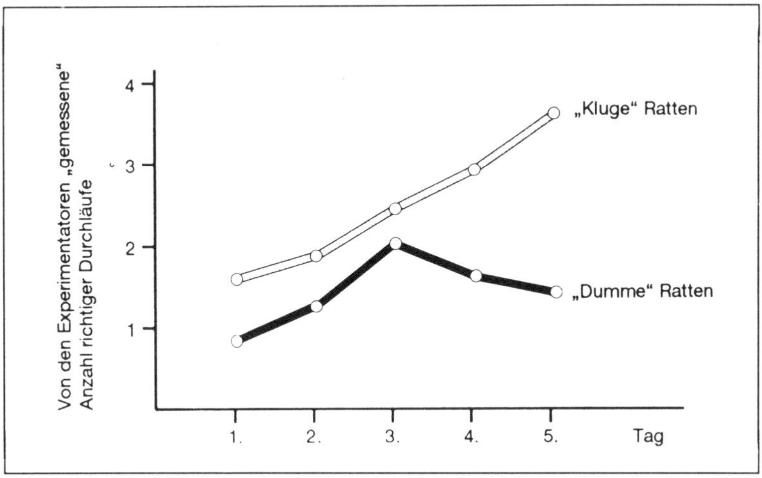

Abb. 23: Der Rosenthal-Effekt: die Erwartung des Experimentators beeinflußt das Ergebnis. In einem Labyrinth-Versuch wurden Ratten getestet. Die eine Hälfte war angeblich besonders klug, die andere Hälfte besonders dumm. In Wirklichkeit unterschieden sie sich überhaupt nicht.

beschrieben und als Ergebnis sorgfältiger Zuchtwahl hingestellt. In Wirklichkeit unterschieden sich die Ratten überhaupt nicht. Diejenigen Studenten, welche mit den «dummen» Ratten experimentierten, schätzten ihre Versuchstiere tatsächlich schlechter ein – und behandelten sie schlechter! – als ihre Kommilitonen, die die vermeintlich «klugen» Ratten testeten *(Abb. 23)*.[57]

Den «Rosenthal-Effekt» – die Macht von Prophezeiungen – demonstrieren auch Heilerfolge, die durch Placebos erreicht werden, durch Pillen, die keinerlei Wirkstoff enthalten außer dem Glauben des Hilfesuchenden. Placebo-Effekte wirken sogar in der Psychotherapie: Patienten, die an ihre Therapie glauben und an die Autorität ihres Therapeuten, haben bessere Heilerfolge.[58] In einem derartigen Zusammenhang sollte auch über die Beurteilung einer in den USA praktizierten Heilmethode zweimal nachgedacht werden: Dort wurden bislang die Dienste von Gebetsheilern – Kranke rufen eine Telefonnummer an und erhalten religiöse Fürbitten – durch die Krankenkassen honoriert. Die Krankenkassen wehren sich gegen die Praktik, doch ob sie weniger erfolgreich ist als die Schulmedizin, bleibt durchaus dahingestellt. Wer solche Methoden ablehnt, darf konsequenterweise auch kein *positives* Vorurteil haben gegenüber traditionellen Heilungszeremonien, wie sie bei Naturvölkern von Schamanen und Medizinmänner praktiziert werden.

Fazit: Falscher Glauben ist unter vielen Bedingungen adaptiver als richtiger Glauben. Die natürliche Selektion favorisierte deshalb – was der gute Christenmensch Georg Paul Hönn in seinem *Betrugslexicon* mithin zu Unrecht beklagt – den «Selbstbetrug, welcher / wie die Made den Käß / also aller Menschen Hertzen durchkreuchet».[59]

Das Flämmchen der Lebenslüge

Manipulierte Selbstdarstellung geht fließend über in Selbsttäuschung. Um die Jahrhundertwende bekräftigte der Psychologe W. Stern, daß echte Lüge nur dann vorliegt, wenn in der «Seele» des Aussagenden neben dem Sachverhalt W ein davon verschiedener Sachverhalt F vorhanden ist. Fehlt letzterer, so handelt es sich um «Irrtum». «Nach häufiger Überwindung von W und mehrfacher Reproduktion von F» kann der Komplex W verblassen und so sehr an Lebendigkeit verlieren, daß F ohne Hemmung reproduziert wird – «mit anderen Worten: daß der Lügner nun selbst an die Wahrheit der von ihm vorgebrachten Lüge glaubt».[60] Ähnlich deutete Sterns Zeitgenosse Otto Lipmann den Mechanismus der «Lüge gegen sich selbst». Hier würden gewöhnlich *Motive* einer Handlung manipuliert: Ein Mensch will nicht wahrhaben, daß er die Handlung aus rein egoistischen Absichten beging, und betrügt sich selbst, «bis er selbst von der Lauterkeit seines Charakters überzeugt ist», oder er will vor sich nicht bekennen, «daß er durch eigene Schuld aus seiner Stellung entlassen worden ist und redet sich schließlich mit Erfolg ein, daß er sie freiwillig aufgegeben hat».[61]

Der Erfolg eines Betrugsmanövers – das lehrten bereits die Theorien Erving Goffmans – hängt wesentlich ab von der Überzeugungskraft des Täuschenden. Daß die durch Selbsttäuschung entscheidend gesteigert werden kann, wird deutlich aus Berichten Karl Birnbaums – ebenfalls der Generation von Stern und Lipmann angehörig – zum «pathologischen Übergang von der Lüge zur Unwahrheit» – wobei unter «Unwahrheit» die «gutgläubig» vorgebrachte Falschangabe verstanden wird. Birnbaum sieht die Funktion der Selbsttäuschungstendenz in der «seelischen Eudämonie», welche den «psychopathischen Naturen» durch angenehme Vorspiegelungen über peinliche Realitäten des Lebens hinweghelfe: «Ein schöner Wahn, der mich beglückt, ist eine Wahrheit wert, die mich zu Boden drückt.»[62] Einer solchen Neigung geselle sich bei «pathologischen» Schwindlern eine besondere *Fähigkeit* hinzu, gegeben durch die ihnen eigene Autosuggestibilität. Unter dem Namen *Pseudologia phantastica* beschrieb der Schweizer «Irrenarzt» Anton Delbrück im Jahre 1891 eine besonders komplexe Form dieses eigenartigen Lügensymptoms.[63] Pseudologen vermögen sich «in jene Wunschphantasien und Selbsterhöhungsfabulationen, mit denen sie sich selbst und andere zu belügen und zu betrügen suchen, so hineinzudenken, hineinzufühlen, hineinzuversetzen, ja hineinzuleben, daß die Realität für sie mehr und mehr in den Hintergrund tritt und sie statt dessen in den Gebilden der eigenen Erfindungskraft, den Phantasieprodukten der Wünsche und Neigungen mehr und mehr aufgehen und diese in immer stärkerem Maße subjektive Wahrheit und Wirklichkeit für sie gewinnen». Eine derartige autosuggestiv erwirkte Überzeugung von der Wirklichkeit und Tatsächlichkeit des selbsterfundenen Lügenspiels verleiht den Schwindlern eine überzeugende Sicherheit und Unbefangenheit des Auftretens, «wie sie die bewußte Schauspielerei und Schwindelei kaum zu gewähren vermöchte».[64]

Birnbaum bezeichnet eine solche Fähigkeit als «abnorm» und «krankhaft», obgleich diese gesteigerte Selbstbeeinflußbarkeit, gekoppelt mit der Fähigkeit zur weitgehenden Selbsthingabe an die eigene Vorstellungswelt, ja durchaus nicht nachteilig sein muß. Birnbaum selbst referiert, wie eine angeblich «pathologische Natur» – ein Militärgefangener – im Laufe eines Strafverfahrens den Eindruck zu erwecken versuchte, er sei geisteskrank, um damit straffrei auszugehen[65] – ein Versuch, der durchaus nicht unbedingt einer Pathologie entspringen muß.

Aufschlußreich ist das Fallbeispiel eines «hochintelligenten psychopathischen Schriftstellers», über den folgendes berichtet wird: «Unbefriedigt von der Wirklichkeit, die ihm keine seinem Ehrgeiz, Selbstbewußtsein und Tatendrang entsprechende Stellung gewährte, und zugleich von dem Wunsch beseelt, seine schwärmerisch geliebte, kränkliche und sehr erregbare Mutter durch günstige Nachrichten zu beruhigen und zu erfreuen, wurde dieser psychopathische Mensch durch seine abnorm gereizte Einbildungskraft dahin geführt, im Reiche der Phantasie zu suchen, was die triste Wirklichkeit ihm versagte. Je trüber sich nun für ihn die realen Verhältnisse gestalteten, desto mehr entwickelte sich bei ihm das Bedürfnis, sich selbst durch Einbildung und seine Mutter durch angenehme Berichte darüber hinwegzutäuschen. Während er das Doktorexamen wegen pekuniärer Notlage nicht absolvieren konnte, erzählte er, er habe es bestanden. Während er in Nichtstun versank, gab er seinen Bekannten auf Anfragen über seine Tätigkeit all die hervorragenden Betätigungen und Leistungen an, die sie von ihm erwarteten.» In seiner Phantasie nahm der Pseudologe die Rolle des Sekretärs eines Bankdirektors an, eines ausgesprochen reichen Mannes und Wohltäters. Bekannte bewunderten seinen Erfolg und vertrauten ihm Kapital zur Geldanlage an. So kam er in den Besitz beträchtlicher Gelder.[66] Dieser Pseudologe erklärte später, nachdem die innerlich erlebte Scheinwelt auch für ihn zusammengebrochen war, warum selbst kritische Personen weitgehend auf seine Schwindeleien eingingen: «Sie fragen, wie die Leute es tun konnten, in diesem Umfange, kluge, welterfahrene Kaufleute, Geschäftsmänner, Egoisten? Nun denn: weil ich was ich sagte, nicht als Täuschung, nicht als Vorspiegelung gab, sondern weil ich an mich *glaubte.* Das Raffinement hätte im Laufe der Zeit einer erkannt unter den vielen, die selbstehrliche Einfalt fand das Zutrauen, das alle selbstgewisse Überzeugung so sicher entflammt, wie der Funke das dürre Holz. Ich habe mich diesen Leuten gegenüber – um Ihnen dies nochmals zu wiederholen – nie im Gewissen bedrückt gefühlt, sondern hatte die ganze Zeit das Bewußtsein, ihnen etwas Großes, Gutes zu erweisen. Was ich log, was so viel Unheil anrichtete, war nur der wahrste Ausdruck meines Wahn-Ichs.»[67]

In den Dramen von Henrik Ibsen wimmelt es von Figuren, deren ganze Lebenslinie einer Lüge gleicht. «Wenn Sie einem Durchschnittsmenschen seine Lebenslüge nehmen, so bringen Sie ihn gleichzeitig um sein Glück.» So äußert sich der liberale Doktor Relling in Ibsens Bühnenstück *Die Wildente,* um zugleich klarzumachen, worin er als Arzt seine Aufgabe sieht: «Ich sorge dafür, daß das Flämmchen der Lebenslüge in ihm nicht erlischt.» Hjalmar Ekdal glaubt an seine aufopfernde Arbeit für die Familie, die er zu seiner Mission macht. Die selbstgestellte Lebensaufgabe befreit ihn davon, sich mit seiner eigenen Unfähigkeit auseinanderzusetzen und wirklich etwas leisten zu müssen. Die Lebenslüge wird für ihn zum lebenserhaltenden Prinzip – symbolisiert durch eine flügellahme Wildente, die auf dem Dachboden lebt und deren Lebensweise Hjalmar unbewußt als die eigene begreift: «Sie ist fett geworden. [...] Sie hat das richtige wilde Leben vergessen; und nur darauf kommt es an.» Der Versuch, ihn von der Lebenslüge zu befreien, kommt dem Auspusten des Flämmchens gleich.[68] Die Repräsentanten der Lebenslüge versuchen mit eben derselben Hilfe, störende Gedankenkomplexe zu verdrängen. So hält sich der Titelheld eines anderen Ibsen-Dramas, der wegen Veruntreuung mit Gefängnis bestrafte und daraufhin von allen gemiedene, später von allen vergessene John Gabriel Borkman durch den Glauben aufrecht, er allein könne das monumentale Werk einer Industrialisierung des Landes ausführen. In seinem stillen Zimmer schreitet er gleich einem gefangenen Wolf seit acht Jahren Tag und Nacht auf und ab, stets festlich gekleidet in steter Erwartung jener Abordnung, welche ihn bitten wird, die Führung des Projektes zu übernehmen.[69]

Die Erkenntnis, daß Lüge selbst in der «gegen» das Ego gerichteten Form – als Selbsttäuschung – unter Umständen vorteilhaft sein kann, hat in der Psychotherapie ein Umdenken eingeleitet. Nicht länger kann das unbedingte Ziel einer Behandlung darin bestehen, der Wahrheit einen Weg ins Bewußtsein zu bahnen. Der an der Universität Basel wirkende Kinderarzt und Psychotherapeut Udo Rauchfleisch hält bereits den Begriff «Lebens-*Lüge*» für unglücklich gewählt (und im übrigen wäre er im Sinne der augustinischen Definition ja nur dann korrekt, läge der Täuschung eine Absicht zur Falschaussage zugrunde). Wenn Bezugspersonen unter dem Deckmantel «moralischer» Entrüstung einen Menschen zur Aufgabe seiner Lebenslüge bewegen wollen, sei in vielen Fällen die wahre Triebfeder ihrer scheinbaren Besorgnis ein aggressiver Impuls. «Moralischer Druck und Wahrheitsfanatismus können vielmehr den Menschen, dessen Lebenslüge von der Umgebung rücksichtslos zerschlagen wird, tatsächlich in den Tod treiben.»[70]

Udo Rauchfleisch schildert aus seiner psychotherapeutischen Praxis Fälle, in denen die Lebenslüge eine stabilisierende Funktion hatte. Bei einem vielfach straffälligen jungen Mann, der sich als Kind eines berühmten Artistenpaares ausgab, fungierte sie als «Kompensation eines narzißtischen Defizits». Einem gescheiterten Studenten wiederum half sie, seine Eltern zu kontrollieren – sprich: sie leiden zu lassen.[71] Lebenslügen vermögen die Persönlichkeit zu stabilisieren und im Extremfall gar eine lebensrettende Funktion zu erfüllen. Deshalb hält Rauchfleisch es für fragwürdig, vereinfachend von «Pathologie» zu sprechen. Eindeutige Unterscheidung zwischen «pathologischer Lebenslüge» und «normalem Selbstbild» sei in der Praxis schwierig und darüber hinaus auch theoretisch fragwürdig. Folgerung: «Erst wenn – etwa im Rahmen einer Psychotherapie – neue, tragfähige Koordinaten aufgebaut worden sind, darf man es wagen, die bisher als Basis dienende Lebenslüge mit der Realität zu konfrontieren und behutsam abzubauen.»[72]

Wir werten Lebenslügen, Familienmythen und verzerrte Selbstbilder oft vorschnell als Schutzmechanismen, die lediglich Lebensuntüchtige und Schwache nötig haben. In Wahrheit umgibt vermutlich jeder Mensch sein Ich mit einem Schutzwall von Ansichten und Überzeugungen über die eigene Person. Der amerikanische Biologe Gregory Bateson (1904–1980) hob in seinen Werken zur ökologischen Anthropologie hervor, es existiere für alles eine optimale Größe, jenseits der alles schädlich werde. Das gilt für Zuckerkonsum, Sauerstoff und Schlaf ebenso wie für Psychotherapie und Philosophie. Der Publizist Heiko Ernst ergänzte, es gäbe wohl auch ein optimales Gleichgewicht zwischen Verleugnung und Wahrheit: «Wahrheit um jeden Preis, die Entlarvung einer Lebenslüge ohne Berücksichtigung der Folgen kann gefährlich werden.» Denn: «Wahrheit führt nicht automatisch zur Katharsis, darüber sind sich die meisten Therapeuten heute einig.»[73]

Der in Spanien geborene und in den USA wirkende Philosoph George Santayana (1863–1952) war der Überzeugung, «Masken» seien «bewahrter Ausdruck und bewundernswertes Echo des Fühlens, zugleich wahrheitsgetreu, zurückhaltend und übersteigert. Lebende Wesen, die der Luft ausgesetzt sind, brauchen eine Schutzhaut, und niemand wirft es der Haut vor, daß sie nicht das Herz ist; dennoch scheinen es manche Philosophen den Bildern zu verübeln, daß sie nicht die Dinge selbst sind, und den Worten, daß sie nicht die Gefühle sind.»[74] Friedrich Nietzsche jedenfalls gehörte nicht zu dieser Art Philosophen. Am Ende seiner Abhandlung *Über*

Wahrheit und Lüge im außermoralischen Sinn entwirft er das Bild eines stoischen Menschen. Während dieser ansonsten nur Aufrichtigkeit, Wahrheit und Freiheit von Täuschungen sucht, legt selbst er im Unglück ein Meisterstück lebenserhaltender Verstellung ab: «Er trägt kein zuckendes und bewegliches Menschengesicht, sondern gleichsam eine Maske mit würdigem Gleichmaße der Züge, er schreit nicht und verändert nicht einmal seine Stimme: wenn eine rechte Wetterwolke sich über ihn ausgießt, so hüllt er sich in seinen Mantel und geht langsamen Schrittes unter ihr davon.»[75]

Achtes Kapitel

Irrung und Wirrung beim Liebeshändel

Täuschung und Selbstbetrug im Sexualbereich

Ihr Weisen, hoch und tief gelahrt,
Die ihr's ersinnt und wißt,
Wie, wo und wann sich Alles paart?
Warum sich's liebt und küßt?
Ihr hohen Weisen, sagt mir's an!
Ergrübelt, was mir da,
Ergrübelt mir, wo, wie und wann,
Warum mir so geschah?

Gottfried August Bürger[1]

Metaphysik der Geschlechtsliebe

«Wozu der Lerm? Wozu das Drängen, Toben, die Angst und die Noth? Es handelt sich ja bloß darum, daß jeder Hans seine Grethe finde.»[2] Arthur Schopenhauer zitiert diese Frage in seinem Werk *Die Welt als Wille und Vorstellung* als Problem jener Leute, die den Grund der Liebeshändel *nicht* verstanden haben. Denn, wie der Philosoph im Kapitel ‹Metaphysik der Geschlechtsliebe› ausführt, er selbst meint, der Wichtigkeit der Sache seien «Ernst und Eifer des Treibens vollkommen angemessen». Im Herbst des Jahres 1842, als er den zweiten Band seines Opus magnum vollendete, lag die Evolutionstheorie zwar bereits in der Luft, doch sollten weitere 17 Jahre vergehen, ehe Charles Darwin *Die Abstammung der Arten* veröffentlichte. Um so verblüffender ist – und offenbar bisher von niemandem gewürdigt –, daß Schopenhauer nicht nur die von Darwin herausgearbeiteten Grundprinzipien der geschlechtlichen Zuchtwahl vorwegnimmt. Er erkennt sogar die Bedeutung der unterschiedlichen Reproduktionspotentiale der Geschlechter, auf deren Implikationen für das Verhalten von Männern und Frauen Robert Trivers erst im Jahre 1972 mit Nachdruck hinwies und die die Grundlage sind für mancherlei mutmaßliche Täuschungs- und Selbsttäuschungsmanöver im Sexualverhalten.[3]

Schopenhauer verficht die Ansicht, der Endzweck aller Geschlechtsliebe sei «wirklich wichtiger, als alle andern Zwecke im Menschenleben, und daher des tiefen Ernstes, womit Jeder ihn verfolgt, völlig werth». Es gehe um Reproduktion: «Das nämlich, was dadurch entschieden wird, ist nichts Geringeres, als die Zusammensetzung der nächsten Generation.» Das ganze Drumherum bei der Partnerwahl – «thörichte Heirath», «Liebeshändel», die Vermögen, Ehre und Leben kosten, selbst «Verbrechen, wie Ehebruch, oder Nothzucht» – deutet Schopenhauer ganz im Sinne dessen, was heute als «Wirkursache» bezeichnet wird. Die nicht notwendigerweise bewußte «Zweckursache» – welche Schopenhauer «Endzweck» nennt – ist jedoch stets die Fortpflanzung: «Daß dieses bestimmte Kind erzeugt werde, ist der wahre, wenngleich den Theilnehmern unbewußte Zweck des ganzen Liebesromans: die Art und Weise, wie er erreicht wird, ist Nebensache. [...] Nur sofern man diesen Zweck als den wahren unterlegt, erscheinen die Weitläufigkeiten, die endlosen Bemühungen und Plagen zur Erlangung des geliebten Gegenstandes, der Sache angemessen.»[4]

Schopenhauer führt dann einen Begriff ein, der nach heutigem Verständnis alles Verhalten antreibt und dem Richard Dawkins mit seinem Buch *Das egoistische Gen* aus dem Jahre 1976 gesteigerte Aufmerksamkeit verschaffen sollte: «Der Egoismus ist eine so tief wurzelnde Eigenschaft aller Individualität überhaupt, daß, um die Thätigkeit eines individuellen Wesens zu erregen, egoistische Zwecke die einzigen sind, auf welche man mit Sicherheit rechnen kann.»[5]

Ein Eckpfeiler der Verhaltensökologie ist die Erkenntnis, daß die «Kosten» der Reproduktion für die Geschlechter unterschiedlich sind. Bei Säugetieren – einschließlich der Spezies *Homo sapiens* – haben Männchen und Weibchen unterschiedliche reproduktive Potentiale: Ein Männchen kann im Laufe seines Lebens im Prinzip weitaus mehr Nachkommen zeugen, als ein Weibchen je zur Welt zu bringen vermag, denn jede Geburt ist ja mit entsprechend langer Schwangerschaft und Stillzeit verknüpft. Mulai Isma'il, Sultan Marokkos im frühen achtzehnten Jahrhundert, ging ins Guiness-Buch der Rekorde ein, weil er mit 888 Kindern eine unübertroffene Anzahl von Nachkommen gezeugt haben soll. Nur wenige Frauen dürften hingegen je mehr als 20 Kinder geboren haben. Die offiziell beglaubigte Spitzenmarke liegt bei «nur» 69, ebenfalls im achtzehnten Jahrhundert, allerdings von einer russischen Bäuerin aufgestellt: Sie brachte nach 27 Schwangerschaften sechzehnmal Zwillinge, siebenmal Drillinge und viermal Vierlinge zur Welt.[6]

Welch dramatische Konsequenzen die «Kann-Bestimmung» – daß Männchen im Prinzip sehr viele Nachkommen zeugen *können* – für das männliche Geschlecht hat, erkannte Charles Darwin klar. Da es «dem weniger erfolgreichen Bewerber nicht gelingt, ein weibliches Wesen zu gewinnen», und er «infolgedessen weniger oder keine Nachkommen erzeugt», werden die Männchen in eine gnadenlose Rüstungsspirale hineingetrieben. In seinem Werk *Die Abstammung des Menschen und die geschlechtliche Zuchtwahl* aus dem Jahre 1871 wies Darwin auf das Resultat solcher «sexuellen Selektion» hin: «Die männlichen Individuen zeichnen sich gegenüber den weiblichen durch ihre bedeutendere Größe, Stärke und Kampfeslust aus, ihre Angriffs- oder Verteidigungsmittel gegen Nebenbuhler.»[7] Für Darwin bestand kein Zweifel, daß nicht nur der «wilde

Eber mit seinen großen Hauern» und der «Elefant mit seinen ungeheueren Stoßzähnen» sich mehrere Weibchen zu verschaffen versucht, sondern daß auch «die bedeutendere Größe und Stärke des Mannes im Vergleiche mit der Frau, in Verbindung mit seinen breiteren Schultern, seiner entwickelteren Muskulatur, seinen eckigen Körperumrissen, seinem größeren Muthe» durch «den Erfolg der stärksten und kühnsten Männer in ihren Streits um Frauen» entstanden, «welcher ihnen das Hinterlassen einer zahlreicheren Nachkommenschaft als ihren weniger begünstigten Brüdern sicherte».[8]

Konkurrenz unter männlichen Geschlechtsgenossen – die Grundvoraussetzung für «intrasexuelle Selektion» – wird also im wesentlichen dadurch hervorgerufen, daß sich Investition in Nachkommen bei Männchen im Extremfall auf Insemination beschränken kann, während es für Weibchen mit der energetisch sehr aufwendigen Schwangerschaft und Laktation verbunden ist. Aus einer derartigen Asymmetrie leitet sich eine wichtige Vorhersage für das Sozial- und Sexualleben von Frauen und Männern ab: Das Verhalten von Männchen dürfte von der natürlichen Selektion hin zu einer Tendenz zu häufigerem Wechsel der Partnerin modelliert worden sein, während Weibchen eher zu Partnertreue neigen dürften, da sie ja ihren Reproduktionserfolg durch Partnerwechsel nicht in gleichem Maße steigern können.[9] Dieses fundamentale Prinzip arbeitete Arthur Schopenhauer ebenfalls bereits in aller Schärfe heraus. Der auf das «Erzeugende gerichtete Instinkt» bewirke, «daß der Mann von Natur zur Unbeständigkeit in der Liebe, das Weib zur Beständigkeit geneigt ist. Die Liebe des Mannes sinkt merklich, von dem Augenblick an, wo sie Befriedigung erhalten hat: fast jedes andere Weib reizt ihn mehr, als das, was er schon besitzt: er sehnt sich nach Abwechselung. Die Liebe des Weibes hingegen steigt von eben jenem Augenblick an. [...] Der Mann nämlich kann, bequem, über hundert Kinder im Jahre zeugen, wenn ihm eben so viele Weiber zu Gebote stehn; das Weib hingegen könnte, mit noch so vielen Männern, doch nur *ein* Kind im Jahr (von Zwillingsgeburten abgesehn) zur Welt bringen. Daher sieht er sich stets nach andern Weibern um; sie hingegen hängt fest dem Einen an: denn die Natur treibt sie, instinktmäßig und ohne Reflexion, sich den Ernährer und Beschützer der künftigen Brut zu erhalten.» Schopenhauer rechtfertigt dann die für viele Kulturen typische «doppelte Moral» bei der Verurteilung männlicher und weiblicher Seitensprünge: «Demzufolge ist die eheliche Treue dem Manne künstlich, dem Weibe natürlich, und also der Ehebruch des Weibes, wie objektiv, wegen der Folgen, so auch subjektiv, wegen der Naturwidrigkeit, viel unverzeihlicher als der des Mannes.»[10]

Die Kriterien der Partnerwahl sind der nächste Aspekt, bei dessen Behandlung Schopenhauer Weitsicht beweist, um so mehr, als die von ihm herausgearbeiteten Punkte nahezu deckungsgleich mit gegenwärtig heiß diskutierten Erkenntnissen der Verhaltensforschung sind. Für den Mann sei die oberste «Wahl und Neigung leitende Rücksicht» das Alter der Frau: «Im Ganzen lassen wir es gelten von den Jahren der eintretenden bis zu denen der aufhörenden Menstruation, geben jedoch der Periode vom achtzehnten bis achtundzwanzigsten Jahre entschieden den Vorzug. Außerhalb jener Jahre hingegen kann kein Weib uns reizen: ein altes, d. h. nicht mehr menstruirtes Weib erregt unsern Abscheu. Jugend ohne Schönheit hat immer noch Reiz; Schönheit ohne Jugend keinen. – Offenbar ist die hierbei uns unbewußt leitende Absicht die Möglichkeit der Zeugung überhaupt: daher verliert jedes Individuum an Reiz für das andere Geschlecht in dem Maaße, als es sich von der zur Zeugung oder zur Empfängniß tauglichsten Periode entfernt.» Schopenhauer nimmt hier das Konzept des «Reproduktionswertes» vorweg, der für einen je gegebenen Zeitpunkt des Lebens die Anzahl der nach den Gesetzen der Wahrscheinlichkeit noch zu erwartenden Nachkommen umschreibt. Bei weiblichen Säugetieren erreicht der Reproduktionswert um die Geschlechtsreife einen Höhepunkt, um dann mit zunehmendem Alter langsam abzusinken.[11] Ein weiteres männliches Wahlkriterium sieht Schopenhauer in der Gesundheit einer potentiellen Partnerin: «Akute Krankheiten stören nur vorübergehend», während chronische abschrecken, «weil sie auf das Kind übergehn.»[12]

Unter die weiblichen Kriterien bei der Partnerwahl – jene «unbewußten Rücksichten», welche «die Neigung der Weiber» steuern – fällt, daß Frauen Männern im Alter von 30 bis 35 Jahren den Vorzug geben, «namentlich auch vor dem der Jünglinge, die doch eigentlich die höchste menschliche Schönheit darbieten». Hauptsächlich aber «gewinnt sie die Kraft und der damit zusammenhängende Muth des Mannes: denn diese versprechen die Zeugung kräftiger Kinder und zugleich einen tapferen Beschützer derselben» – Eigenschaften, welche die Verhaltensforschung unter dem Begriff des «resource holding potential» zusammenfaßt, der sozio-ökonomischen Potenz des männlichen Partners. Hinzu kommen weitere psychische Eigenschaften: «Vorzüglich ist es Festigkeit des Willens, Entschlossenheit und Muth, vielleicht auch Redlichkeit und Herzensgüte, wodurch das Weib gewonnen wird.»[13]

Diese Feststellung Arthur Schopenhauers bestätigen Untersuchungen unter Studenten amerikanischer Universitäten. Dabei wurde deutlich, daß Männer bei der Partnerwahl größeren Wert auf physische Anzeichen von Jugendlichkeit und Gesundheit legen, während Frauen mehr die gegenwärtige und potentielle materielle Situation zukünftiger Partner interessiert.[14]

Entsprechend ist es für Männer wie Frauen gleichermaßen dienlich, diejenigen Attribute in günstiges Licht zu rücken, die dem anderen Geschlecht begehrenswert scheinen, wobei auch vor Falschinformationen nicht zurückgeschreckt werden sollte: Diese Voraussage testeten die Psychologen William Tooke und Lori Camire von der Staatsuniversität New York durch Befragung von 78 weiblichen und 32 männlichen Studienanfängern. Sie baten die Kandidatinnen und Kandidaten um Auskunft, welche Handlungen oder Strategien ihrer Meinung nach nützlich wären, um begehrenswerter zu erscheinen, als es der Fall ist. 94 der Vorschläge gingen in eine «Taxonomie der Täuschung» ein, die den Studenten erneut vorgelegt wurde mit der Bitte, sie auf sich selbst zu beziehen. Die Ergebnisse wurden zunächst ausgewertet hinsichtlich «intersexuellen Verhaltens», also der Präsentation gegenüber Mitgliedern des jeweils anderen Geschlechts. Verglichen mit Frauen trachteten Männer öfter danach, sich in besserer ökonomischer Situation zu präsentieren, als sie waren, und sie übertrieben den Grad ihrer Freundlichkeit, Ehrlichkeit und Vertrauenswürdigkeit. Männer hatten signifikant höhere Punktzahlen bei beispielsweise folgenden Kategorien: «Ich gebe Geld aus für Frauen, auch wenn ich es mir eigentlich nicht leisten kann»; «ich führe Angehörige des anderen Geschlechts irre hinsichtlich meiner zukünftigen Karrierechancen»; «ich präsentiere mich Angehörigen des anderen Geschlechts gegenüber vertrauenswürdiger und rücksichtsvoller als ich bin»; «ich gebe vor, an einer festen Beziehung interessiert zu sein, auch wenn ich es nicht bin»; «ich zeige mich an Sex uninteressiert, auch wenn es mir wirklich durch den Kopf geht». Aus Angaben von Frauen ließ sich ablesen, daß sie häufiger als Männer ihre körperliche Erscheinung zu verschönern trachteten. Sie erreichten signifikant höhere Punktzahlen bei beispielsweise folgenden Kategorien: «ich benutze Make-up im Gesicht, trage falsche Fingernägel und benutze Nagellack, um meine Hände attraktiver aussehen zu lassen, als sie sind»; «ich gehe ins Solarstudio, um mich bräunen zu lassen»; «ich trage Stöckelschuhe und engere Kleidung, um schlanker auszusehen»; «ich ziehe meinen Bauch ein, wenn Angehörige des anderen Geschlechts in der Nähe sind».

Falschangaben im «intrasexuellen» Kontext – also Aussagen von Männern gegenüber anderen Männern – hatten einen anderen Schwerpunkt. Männer gaben sich gegenüber Geschlechtsgenossen als sexuell erfahrener und beliebter aus, als sie waren. Typische Aussagen waren etwa: «ich übertreibe die Zahl von Sexpartnern»; «ich versuche, maskuliner zu wirken, als ich bin»; «in Gegenwart männlicher Bekannter grüße ich Frauen, die ich gar nicht kenne, um beliebter zu wirken, als ich bin»; «ich trage viele Kondome mit mir herum, um aktiver zu wirken». Frauen benutzten deutlich weniger Täuschungsmanöver im intrasexuellen Kontext – und das macht der Theorie gemäß auch Sinn. Männer können durch Ausstechen von Konkurrenten weitaus mehr erreichen als Frauen, die nicht an mehreren Partnern interessiert sind, sondern an einem einzigen – dafür aber mit gehobenen Qualitäten. Es macht zudem Sinn, daß Männer sich nur gegenüber anderen Männern als sexuell freizügig und beliebt präsentieren, um ihren Dominanzstatus zu unterstreichen. Da Frauen solches Verhalten gerade nicht schätzen, zeigen sich Männer ihnen gegenüber von einer ganz anderen Seite und übertreiben hinsichtlich ihrer sozioökonomischen Möglichkeiten und ihrer Verläßlichkeit.[15]

Interessanterweise schilderte Georg Paul Hönn in seinem *Betrugslexicon* ganz ähnliche Täuschungsmanöver, die den Voraussagen der Evolutionstheorie gut entsprechen. Demnach betrügen Bräute, «wenn sie sich jünger und reicher, als sie in der That sind, gegen ihre Freyer ausgeben», und «wenn sie mit garstigen Kranckheiten, fallender Seuche und heimlichen Leibes-Gebrechen behaftet sind, und solche denen Freyern verschweigen». Zudem scheuen Frauen nicht davor zurück, um einer besseren Partie willen den bisherigen Bewerber stehen zu lassen, indem «sie einen oder den andern lange an der Nase herumziehen, und immer vertrösten, daß sie solche heyrathen wollen, bald aber, da sie ein besser Glück vor sich sehen, selbige wiederum abandonniren». Männer auf Freiersfüßen betrügen, indem «sie sich vor sehr reich ausgeben, und auch eine Zeitlang mit erborgtem Geld einen grossen Staat von sich machen, nur damit sie diejenige Person, so sie gerne zur Ehe hätten, desto eher gewinnen mögen». Eine gute Position läßt sich auch vortäuschen, indem «sie sich vor graduirte Personen, oder Leute höhern Standes und Characters, als sie sind, ausgeben, um das Frauen-Zimmer, daß sich an academischen und anderen Ehren-Tituln bisweilen vergaffet, desto mehr anzukörnen». Manche Männer zeigen ihr wahres Gesicht erst, «wenn sie unter dem Versprechen der Heyrath eine Weibs-Person zu Falle bringen, hernach aber solche wiederum verlassen und auf und davon gehen».[16]

Brüste, Hüften und heimlicher Eisprung

Menschenfrauen unterscheiden sich von Weibchen nicht-menschlicher Primaten durch stark vergrößerte Brüste. Bei Affen und Menschenaffen – mit Ausnahme vielleicht des Bonobo – schwellen die Brüste nur während der Stillzeit an und sind ansonsten unauffällig. Beim Menschen sind die Brüste hingegen nicht notwendig an Mutterschaft gekoppelt. Sie zeichnen sich bereits während der Pubertät und auch nach dem Abstillen deutlich ab.[17]

Was könnte die Funktion des ungewöhnlichen Merkmales sein? Der britische Zoologe Desmond Morris postulierte in seinem 1967 erschienenen Bestseller *Der nackte Affe*, die halbkugelig vorgewölbten Brüste seien «sicherlich Kopien der fleischigen Hinterbacken». Diese sexuellen Ersatzsignale seien notwendig geworden, weil beim Menschen die Begattung nicht wie bei Affen und Menschenaffen von rückwärts erfolge durch «dorso-ventrales» Aufreiten der Männchen, sondern weil Menschen sich üblicherweise ventro-ventral paaren, also sich auf frontalen Sex von Bauch zu Bauch umgestellt hätten.[18] Eine derartige Mimikry-Theorie läßt sich jedoch leicht widerlegen: Zum einen funktionieren Begattungen a tergo – von hinten – auch bei solchen Primatenarten bestens, bei denen die Weibchen gar keine Schwellungen der Genitalregion aufweisen – wie bei Gorillas, Gibbons oder Languren. Zum anderen paaren sich auch die mit auffälligen Genitalschwellungen ausgestatteten Weibchen von Bonobos häufig von Angesicht zu Angesicht mit ihren Partnern.[19]

Andere Evolutionsbiologen sehen in den weiblichen Brüsten ein Signal an potentielle Paarungspartner, daß künftige Kinder optimal mit Milch versorgt werden könnten. Die Brüste wären also ein Resultat sexueller Zuchtwahl und zeigten den Männchen an, daß sich ein Bemühen um dieses spezielle Weibchen mit ihrer (einen guten Fortpflanzungserfolg verheißenden) Anatomie lohnt.[20] Auch Arthur Schopenhauer spekulierte bereits, eines der männlichen Kriterien bei der Partnerinnenwahl sei «eine gewisse Fülle des Fleisches, also ein Vorherrschen der vegetativen Funktion, der Plasticität; weil diese dem Fötus reichliche Nahrung verspricht: daher stößt große Magerkeit uns auffallend ab. Ein voller weiblicher Busen übt einen ungemeinen Reiz auf das männliche Geschlecht aus: weil er, mit den Propagationsfunktionen des Weibes in direktem Zusammenhang stehend, dem Neugeborenen reichliche Nahrung verspricht. Hingegen erregen übermäßig fette Weiber unsern Widerwillen: die Ursache ist, daß diese Beschaffenheit auf Atrophie des Uterus, also auf Unfruchtbarkeit deutet; welches nicht der Kopf, sondern der Instinkt weiß.»[21]

Schopenhauer erkennt ganz richtig, daß nicht allein Brüste weibliche Fruchtbarkeit anzeigen könnten, sondern auch andere Körperteile mit entsprechender «Plasticität» – beispielsweise die Hüften. Bobbi Low, Richard Alexander und Katharine Noonan von der Universität Michigan haben Stützen für die Vermutung zusammengetragen, daß breite Hüften unkomplizierte Schwangerschaft und leichte Geburt signalisieren.[22] Damit stünde nun Tür und Tor offen für weibliche Täuschungsmanöver: Große Brüste sind nur dann verläßliche Anzeiger künftiger Milchleistung, wenn sie aus Milchdrüsengewebe bestehen, nicht jedoch, wenn ihre Form auf Fetteinlagerung zurückgeht. Das gleiche gilt für Hüften, deren Weite nur dann auf ein «gebärfreudiges Becken» schließen läßt, wenn die Hüftweite mit Durchlässigkeit des Geburtskanales korreliert, statt durch ringförmige Fetteinlagerung erreicht zu werden. Zwar läßt auch der Grad der Einlagerung von Unterhautfett Rückschlüsse zu auf den künftigen Fortpflanzungserfolg. So ist beispielsweise bekannt, daß neugeborene Kinder von Frauen mit moderaten Fettreserven ein höheres Geburtsgewicht haben und bessere Überlebensaussichten als Kinder von sehr mageren Frauen.[23] Wäre Unterhautfett jedoch ein stets verläßliches und «ehrliches» Signal der energetischen Reserven, dann sollte es nicht an solchen Stellen des Körpers gespeichert werden, die Anlaß zur falschen Vorstellung geben, es handele sich um Milchdrüsengewebe und breite knöcherne Bekkenringe. Deshalb sehen Low, Alexander und Noonan in Fetteinlagerungen der Brüste und Hüften eine Möglichkeit, mit der Frauen einen optimalen Ernährungszustand vortäuschen können, auch und gerade, wenn ihre Fähigkeiten zu Milchproduktion und leichtem Gebären weniger ausgeprägt sind. Es könnte also sein, daß Brüste und Hüften zumindest manchmal falsche Informationen übermitteln, über die Frauen versuchen, Männer mit üppigem materiellen Potential an sich zu binden – Männer, die in Frauen mit verheißungsvollen reproduktiven Aussichten investieren möchten.[24]

Ein weiteres Charakteristikum des Sexualverhaltens beim Menschen bereitet Evolutionsbiologen seit langem Kopfzerbrechen: die Beobachtung, daß der direkte Zusammenhang zwischen Koitus und Fortpflanzung weitgehend aufgehoben ist. Frauen können sexuell aktiv sein, wenn Befruchtung ausgeschlossen ist – während der unfruchtbaren Tage des Zyklus ebenso wie während der Schwangerschaft, der Stillzeit, nach dem Klimakterium oder vor der Geschlechtsreife. Der Eisprung kündigt sich weder – wie bei anderen Affenarten – durch Schwellungen der Genitalregion an, noch durch unmißverständliche Verhaltensänderungen.

Schimpansinnen entwickeln um die Zeit der Zyklusmitte auffällige rosa Schwellungen der Ano-Genital-Region, die etwa 10 Tage anhalten, um den Zeitpunkt der Ovulation besonders ausgeprägt und für Männchen außerordentlich attraktiv sind (Abb. 24): «Eine chaotische Zeit brach an, als Mutter Flo und Tochter Fifi einmal gleichzeitig ‹rosig› wurden», berichtet Jane Goodall über die von ihr studierte Schimpansenpopulation im Gombe-Park. «Während dieser für die Männchen strapaziösen acht Tage zogen die Schimpansen in einer großen Gruppe von über zwanzig Tieren umher. Eines Tages saß ich bei Goliath und David Greybeard, die einander friedlich lausten. Plötzlich starrte Goliath aufmerksam über das Tal, und Sekunden später folgte David seinem Blick. Selbst ich entdeckte mit bloßem Auge bald etwas, das wie eine große rosa Blüte aussah, die in einem dichtbelaubten Baum schimmerte. Im Nu waren die beiden Männchen auf den Beinen und entfernten sich rasch durch das Dickicht. Wenig später sah ich, wie sich Goliath und David in den Baum schwangen, die Zweige schüttelten und sich mit dem Weibchen paarten.»[25] Weibchen können mittels dieser «Flagge» also ganze Gruppen von Bewerbern um sich versammeln und erhöhen so die Wahrscheinlichkeit, an ein Männchen mit guter genetischer Ausstattung zu geraten.

Zu welchem Resultat es führt, wenn Weibchen durch das Prinzip der geschlechtlichen Zuchtwahl beständig die Konkurrenz anheizen, schilderte Darwin eindrücklich: «Genauso wie der Mensch imstande ist, die Hähne seiner Geflügelzucht zu verschönern, so vermögen auch die weiblichen Vögel in der freien Natur während langer Zeit dauernder Wahl die Schön-

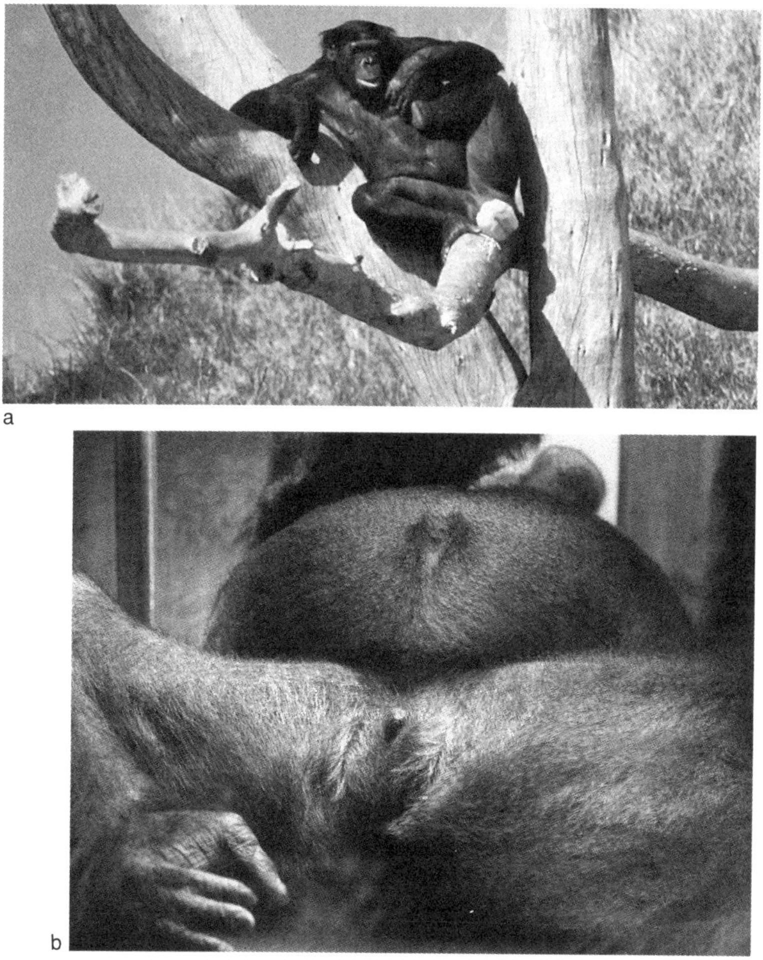

Abb. 24: (a) Bei den Weibchen vieler Primaten-Spezies werden die fruchtbaren Tage durch Schwellungen der Ano-Genital-Region angezeigt – wie hier bei einem Bonobo-Weibchen. Die auffälligen Schwellungen stacheln die Konkurrenz unter Männchen an. Beim Menschen ist dieses äußerliche Signal zugunsten einer «heimlichen Ovulation» verschwunden – vielleicht ein Trick der Weibchen, um die Männchen hinsichtlich ihrer Befruchtungsaussichten im dunkeln tappen zu lassen. (b) Wenn ein einziges Männchen mehrere Weibchen monopolisiert – wie es etwa in den Haremsgruppen von Gorillas der Fall ist –, dann «verzichten» die Weibchen auf Schwellungen. Bei den Männchen haremsbildender Arten förderte die natürliche Selektion vor allem die Körpergröße, mit der im Vorfeld der Paarung Rivalen aus dem Feld geschlagen werden. Bei den Genitalien konnte entsprechend «gespart» werden, weshalb der größte lebende Primat – der Gorilla – den kleinsten Penis in bezug auf seine Körpergröße hat.

heit der am meisten anziehenden männlichen Individuen und andere wohlgefällige Eigenschaften zu steigern.»[26] Schimpansenweibchen halten es offenbar für eine «wohlgefällige Eigenschaft», wenn sich Bewerber nicht nur durch Imponiergehabe wie Ästeschütteln und Fellsträuben eindrücklich präsentieren, sondern zugleich ihr Geschlechtsteil sehen lassen. Der erigierte Schimpansenpenis ist im Mittel acht Zentimeter lang und hebt sich dank rosa Färbung deutlich von der umgebenden weißen Haut ab. Da sich auch der Beste nicht in Ruhe paaren kann, wenn es dem Nachbarn nicht gefällt, haben Schimpansen den «Quickie» perfektioniert: Der Koitus dauert sieben bis acht Sekunden. Männchen können nach durchschnittlich 8,8 Beckenstößen ejakulieren – und zwar in zehn Minuten drei Mal.[27] Schwellungen sind typisch für Primatenarten, die in promisken, also «sexuell freizügigen» Paarungssystemen leben. So stiften nicht nur weibliche Schimpansen, sondern auch brünstige Weibchen von Savannenpavianen oder Makaken mit auffälligem Hintern unter den jeweils vielen Männchen ihrer Gruppe Unruhe.[28]

Bei den harembildenden Gorillas und bei den Orangs, wo ein Männchen die Wohngebiete mehrerer Weibchen kontrolliert, ist hingegen das Wer-mit-Wem definitiv kanalisiert. Jedes ausgeklügelte Werbeverhalten wäre Energieverschwendung – Energie, die über Nahrung gedeckt werden müßte und bei der Rivalenabwehr fehlen könnte. Inmitten seines Harems sitzt ein Gorillamann oft in einer geradezu «kontemplativen Buddha-Pose» – so charakterisieren die britischen Primatologen Alexander Harcourt und Kelly Steward die eher stoischen Szenarien beim Sex: «Ein brünstiges Weibchen bleibt nahezu unbeachtet, bis es sich praktisch in die Arme des Männchens begibt.» Der erigierte Penis des größten aller lebenden Primaten ist unauffällig schwarz gefärbt und mißt ganze drei Zentimeter. Beim Orang ist es ein magerer Zentimeter mehr. Da niemand dazwischenfunken kann, währt der Koitus beim Gorilla ruhige anderthalb Minuten, beim Orang gar eine Viertelstunde. Bei beiden Arten «verzichten» die Weibchen auf Schwellungen – sie könnten ohnehin kein anderes Männchen als den Haremshalter anlocken. Auch für monogame Arten wie die Gibbons gilt das Prinzip «ein Mann – kein Tamtam».[29]

Warum die Weibchen von *Homo sapiens* eine «heimliche Ovulation» haben, wird seit fünfundzwanzig Jahren heiß diskutiert. Welche der zahlreichen konkurrierenden Spekulationen die richtige ist, kann bislang niemand entscheiden. Beinahe alle Erklärungen sehen jedoch bewußte oder unbewußte Täuschungsmanöver (oder gar Selbsttäuschung) der Frauen am Werke. Wiederum war es Desmond Morris, der dem Phänomen als einer der ersten Wissenschaftler verstärkte Aufmerksamkeit angedeihen ließ. Morris brachte die «sexuelle Dauerrezeptivität» mit der Paarbindung in Zusammenhang. Im Laufe der Evolution des Menschen seien die Neugeborenen immer hilfloser geworden, da starre angeborene Verhaltenselemente mehr und mehr durch Lernanteile in einer verlängerten Kindheit ersetzt wurden. Frauen mit abhängigen Kindern konnten sich aber nicht allein ernähren. Um sicherzustellen, daß jede Frau einen Aufzuchtpartner fand, mußten die Paarbindungen zementiert werden. Das geschah durch häufigen Sex, auch außerhalb der Ovulationsphase. Der sollte, Morris zufolge, «die Paarbindung dadurch vertiefen, daß die Begattung den Partnern wechselseitig Lust verschafft».[30] Die Hypothese ist allerdings recht wackelig: Männchen und Weibchen anderer Primatenspezies sind zu verbindlichem Miteinander fähig, ohne daß häufige Sexualkontakte nötig wären. So helfen etwa bei den Siamangs – nahen Verwandten der Gibbons – die Männchen intensiv bei der Jungenaufzucht, obwohl die Weibchen nur alle zwei bis drei Jahre kurz sexuell empfänglich werden.[31] Mit der Abhängigkeit der Frauen von der Versorgung durch Männer spekuliert auch der Psychologe Donald Symons von der Universität Kalifornien. Er meint, die in menschlichen Urgesellschaften lebenden Frauen seien konstant sexuell attraktiv geworden, um sich und ihren Kindern gezielt Zugang zur Jagdbeute der Männer zu verschaffen. Er weist auf die Schimpansen hin, bei denen meist kleine Gruppen von Männchen gemeinsam Affen, Gazellen oder Buschschweine aufscheuchen, fangen und zerreißen. Wenn Fleisch abgegeben wird, erhalten solche Schimpansinnen häufiger einen Brocken, die gerade sexuell empfänglich sind und das durch auffällige Genitalschwellungen signalisieren.[32]

Ein derartiges Szenario leistet auch der Theorie Vorschub, Frauen könnten sich durch Vortäuschen falscher Tatsachen beim Sex gezielt Vorteile verschaffen, was Richard Alexander und Katharine Noonan im Jahre 1979 zu bedenken gaben: «Die heimliche Ovulation entwickelte sich beim Menschen, weil Frauen begehrenswerte Männer dadurch lange genug in eine Paarbindung drängen konnten.» Wären Männer fähig, den Eisprung bei Frauen auszumachen, würden sie nur an den fruchtbaren Tagen mit ihnen verkehren und ansonsten – ihrer bereits von Schopenhauer erkannten Neigung zum Partnerwechsel folgend – weitere Frauen zu schwängern versuchen. Wenn Frauen ihre Paarungsbereitschaft zeitlich gleichmäßig verteilen und ihre Ovulation verheimlichen, dann muß ein Mann aus Furcht vor Seitensprüngen alle Nächte bei ihr bleiben. «Zugleich» – betonen die beiden Zoologen – «wird der Mann sicherer, daß die Kinder tatsächlich von ihm gezeugt wurden.» Eine erhöhte Vaterschaftssicherheit motiviert Männer aber entsprechend stärker, in die Aufzucht der Kinder zu investieren.[33] Dieses Modell hat gewisse Erklärungskraft auch für die konstant großen Brüste: Würden sie nur während Schwangerschaft und Stillzeit anschwellen, wären sie ein deutliches Signal für unfruchtbare Perioden und könnten Seitensprungtendenzen neu beleben.

Beverly Strassmann von der Harvard Universität geht bei ihren anders gelagerten Überlegungen davon aus, daß in der menschlichen Urgesellschaft Vielweiberei geherrscht habe: Einige Männchen hätten mehrere Weibchen monopolisiert, etliche Männchen wären leer ausgegangen; etliche andere von den Subordinierten hätten nur wenige Kinder gezeugt, um die sie sich jedoch intensiv zu kümmern pflegten. Als aber die neugeborenen Menschenkinder zunehmend hilfloser wurden, gewann die tatkräftige Assistenz durch Männchen immer mehr an Bedeutung. Ein lediglich auf Steigerung seiner Kopulationsfrequenz bedachter Haremshalter, und wäre er körperlich noch so stark, war da von wenig Nutzen. Subordinierte Männchen wurden nach dieser Logik für die Weibchen immer interessanter. Indem sie ihre Ovulation verheimlichten, seien die Weibchen einerseits weniger attraktiv für die dominanten, der Vielweiberei huldigenden Männchen geworden. Damit, so Strassmann, erlangten sie die Möglichkeit, auch mit niedrigrangigeren Erzeugern eine Aufzuchtsgemeinschaft aufzubauen.[34] Die Zoologin Nancy Burley schließlich stellt eine Verbindung her zwischen der heimlichen Ovulation einerseits und dem Geburtsschmerz, den Mühen des Stillens und der Kinderaufzucht andererseits. Burley ist der Auffassung, daß Frauen, ginge es nach ihnen, lieber weniger Kinder in die Welt setzen würden, als es ihre Männer und Verwandten wünschen. Die natürliche Selektion aber vereitele dieses Bestreben, indem der Zeitpunkt der Ovulation für die Frauen unvorhersagbar wird[35] – eine Theorie, die allerdings nur von wenigen Biologen geteilt wird. Denn es ist kaum vorstellbar, daß die Selektion die Ausbildung einer «fortpflanzungsfeindlichen» Psyche zulassen würde, nur um dann diese Erfindung mit einem Trick unwirksam zu machen.

Aus welchem Grunde auch immer sich ein heimlicher Eisprung beim *Homo sapiens* entwickelte: Sind Frauen sich des Zeitpunktes ihrer Ovulation bewußt und trachten sie ihn zu verbergen, dann haben sie mit verräterischen Signalen zu kämpfen, die ihres Partners Mißtrauen schüren. Eine solche Gefahr dürfte sich in dem Maße vergrößert haben, wie im Laufe der Hominisation intellektuelle Fähigkeiten besser ausgebildet wurden, speziell die Möglichkeit sprachlicher Kommunikation, und damit die Gefahr, sich zu «versprechen». Wird jedoch Information über die eigenen fruchtbaren Tage nicht im Bewußtsein gespeichert, dürften Täuschungsmanöver größere Aussicht auf Erfolg haben – ein Gedankengang, der die Entwicklung von Selbstbetrug voraussagt. Frauen, die sich ihrer Ovulation nicht bewußt sind, *können* Mitglieder ihrer Sozialgemeinschaft nicht darüber informieren. Die Männer würden so von der periodisch wiederkehrenden Bürde befreit, auffällig ovulierende Weibchen beständig gegen Rivalen verteidigen zu müssen, und es würden Verhaltensmuster begünstigt wie das Zusammenleben in Paaren, das Teilen und die auf gegenseitigem Vertrauen beruhende Kooperation zwischen Gruppenmitgliedern.[36]

James Spuhler von der Universität Neu Mexiko ist einer jener Wissenschaftler, die keinen Zusammenhang zwischen sexueller Dauerrezeptivität und eventuellen Täuschungsmanövern sehen: «Weibchen unserer Spezies haben einen höheren Blutspiegel an Androgenen» – männlichen Sexualhormonen – «als Rhesusäffinnen und Schimpansinnen, weil die natürliche Selektion Männer und Frauen an ausdauerndes aufrechtes Gehen und Rennen angepaßt hat.» Ausdauer brauchten Urmänner bei der Jagd, Urfrauen aber für kilometerlange Sammelgänge und das Schleppen von Lasten und Kindern. Spuhler argumentiert weiter, Androgene würden wirken wie Anabolika – sie fördern das Muskelwachstum, steigern aber zugleich die Libido, die Intensität von erotischen Phantasien, Empfindungen und Handlungen. Frauen wären demnach aus ungefähr den gleichen Gründen kontinuierlich sexuell interessiert, die dazu geführt haben, daß Männer Brustwarzen haben: Es wäre ein hormoneller Nebeneffekt.[37]

Gegenwärtig konzentriert sich das Forschungsinteresse auf die Frage, *wie* kontinuierlich eigentlich die «Dauer»-Rezeptivität von Menschenfrauen ist. Zum einen finden nämlich etliche Studien keinen Zusammenhang zwischen Zyklusphasen und sexueller Aktivität. Manche Untersuchungen – jedoch durchaus nicht alle – meinen dagegen, ein um den Eisprung herum gesteigertes sexuelles Interesse feststellen zu können. Zum anderen können Frauen während verschiedener Phasen des Zyklus sehr unterschiedliche Stimmungen haben, so daß ihre Sinneswahrnehmungen einschließlich des Geruchsempfindens und der kognitiven Fähigkeiten je nach Zyklusphase gesteigert oder getrübt sein können. Solche Schwankungen sind jedoch potentielle Indikatoren des Eisprunges und können das Muster des Sexualverhaltens deutlich beeinflussen. Lediglich das Fehlen einer «Östrusschwellung» wäre demnach nicht ausreichend, um die Ovulation effektiv vor sich selbst und anderen zu verheimlichen.[38]

Schließlich steht der Mensch nicht alleine mit der Tendenz zu mehr oder weniger zyklusunabhängigem Sexualverhalten. Auch bei manchen Affen und Menschenaffen – insbesondere bei Bonobos – kann es zu Paarungen außerhalb der Ovulationsphase kommen. Tatsächlich wird auch den Weibchen nicht-menschlicher Primaten unterstellt, daß sie Männchen hinsichtlich ihrer reproduktiven Möglichkeiten so an der Nase herumführen. Weibchen könnten beispielsweise mehrere Männchen «glauben machen», sie seien der Vater ihres Nächstgeborenen, und die Männchen zu Schutz oder Toleranz ihrem Kinde gegenüber veranlassen.[39] Daß ein derartiges Verhalten vorkommt, ist bereits Georg Paul Hönns *Betrugslexicon* zu entnehmen, welches auf betrügerische Bräute verweist, die «als Jungfern mit Cräntzen und Musique in die Kirche gehen, ohnerachtet sie ihrer Jungferschafft beraubet, und bald nach der Hochzeit das Wochen-Bett aufschlagen lassen müssen».[40] Auch in diesem Zusammenhang läßt sich über die Funktion großer Brüste spekulieren: Da sie einen nicht-ovulatorischen reproduktiven Zustand signalisieren – Schwangerschaft oder Stillzeit –, mögen sie die Intensität der Partnerüberwachung durch das Männchen verringert haben, was es den Weibchen einfacher macht, anderweitige Paarungskontakte aufzunehmen.[41]

Wem derartige Überlegungen zu spekulativ sind, der sei auf handfestere Betrugsmöglichkeiten im Zusammenhang mit Partnerwahl und Fortpflanzung hingewiesen. Gemäß dem *Betrugslexicon* betrügen beispielsweise Hochzeitsgäste, «wenn sie ihren Nachtbarn in deren Abwesenheit die Laibgen Brod oder Braten heimlich von Tellern wegnehmen, vorgebende, die Hunde müßten es verzehret haben» ...[42]

Neuntes Kapitel

Sprache verkleidet den Gedanken

Vom höflichen Heucheln und heiteren Fabulieren

Ob ich denn die Wahrheit sagen würde, bin ich neulich gefragt worden. «Nein», antwortete ich wahrheitsgemäß. «Das glaub' ich Ihnen nicht», sagte daraufhin mein Gesprächspartner. Da konnte ich ihm auch nicht helfen.

Henryk Broder[1]

Der gute Ton der Unwahrheit

La menteuse – die Lügnerin – ist ein lakonisches Idiom des Französischen für die Sprache. Mit *prating cheat* – schwatzhafte Betrügerin – findet sich im Englischen ein ebenfalls wenig schmeichelhaftes Pendant, während das Deutsche vor dem «Schlangenbetrug der Sprache» warnt.[2]

Zweifellos, die Sprache ist das gerissenste Werkzeug der Lüge. Da mag noch so eindringlich insistiert werden, im Garten Eden hätte vor dem Erfolg der Schlange jedes Wort für bare Münze genommen werden können – die negativen Alltagserfahrungen haben tiefes Mißtrauen geschürt gegen Worte, die Schall und Rauch sind, gegen Wörter, mit denen einem ein X für ein U vorgemacht wird.

Große Geister aus Kultur und Politik haben dieses Unbehagen immer wieder thematisiert. In William Shakespeares Drama *Heinrich V.* wird dem Schöpfer geklagt: «Mein Gott! Die Sprachen der Menschen sind voller Betrügereien!»[3] Voltaire wiederum kommt zu einem ganz ähnlichen Schluß in seinem Dialog *Der Kapaun und das Masthuhn*. Für die Menschen hat das Federvieh wenig übrig, denn sie «benutzen ihre Worte nur, um ihre Gedanken zu verbergen».[4] Meisterhaft Zeugnis hiervon läßt Molière den Prototypen des Heuchlers ablegen – Tartüff –, der insofern ein besonderer Lügner ist, als das Objekt der Lüge seine eigene Person ist. Während der Lügner einen Tatbestand fälscht, fälscht der Heuchler sein eigenes Wesen.[5] Aufgrund der Erfahrung, daß Heucheln und Hehlen im Staatsdienste entschuldigt, ja erwartet wird, zog der wegen seines diplomatischen Geschicks berühmte und um die nationale Einigung Italiens bemühte Politiker Benso Cavour (1810–1861) eigene Konsequenzen: «Endlich habe ich es gelernt, die Diplomatie zu täuschen – ich sage die Wahrheit, und niemand glaubt sie mir.»[6] Einer der an der Sprache an sich speziell interessierten Philosophen der Moderne, Ludwig Wittgenstein (1889–1945), warnte in seinem *Tractatus Logico-Philosophicus* aus dem Jahre 1922: «Die Sprache verkleidet den Gedanken. Und zwar so, daß man nach der äußeren Form des Kleides nicht auf die Form des bekleideten

Gedankens schließen kann; weil die äußere Form des Kleides nach ganz anderen Zwecken gebildet ist, als danach, die Form des Körpers erkennen zu lassen.»[7]

Besonders kleidsam und verführerisch kommt der sprachliche Gedanke in schriftlicher Form daher, was während der Reformationszeit von dem Satiriker Johann Fischart (1546–1590) in seiner Spruchsammlung *Aller Praktik Großmutter* bündig zusammengefaßt wurde zu «Die Lügen ist getruckt, darumb ist sie geschmuckt».[8] In diese Schelte zog Fürst Bismarck während einer Sitzung des preußischen Herrenhauses vom 13. Februar 1869 auch ein seinerzeit neues Kommunikationsmedium ein: «Es wird vielleicht auch dahin kommen, zu sagen: er lügt wie telegraphiert.»[9] Wie schließlich heutige Massenmedien in die Irre führen, hat einer zusammengetragen, der es wissen muß – der langjährige Leiter der Hamburger Journalistenschule, Wolf Schneider, in einem Buch mit dem programmatischen Titel *Unsere tägliche Desinformation.*[10]

Kein Zweifel – Mißtrauen ist angebracht beim Hören, Lesen, Zuschauen. Zuweilen allerdings erwarten wir geradezu, nicht die nackte Wahrheit erfahren zu müssen. Denn die ungeschminkte Wahrheit wäre zu schmucklos, um nicht zu sagen: beleidigend. Was hingegen sich ziemt, darüber klärt uns der Baccalaureus im zweiten Teil des *Faust* auf: «Im Deutschen lügt man, wenn man höflich ist.»[11] In seinem Beitrag für den Sammelband *Die Lüge* setzte sich Friedrich Kainz mit eben jenem Phänomen auseinander, das «konventionelle Lüge» genannt wird und zu der gesellschaftliche Rücksicht auch den aufrichtigsten Menschen nötigt. Vielmehr zeichnet sich guter Ton dadurch aus, daß wir schonend umschreiben oder gar das Gegenteil unseres Empfindens verlautbaren. «Hochachtungsvoll» unterzeichnen wir Briefe selbst an die verhaßtesten Mitmenschen. Bei der konventionellen Lüge hilft uns die Sprache durch ihre «Jahrtausende alte Kondensation von Lebensgewohnheiten und Kulturformen» – kurz: «Die Sprache des guten Tons denkt und lügt für uns.»[12]

Empfahl sich jemand in wilhelminischer Gepflogenheit als «Ihr Diener», so bedeutete das selbstredend nicht «Ich bin ihr Diener», sondern die höflich-konventionelle Fiktion meinte: «Betrachten sie mich so, als ob ich es wäre.» Nicht wahrheitsgemäß ist gleichfalls der Pluralis majestatis in der höflichen Anrede, dessen sich sowohl das Deutsche wie das Französische und Englische befleißigen – «Sie», «vous», «you» –, wird doch auf eine Einzelperson die Pronominal- und Verbalform einer Mehrheit angewandt. Konventionell gelogen wird auch bei der Verwendung von «Herr», «monsieur» und «Sir». Diese heute auf Hinz und Kunz angewandten Floskeln gehen zurück auf ehemals ernsthafte Titel der Ältestenwürde, etwa das lateinische *senior* oder das altdeutsche *heriro.* Geradezu groteske Formen hat – wie Kainz feststellt – «der Wiener Boden gezeitigt», wo prinzipiell jeder mit einem Titel *über* seinem Stand angeredet wurde.[13]

Die Litotes – das Zuwenig-Sagen – gilt in vielen Gesellschaftsschichten als gutes Stilmittel des höflichen Gesprächs, in dem es nicht erlaubt ist, die Meinung eines Gesprächspartners direkt abzulehnen.[14] Nur graduell unterscheidet sich diese Konvention von einer Litotes, die der echten Lüge ziemlich nahekommt – beispielsweise in der Reklame, die oft vom Zuwenigsagen lebt: «Die Preise sind bis zu 70 Prozent herabgesetzt ...» – das läßt geschickt offen, ob nicht 95 Prozent der Preise genau blieben, wie sie waren. Strafbar ist eine solche Praktik nicht, da erwartet wird, daß der Kunde den Charakter derartiger wirtschaftlicher Werbeformen erkennt.[15] Auch die mediale Meinungsmache bedient sich dieser Methode. Drei Tage vor der Bundestagswahl am 6. März 1983 überschritt die Zahl der Arbeitslosen in der Bundesrepublik Deutschland zweieinhalb Millionen. Meldete die der Regierung kritisch gegenüberstehende *Frankfurter Rundschau* «Arbeitslosenzahl auf Rekordhöhe», so war der Aufmacher der regierungskonformen Tageszeitung *Die Welt* ein typisches Beispiel für Zuwenig-Sagen: «Im Februar weniger Arbeitslose als erwartet.»[16] Breiten Raum in der Palette konventioneller Lügen nehmen auch Euphemismen ein, schönfärberische Umschreibungen, zu denen wir etwa Zuflucht nehmen, wenn wir zu prüde sind, die Funktionen des Körpers oder die Tätigkeit des Geschlechtsverkehrs beim Namen zu nennen. Euphemismen verschleiern überdies unangenehme Fakten – weshalb wir beispielsweise von einer Alkoholikerin sagen, «sie trinkt» und von einem Gefängnisinsassen «er sitzt».[17]

Während revolutionärer Umbrüche wird die Verlogenheit der Konventionen stets aufs neue an den Pranger gestellt, zu Zeiten des deutschen ‹Sturm und Drang› ebenso wie während der 68er-Bewegung. Die Gefühlskälte und innere Unwahrheit der konventionellen Phrasen wurde attakkiert, Anstößiges, bislang verschämt umschrieben, mit Vorliebe provozierend unverhüllt genannt.[18] Wer die konventionelle Lüge allerdings pauschal verdammen möchte, sei daran erinnert, daß sie eine «Scheidemünze des menschlichen Verkehrs» ist, daß ein heuchlerisch-freundliches Gesicht, eine liebenswürdige Redensart oder eine kleine Ausrede sich und anderen manche Peinlichkeit erspart. Kinder wenden die konventionelle Lüge wenig an, können sie doch oft noch nicht einschätzen, daß der andere beim Anhören einer Wahrheit Schmerz empfinden muß. Konventionelle Lügen – so hat es Isidora von Behr-Brunetti auf den Punkt gebracht – «sind gewissermaßen das Öl, das die komplizierte Maschine der menschlichen Gesellschaft reibungslos laufen läßt, und als solches sind sie uns völlig unentbehrlich geworden».[19] Zu welchen Kränkungen es führen kann, wenn der freundliche Schein zugunsten einer rauhen Wahrheit geopfert wird, verdeutlicht eine Geschichte, die den Rigorismus der rabbinischen Sittengesetze widerspiegelt. Bei der Anekdote geht es um das, was der *Talmud* «Diebstahl der (guten) Meinung» nennt: «Als der berühmte

Gelehrte Mar Sutra nach einer fremden Stadt kam, begegneten ihm vor den Toren Rabba und Rab Safra, die zufällig des Weges dahinschritten. Mar Sutra, der glaubte, sie seien ihm zu Ehren erschienen, sprach zu Ihnen: ‹Wozu haben die Herren sich bemüht?› Und Rab Safra erwiderte: ‹Wir wußten nicht, daß der Herr kommen wird, wir waren nur zufällig hier, hätten wir es freilich gewußt, so würden wir uns gewiß die Mühe genommen haben, ihn zu begrüßen.› Darauf Rabba zu Rab Safra: ‹Du hättest ihm das nicht sagen sollen; es hat ihn gekränkt.› Doch Rab Safra erwiderte: ‹Wir durften ihn doch nicht täuschen.›»[20]

Weil der Prozeß der Konventionalisierung ständig fortschreitet, werden Redewendungen, die heute gebraucht werden, gerade um sie als nichtkonventionell zu kennzeichnen, bei häufigem Gebrauch ihres Sinngehaltes entkleidet. Der Briefschluß «in aufrichtiger Ergebenheit», vor sechzig Jahren gang und gäbe, würde heute überzogen und geradezu ironisch klingen. Die beständige Wiederholung von Redewendungen schleift sich ab im Laufe der Zeit, mechanisiert sie rasch und läßt sie zu bloßen Formeln erstarren. Eine solche Mechanisierung jedoch ist gerade nützlich. Denn wir sparen erheblich Energie, weil wir nicht bei jeder Anwendung darüber nachdenken müssen, was die Floskel ursprünglich bedeutet. Das Aussprechen einer konventionellen Lüge wird deshalb durch eine abweichende innere Stellungnahme nicht gehemmt.[21] Übrigens hat bereits Friedrich Nietzsche einen grundsätzlichen sprachlogischen Skeptizismus vertreten. Konventionen galten ihm nicht als Erzeugnisse des Erkenntnis- und Wahrheitssinnes. Er wies darauf hin, daß wir lediglich glauben, etwas von den Dingen selbst zu wissen, dabei aber nichts als Metaphern der Dinge haben, die den ursprünglichen Wesenheiten ganz und gar nicht entsprechen: «Die Wahrheiten sind Illusionen, von denen man vergessen hat, daß sie welche sind, Metaphern, die abgenutzt und sinnlich kraftlos geworden sind, Münzen, die ihr Bild verloren haben und nun als Metall, nicht mehr als Münzen, in Betracht kommen.» «Wahrhaft» sein, das hieß für Nietzsche, die usuellen Metaphern und Sprachformen benützen, also «nach einer festen Konvention zu lügen, herdenweise in einem für alle verbindlichen Stile zu lügen».[22]

Der Linguist Harald Weinrich hat die Sprache gegen den Vorwurf der «Sprachverführung» verteidigt, demzufolge unser Denken sich in sprachlichen Bahnen bewegt, weshalb die Lügen der Sprache auch unser Denken zum Lügen zwängen. Denn wenn rhetorische Figuren wie Euphemismen und die Formeln der Höflichkeit oder Ironie als sprachliche Lügen aufgefaßt würden, dann bliebe der Wahrheit «in der Sprache nur noch eine schmale Gasse» – nämlich «der blanke Aussagesatz, den die Logik liebt». Augustin sei da ein besserer Sprachwissenschaftler gewesen, habe er doch die böse Lüge wohlweislich von kultivierter Rede unterschieden, die lediglich ein «Andersreden» sei. Lüge liege eben erst da vor, «wo das Andersreden von einer bewußten Täuschungsabsicht begleitet ist».[23] «Nur der gänzlich Unkundige» – stellt auch Rudolph von Ihering fest – «kann die üblichen Höflichkeitsphrasen [...] für bare Münze nehmen, er gleicht dem Kinde, das in blanken Rechenpfennigen Goldstücke erblickt.»[24]

Nutzen der Ammenmärchen

Amos Comenius stimmt in seinem Mitte des 17. Jahrhunderts verfertigten pansophischen Werk *Informatorium der Mutterschule* Platon zu, der nicht habe gestatten wollen, «daß man vor Kindern Märlein und erdichtete Fabeln erzähle». Denn wenn ein Kind «gewöhnt wird, Lügen für Kurzweil zu halten, so gewöhnt es sich selbst ans Lügen».[25] Ähnlich unerbittlich gibt sich der pietistische Theologe und Pädagoge August Hermann Francke (1663–1727), der dafür plädiert, Zöglinge streng zu beaufsichtigen und alle Fröhlichkeit zurückzudrängen. Zu verhindern sei, «daß die Kinder die Märlein und andere Fratzen von denen alten Weibern oder Gesinde anhören, wodurch die Kinder gleichsam mit Fleiß zum Lügen gewöhnet werden».[26]

Die Vertreter solch sauertöpfischer Ethik stehen allerdings ziemlich allein, vertritt doch sogar der gestrenge Augustinus eine deutlich entspanntere Position in der Frage, ob die Lust am Fabulieren zu verwerfen sei. Zwar rechnet Augustinus bisweilen Scherzlügen zu jener Art von Lügen, die nicht ohne Schuld sind, wenngleich diese nicht groß ist.[27] Im entsprechenden Hauptwerk – *De mendacio* – zeigt er sich aber milder gestimmt: «Sehen wir von Scherzen ab, die man niemals für Lügen gehalten hat! Allzu deutlich lassen ja Ton und Stimmung schon des Scherzenden wahre Meinung erkennen, wobei eine Täuschung keinesfalls vorliegt, mag auch die Unwahrheit gesagt werden.»[28] Julius Jacobovits, der im Jahre 1914 eine Dissertation über *Die Lüge im Urteil der neuesten deutschen Ethiker* vorlegte, resümiert, was viele zeitgenössische Geisteswissenschaftler einschließlich der im Geiste des Augustinus wandelnden Katholiken meinen: «Indem durch die Scherzlüge keine falsche Vorstellung erregt und auch kein Vertrauen getäuscht wird, kommen für sie die Kategorien Wahrhaftigkeit und Lüge gar nicht in Betracht.»[29] Harald Weinrich hat denn auch die Preisfrage der Deutschen Akademie für Sprache und Dichtung vom Jahre 1964 – «Kann Sprache die Gedanken verbergen?» – in seinem preisgekrönten Essay *Linguistik der Lüge* verneint, jedenfalls in bezug auf die Dichtung. Nicht etwa, weil keine Täuschungsabsicht da wäre, denn die Dichter hätten die erklärte Absicht zu dichten. «Aber es sind, wenn Dichtung Lüge ist, immer auch die Lügensignale da.» Wer eine Lügendichtung liest, wer einem Märchen lauscht, erhält beständig formale und inhaltliche Signale, die ihm klarmachen, daß die Rede eine «Lügenrede» ist. Die volle Information aber – Lügenrede *und* Lügensignal – deckt sich mit den verheimlichten Gedanken. Wer auf der Bühne Carlo Goldonis im Jahre 1753 veröffentlichte Komödie *Il Bugiardo – Der Lügner* – sieht, wird von Arlecchino, dem Diener des venezianischen Kaufmannssohns Lelio, recht bald nach Beginn eingeweiht, es wären dicke Lügen zu erwarten. Arlecchino wundert sich, wie jemand «so viele Verrücktheiten erfinden und so viele Lügen sagen» kann, ohne sie jemals durcheinanderzubringen. Doch Lelio verwahrt sich gegen diese Sicht: «Dummkopf! Das sind keine Lügen! Das sind geistvolle Erfindungen, die der Fruchtbarkeit meines raschen, glänzenden Witzes entspringen. Wer die Welt genießen will, muß sie zu nehmen wissen. Und das erste Gebot heißt: Keine Gelegenheit versäumen!» Daß wir eine solche Haltung nachvollziehen können, eben darauf wurde unser Gehirn im Laufe seiner stammesgeschichtlichen Entwicklung bestens eintrainiert. Und jedenfalls dann, wenn wir Publikum sein dürfen, ergänzen Lügenrede und Lügensignal einander trefflich.[30]

Augustinus hatte aus ähnlichen Gründen auch die Metaphern benutzende Sprache vom Vorwurf der Lüge freigesprochen, etwa wenn wir «von einem ‹Saatenmeer›, einem ‹Edelsteinfunkeln des Weinstockes›, einer ‹blühenden Jugend›, einem ‹schneeweißen Greisenhaar›» sprechen –, obgleich wir bei den Gegenständen, auf die wir diese Bezeichnungen übertragen, «zweifelsohne Meeresfluten, Edelsteine, Blüte und Schnee nicht finden».[31] So hätte wohl auch Johann Wolfgang von Goethe Gnade gefunden vor den Augen des Kirchenvaters, als er sich inspirieren ließ «an einem der schönen Tage, an welchen der scheidende Winter den Frühling zu *lügen* pflegt»[32] – hier ist das «Lügen» selbst zur Metapher sublimiert.

In diesem Zuge sei ein Seitenhieb erlaubt gegen eine Zunft von Informanten, die sich bemüht, ihre Botschaft möglichst ohne Umschweife und in gewählt karges Vokabular zu verpacken: die Wissenschaftler, welche als desto seriöser gelten, je seltener sie Metaphern benutzen. Je weiter ihre Sprache «von jener Sprache entfernt ist, die den Musen lieb ist» – klagt Harald Weinrich –, um so «wissenschaftlicher» gilt der Beitrag zur Erkenntnis.[33] Demnach hat dieses Bemühen seine Tücken. Weil die in der Dichtung üblichen Lügensignale fehlen, mag der Eindruck entstehen, hier werde pure Wahrheit verkündet. Indes ist es ein Allgemeinplatz, daß auch die Sprache der Wissenschaft ein Kind ihrer jeweiligen Zeit ist. Der Metaphern entkleidet, tendiert sie sogar dazu, mehr Wahrheit vorzutäuschen, als vorhanden ist – ganz ohne Vorwarnung. Demgegenüber ist die Lektüre der Wissenschaftsprosa eines Konrad Lorenz – auch wenn der Inhalt Anlaß zu mancherlei Kritik bietet – geradezu eine Wohltat. Gerade weil sie sich der Umgangssprache bedient – «entgegen aller Modevorschriften eines Akademismus, der seine Banalität hinter der Gestelztheit objektloser Kunstworte zu verbergen sucht», wie sein ehemaliger Mitarbeiter Norbert Bischof feststellt –, fühlt sich der aufmerksame Leser gewarnt und nicht betrogen.[34]

Beim Fabulieren, Dichten, Märchenerzählen ist die Täuschung mithin gewünscht und beabsichtigt. Der schöne Schein will nichts sein als Schein.[35] In diesem Zusammenhang ist es nützlich, sich die sprachliche Wurzel des Wortes «Illusion» klarzumachen; sie geht zurück auf lateinisch *ludere,* spielen. Verhaltensforscher sind der Meinung, dem Spiel von Tieren und Menschen komme eine wichtige Trainingsfunktion zu. Zwar ist der Nachweis im Einzelfall schwer zu führen, doch könnten die von Neugier geprägten, meist bewegungsintensiven Objekt- oder Sozialspiele dem Einüben motorischer, kognitiver und sozialer Fähigkeiten dienen. Die Aufregung, die wir beim Gekitzelt-Werden empfinden, spiegelt vermutlich wider, daß ein Scheinangriff vorliegt, eine inszenierte Attacke, die uns hilft, die Aktionen eines fiktiven Gegners richtig einzuschätzen und sie zu parieren. Beim Rauf- und Verfolgungsspiel wiederum sind Angriffs- und Kampfverhalten so abgeändert, daß die Spielpartner einander nicht verletzen: Ein spielender Hund hat eine «Beißhemmung», ein spielender Tiger zieht seine Krallen beim Prankenschlag ein. Weil die ernste Endhandlung – das Verletzen – fehlt, können Spielpartner die Rolle von Beutetieren wechselnd übernehmen, ohne dabei gefährdet zu werden.[36]

Münchhauseniaden, Fabeln, Witze, Märlein, Seemannsgarn und Jägerlatein, an denen wir oft so begeisterten Anteil nehmen –, könnte es sein, daß sie eine Art «mentales Kitzeln» sind, eine Übung im Gedankenlesen, im Abschätzen der weiteren Entwicklung von in Gang gekommenen Handlungen und im Urteilen über den Wahrheitsgehalt von erhaltener Information? Aus der Perspektive der Evolutionsbiologie würde es Sinn machen, hinter dem spielerischen Umgang mit der Wahrheit eine Trainingsfunktion zu vermuten, entstanden aus der Notwendigkeit, der häufigen Begegnung mit «ernsthafter» Unwahrheit etwas entgegenzusetzen. Daß es vorteilhaft ist, den eigenen «Lügendetektor» des öfteren zu schulen, leuchtet unmittelbar ein. Bereits ein einfaches Beispiel verdeutlicht die Nützlichkeit harmloser Übungen: «Uralt und stets neu beliebt ist auch bei Kindern, die leer gegessene Schale eines [...] Eies umzudrehen und einem anderen das Ei anzubieten, mit der ernsthaften Versicherung, man hätte keinen Hunger und könne es nicht essen.»[37]

Die mentale Leistung, die dem Vorgaukelnden wie auch dessen Publikum abverlangt wird, hat Otto Lipmann folgendermaßen zusammenzufassen versucht: «Der Berichtende abstrahiert hier völlig von dem Vorstellungskomplex W[ahr] und gibt Einzelheiten eines Komplexes F[alsch] wieder.» Obgleich der Aussagende so tut, als sei W gar nicht vorhanden, so leitet ihn nicht die Absicht, das Publikum zu täuschen. Vielmehr geht es darum, «Einblick in den vorläufig subjektiven Inhalt F zu geben, diesen Inhalt F zu objektivieren». Lipmann sieht einen fließenden Übergang von Aufschneidereien und Salongesprächen hin zu rein literarischen Produktionen und zum Kino.[38] Solche Darstellungen seien in der Regel weder ethisch orientiert, noch ausdrücklich auf Belehrung gerichtet. Selbst reine Fiktion kann aber, gerade weil sie keinen Anspruch auf Wahrheit erhebt, unser Wahrnehmungsvermögen effizient schulen. Verselbständigt sich die Lust am Fabulieren, mag sich in schweren Fällen eine *Pseudologia phantastica* entwickeln. Otto Lipmann meint, hier leite den Lügner zwar nicht die Absicht, daß die Zuhörer *praktisch* an den Inhalt der vorgebrachten Schwindeleien glauben. Vielmehr sei das Phantasieren eine Äußerung des Machttriebes. Der Lügner versuche «gewissermaßen experimentell zu erproben, wie weit die Macht der eigenen Phantasie, wie weit seine Geschicklichkeit der Objektivierung seiner Phantasieprodukte reicht».[39] Vielleicht ist in ähnlichem Sinne das große Bedürfnis nach sogenannter «Schundliteratur» zu deuten, nach den beliebten Serien mit Detektiven, Abenteurern, nach den Schmacht- oder Loreromanen, den Räuberpistolen, aber auch nach anspruchsvolleren Fantasy- und Science-Fiction-Stories. Solche Serien vermitteln zwar nicht, welche Rolle die Lüge im wirklichen Leben spielt, aber sie geben in der ihnen eigentümlichen Typisierung von Situationen ein sehr gutes Bild ab von der Wunschwelt ihrer Leser und auch davon, «welche Rolle die Lüge in eben dieser Wunschwelt spielt. [...] Schund schildert Leben oder ethische Probleme ohne jede Kunstform und unbekümmert um Lebenswahrheit nur so, wie sein Publikum seine Wunschträume spinnt, die unterhalten und von der Mühsal seines wirklichen Lebens entfernen sollen».[40] Allerdings mag uns dermaßen geschulte Phantasie zumindest manchmal in die Lage versetzen, lästige Wahrheit, die bleischwer auf dem Boden der Tatsachen hält, zu transzendieren und uns zu zeigen, wie weit wir es bringen könnten, gelänge es, die Schwerkraft der Wahrheit aufzuheben. Unsere geistige Flexibilität mißt sich nicht zuletzt an eben der Fähigkeit, Dichtung und Wahrheit auseinanderzuhalten. Daß wir ernsthaft glauben, uns in der Nachfolge des Barons Münchhausen am eigenen Schopfe aus dem Sumpf ziehen zu können, ist wohl eine eher seltene Konsequenz des Konsums von Phantasieprodukten.

Martin Luther, der meinte, eine Lüge läge nur dann vor, «wenn man dem Nächsten will damit Schaden tun», hat interessanterweise die Trainingsfunktion des Umgangs mit Illusionen klar erkannt. Der Reformator verfocht den Gedanken der allgemeinen Volksbildung tatkräftig und hat dabei der Lust am Fabulieren ausdrücklich eine positive Rolle zugeschrieben: «Die Scherzlüge, wo wir etwas vortäuschen (*simulamus*), gehört zur Erziehung der Jugend (*perinet ad iuventutem instituendam*), so z. B. wenn ihr Fabeln erzählt werden, wenn sie erschreckt wird durch erdichtete Personen wie auf der Bühne. So wird die sogenannte Nutzlüge auch zum Nutzen des Nächsten erdichtet.»[41]

Zehntes Kapitel

Psychologie der Moral

Die Wahrheit übers Lügen ist traurig, aber wahr

> Soweit das Individuum sich gegenüber andern Individuen erhalten will, benutzt es in einem natürlichen Zustand der Dinge den Intellekt zumeist nur zur Verstellung: weil aber der Mensch zugleich aus Not und Langeweile gesellschaftlich und herdenweise existieren will, braucht er einen Friedensschluß und trachtet danach, daß wenigstens das allergrößte *bellum omnium contra omnes* aus der Welt verschwinde.
>
> Friedrich Nietzsche[1]

Soziobiologie, Sollen und Sein

Kühler Wind weht Lesern der vorliegenden Abhandlung entgegen: die Kühle des Reduktionismus. Der Autor räumt ein, mit Eifer und größtmöglicher Konsequenz das Ziel zu verfolgen, Sozialverhalten von Tieren – einschließlich des Menschen – auf möglichst «einfache» Weise zu erklären. Hinter allen Verhaltensäußerungen wird zunächst das Walten des Egoismus vermutet. Dem Eigennutz bringen wir freilich keine Sympathie entgegen; es fällt schwer, ihn nicht sogleich und demonstrativ moralisch zu verurteilen. Wäre von der Effizienz der Selbstlosigkeit, des Altruismus die Rede – es fiele uns leichter, zustimmend zu nicken und ein wohliges Gefühl zu entwickeln. Daß wir Egoismus emotional ablehnen, hat gute Gründe. Denn mit ziemlicher Sicherheit sind wir alle Egoisten, wenngleich wir uns beflissen mühen, uns davon nichts anmerken zu lassen. *Wissen* müssen wir das nicht einmal. Im Gegenteil: Unser Egoismus ist erfolgreicher, wenn wir der festen Überzeugung sind, selbstlos zu handeln – überzeugt unsere Überzeugung so doch auch andere.

Der hier vertretene Reduktionismus ist ein Arbeitsprinzip der modernen Evolutionstheorie. Erfahrung lehrt, daß deren Konzepte vielen Menschen einleuchten, solange ihnen nicht gesagt wird, daß sich eine spezielle Disziplin innerhalb der Evolutionsbiologie um die Entwicklung dieser Konzepte besonders verdient machte: die sogenannte «Soziobiologie». Während viele Verhaltensforscher unter Soziobiologie schlicht das Studium sozialen Verhaltens verstehen, haftet ihr speziell in den Sozialwissenschaften das Image einer Ideologie an – konstruiert, um Rassismus zu rechtfertigen, soziale Ausbeutung oder Unterdrückung von Minderheiten: Soziobiologie wird von ihren Gegnern begriffen als moderne Spielart des Sozialdarwinismus. Es mag nützlich sein, diese Konfusion zu klären. Denn so, wie wir beim Begriffspaar Egoismus und Altruismus gerne die

Partei der Selbstlosigkeit ergreifen, fühlen wir uns – und sei es nur «gefühlsmäßig» – bemüßigt, im Gefecht zwischen Lüge und Wahrheit das Fähnlein der unverfälschten Information hochzuhalten. Deshalb sei zunächst mit Nachdruck festgestellt, daß die Soziobiologie eine wissenschaftliche Innovation ist und kein ideologischer Anachronismus.[2]

Edward O. Wilson (geb. 1929), Biologie-Professor an der Harvard-Universität in Massachusetts und weltbekannter Experte für staatenbildende Insekten, faßte im Jahre 1975 in einem ziegelsteindicken Buch zusammen, was bislang über das Sozialverhalten bei Tieren bekannt war. Um dessen Entstehung im Laufe der Evolution zu erklären, wandte er theoretische Konzepte an, die bereits Anfang der sechziger Jahre entwickelt wurden – keineswegs von ihm selbst. Wilson nannte sein Werk *Sociobiology,* untertitelt *The New Synthesis.* Damit wollte er es als neuerlichen Versuch ausweisen, akkumuliertes Wissen zusammenzuschauen – wie im Jahre 1942 geschehen durch Julian Huxleys Opus *Evolution, the Modern Synthesis,* das die Ansätze von Genetik, Populationsbiologie, Taxonomie, Biogeographie, Ökologie und Paläontologie vereinigte. Wilson begriff Soziobiologie als «eine wissenschaftliche Disziplin, definiert als die systematische Erforschung der biologischen Grundlagen jeglicher Formen des Sozialverhaltens bei allen Arten sozialer Organismen einschließlich des Menschen».[3]

Wilsons «neue Synthese» war kein Bruch mit der Darwinschen Theorie, sondern verschob lediglich die Perspektive auf eine neue Ebene – die Ebene der Gene.[4] Eckstein war die Theorie des Briten William Hamilton von der genetischen «Gesamtfitneß» (engl. *inclusive fitness,* oft holprig übersetzt mit «Gesamteignung»).[5] Hamilton löste damit ein Paradoxon, mit dem sich schon Darwin konfrontiert sah: Wie konnten sich in einer Population «altruistische» Merkmale behaupten, die die eigene Fortpflanzung behinderten oder gar ausschlossen? Wie konnte die natürliche Selektion Bienen hervorbringen, die zum Schutze des Stocks Eindringlinge stechen und dabei ihr Leben verlieren, oder unfruchtbare Arbeiterinnen, die keine Eier legen, sondern lebenslang Larven umsorgen, die aus der Brut der Königin schlüpfen?

Zur Erklärung solcher Phänomene favorisierten viele Biologen den Ansatz ihres schottischen Kollegen Vero Wynne-Edwards, der 1962 mit seinem Buch *Animal Dispersion in Relation to Social Behavior* den Nachweis zu führen versuchte, nicht Konkurrenz aller gegen alle, sondern Kooperation bestimme das Sozialverhalten. Durch uneigennütziges Zusammenarbeiten und Verzicht auf blutigen innerartlichen Beschädigungskampf würde die Leistungsfähigkeit von Gruppen erhöht: Beschränkten sich deren Mitglieder selbst und nutzten sie ihre Lebensgrundlage nicht stärker als für ihre Erhaltung notwendig, dann würden sie mit größerer Wahrscheinlichkeit überleben als egoistische Individuen. Das derartige Prinzip der «Gruppenselektion» bildete die Basis der von Konrad Lorenz entwickelten Theorien über die Naturgeschichte der Aggression.[6] In einem derartigen Gedankengebäude war zwar – wie wir sahen – Platz für Täuschungsphänomene im Räuber-Beute-Kontext, jedoch kein Eckchen frei für Lug und Trug unter Artgenossen.

Hamilton sah keinen Weg, der über die Genetik zu einer «freiwilligen» Selbstbeschränkung hätte führen können. Kooperative Muster müßten – und könnten auch! – allein auf der Basis des Eigennutz-Prinzips erklärt werden. Er vermochte zu zeigen, daß auf den ersten Blick – also «phänotypisch» – selbstlose Verhaltensweisen wie der Reproduktionsverzicht steriler Arbeiterbienen sich im Gen-Pool einer Population behaupten, weil eben diese Individuen die Fortpflanzung genetisch naher Verwandter unterstützen. Dabei ist entscheidend, daß sich der Reproduktionserfolg nicht allein an der individuellen Fitneß (engl. *personal fitness* oder «Darwin-Fitneß») bemißt, sondern daß die in den eigenen Genen steckende Information nach Maßgabe des Verwandtschaftsgrades auch über Blutsverwandte weitergegeben werden kann. Altruistisches Verhalten gegenüber Verwandten entpuppte sich damit in vielen Fällen als nur scheinbar uneigennützig, da es letztendlich doch – indirekt – der Ausbreitung eigenen Erbgutes dient: «Eigennutz» und «Selbstlosigkeit» wurden zu Synonymen.

Dieses Prinzip der «Verwandtschaftsselektion» (engl. *kin selection*) konnte lediglich altruistisches Verhalten unter Blutsverwandten erklären. Der junge Robert Trivers machte zu Beginn der siebziger Jahre deutlich, wie sich phänotypisch uneigennütziges Verhalten auch unter Nicht-Verwandten ausbreiten kann: Wenn sich ein Empfänger beim Geber später im Sinne eines «reziproken Altruismus» revanchiert.[7]

Die Konzepte der Soziobiologie sehen das Individuum als die Einheit an, bei der die Selektion ansetzt, *nicht* die Gruppe oder die Art. Im Jahre 1976 präzisierte und radikalisierte Richard Dawkins diese Auffassung, indem er nachdrücklich klarzumachen versuchte, daß im Grunde nicht einmal die Individuen die Einheiten der Selektion seien, sondern daß diese lediglich «Transporthüllen» wären für die Gene. Allein *deren* Tauglichkeit werde von der natürlichen Auslese bewertet.

Kontroverse Diskussion entfachte vor allem das letzte Kapitel von *Sociobiology*, in dem Wilson die Konzepte konsequent auf das Verhalten des Menschen anwandte und behauptete, die Biologie sei dabei, auch die Sozialwissenschaften zu revolutionieren: «Mit ihren Methoden – den Theorien und Techniken der Genetik, der Ökologie und der Populationsbiologie – kann der Inhalt der Sozialwissenschaften neu gedeutet, können neuartige und oft tiefergreifende Erklärungen von Territorialverhalten, Polygamie, Nepotismus, sexueller Bindung und Kindesmord, ja sogar von Altruismus und Religion geliefert werden.»[8]

Viele Anthropologen und Soziologen waren entsetzt – vermutlich nicht zuletzt, weil ihre eigene Disziplin ebenfalls vom Moloch-Paradigma «Evolution» verschlungen zu werden drohte, und zumal Wilsons Ansatz Schule machte. Linksorientierte Kritiker warfen Wilson vor, «biologischen Determinismus» zu propagieren. Sie witterten hinter soziobiologischen Konzepten erneute Versuche, rassische, ökonomische oder sexuelle Ungleichheit unter Berufung auf die Natur und auf genetische Wurzeln des Verhaltens zu rechtfertigen. Die Soziobiologie – so ein zentraler Vorwurf – sei eine Auferstehung des Sozialdarwinismus. «Wie bequem» – erhob Wilsons Harvarder Professoren-Kollege Steven Jay Gould seine Stimme –, «die Armen und Hungrigen für ihre Lage selbst schuldig zu machen – sonst wären wir ja gezwungen, unser ökonomisches System oder unsere Regierung zu beschuldigen.»[9]

Die darwinische Abstammungslehre beruht auf den Grundprinzipien der Variabilität (Veränderlichkeit der Lebewesen), Heredität (Vererbung) und Überproduktion von Nachkommen. Letztere bewirkt einen «Kampf ums Dasein» unter den Lebewesen, der zu einer Auslese führt. Organismen, die sich in diesem Wettbewerb nicht bewähren, gehen zugrunde; ihre unzulänglichen Eigenschaften sterben aus. Organismen, die den Kampf aufgrund günstiger Eigenschaften bestehen, können sich fortpflanzen und ihre Merkmale an die nächste Generation weitergeben. Diese zunächst wertfreien Grundprinzipien wurden jedoch alsbald in weltanschauliche Argumente umgemünzt.

Herbert Spencer (1820–1903) wurde im viktorianischen England zum Hauptvertreter des in der zweiten Hälfte des 19. Jahrhunderts vorherrschenden, eher gesellschaftswissenschaftlich-philosophisch orientierten Evolutionismus. Er prägte den gemeinhin Darwin zugeschriebenen Begriff vom «Überleben des Bestangepaßten». Das *survival of the fittest* interpretierte Spencer als differenzierende Kraft in der Entwicklung frühmenschlichen Lebens hin zu «höheren» Stufen der Zivilisation. Er hielt den Kampf ums Dasein an und für sich für nützlich und wünschenswert und wies jegliche Behinderung des quasi naturrechtlichen Ausleseprozesses etwa durch staatliche oder sozialpolitische Maßnahmen zurück. Spencers geistige Erben begriffen folgerichtig das besitzlose Proletariat als ein Rückstandsprodukt der «natürlichen Auslese» und das Zugrundegehen der Armen als Naturgesetz. Speziell der Sozialdarwinismus nordamerikanischer Prägung – wie ihn William Graham Sumner (1840–1910) an der Yale-Universität und William James (1842–1910) an der Harvard-Universität propagierten – machte den gesellschaftlichen Erfolg von Individuen oder den geschichtlichen Erfolg von Gruppen zum Kriterium der Lebensbewährung und biologischen Wertigkeit. Dabei befleißigten sich die Sozialdarwinisten zunächst des Argumentes, der «Kampf ums Dasein» sowie das «Überleben der Bestangepaßten» seien Teil der Gesamtökonomie der Natur. Da die menschliche Gesellschaft ihrerseits Teil der Natur sei, gelte für sie dieses Naturgesetz ebenfalls. Da die Menschen außerdem von

Natur aus ungleich seien, spiegele die soziale Stufenleiter die Ungleichheit lediglich wider. Folgerung: Da sich der soziale Fortschritt nach Naturgesetzen vollziehe, sollte er ungehindert vonstatten gehen. Staatliche Interventionen wurden beurteilt als gegen die Religion gerichtet, weil das Walten der Naturgesetze mit dem Willen Gottes zusammenfalle.[10] Der Darwinismus wurde mithin in dem Moment vor den Karren einer Ideologie gespannt, als aus dem *survival of the fittest* unbedenklich ein *survival of the best* – ein Überleben der «Besten» – gemacht wurde.

Naturwissenschaftliche Konzepte sind – wie alle anderen auch – nicht davor gefeit, als Steinbruch zur Ummauerung von Herrschaftsansprüchen mißbraucht zu werden. Doch sind die beiden «Pole» biologischer Erklärungen von Verhalten – der gen-orientierte und der milieu-orientierte – durchaus nicht zwingend an *bestimmte* ideologische Ausrichtungen und politische Überzeugungen gekoppelt, auch wenn sie von ihnen vereinnahmbar sind. Ganz entgegen dem verbreiteten Klischee «milieu-orientiert = links» haben Nazi-Wissenschaftler milieutheoretische Erklärungsansätze für menschliches Verhalten vertreten, und ganz entgegen dem geläufigen Schema «gen-orientiert = rechts» haben Marxisten genetische, selbst eugenische Interpretationen verfochten – allen voran der russische «Erbbiologe» der Stalinzeit, Trofim Lyssenko.[11] Sogar Machiavelli präsentiert sich als Vorläufer des Sozialdarwinismus in dem Sinne, daß das Recht eben immer auf seiten des Siegers ist. Denn wir beurteilen «die Taten der meisten Menschen, und insbesondere der Fürsten, die keinen Richter über sich haben, nach dem Erfolg. Ein Fürst braucht nur zu siegen und seine Herrschaft zu behaupten, so werden die Mittel dafür stets für ehrenvoll gelten und von jedem gepriesen werden.»[12]

Edward Wilson selbst ist weit davon entfernt, «normativen Biologismus» zu predigen. Hinsichtlich moralischer Schlüsse macht er sich die Auffassung des englischen Philosophen David Hume zu eigen, der bereits 1751 vor dem «naturalistischen Fehlschluß» warnte, aus Ist-Zuständen der Natur Soll-Zustände ableiten zu wollen.[13] Wilson versteht die biologische Evolution als außermoralischen Vorgang. Eine ideale Anleitung zum Handeln läßt sich aus der Erkenntnis «biologischer Zwänge» nicht gewinnen. Eine solche Erkenntnis «kann uns jedoch helfen, die Wahlmöglichkeiten zu klären und abzuschätzen, was sie kosten».[14] Wilson glaubt – in Übereinstimmung mit den Milieu-Theoretikern! –, daß Kulturen im Prinzip rational gestaltet werden könnten, wenn wir nur genügend «belehren, belohnen und Zwang anwenden». Allerdings gilt es dabei, den Preis zu bedenken, den jede Kultur fordert, «einen Preis, der in dem Zeit- und Energieaufwand für Erziehung und Durchsetzung von Normen [...] gemessen wird, und den wir für die Überlistung unserer angeborenen Dispositionen entrichten müssen».[15]

Hubert Markl (geb. 1938), Evolutionsbiologe an der Universität Konstanz und langjähriger Präsident der Deutschen Forschungsgemeinschaft, sieht besipielsweise beim Menschen eine natürliche Neigung, «die soziale Umwelt immer in drei konzentrischen Kreisen um das *Ego* organisiert zu erleben». Er unterscheidet zunächst den «Verwandtschaftskreis», dann den «Zugehörigkeitskreis», der aus der Menge vernetzter Verwandtschaftskreise besteht, deren Gesamtheit die Horde, den Stamm, das Volk, die Angehörigen der eigenen Kultur ausmacht. Am weitesten «außen» liegt der «Fremdkreis», mit den «anderen» oder «Außenstehenden». Die evolutionsbiologische Betrachtungsweise legt nahe, «von innen nach außen in diesem mehrstufigen Kreissystem parallel zu dem Gradienten abnehmender Vertrautheit einen Gradienten von hilfsbereiter Kooperation hin zu ablehnender Verweigerung zu erwarten».[16] Wir sind mithin eher geneigt, Verwandten und Mitgliedern unseres Zugehörigkeitskreises zu helfen als Fremden. Hierum weiß auch der «gesunde Menschenverstand». So ließ der Bibelgelehrte Gottfried Büchner in seiner *Hand-Konkordanz* vom Jahre 1740 verlauten: «Die Äußerungen der Liebe müssen jedoch, der Natur der Sache nach, in den nächsten Kreisen, wo wir stehen, viel stärker erscheinen, als in den uns ganz fernen Kreisen.»[17] Kirchenvater Fulgentius von Ruspe (507–533) leugnet die Existenz solcher Abstufungen ebenfalls nicht, zumal der Apostel Paulus im Galaterbrief eine entsprechende Diskriminierung explizit vornimmt: «Wenn der Apostel sagt ‹Laßt uns Gutes tun an jedermann, allermeist aber an des Glaubens Genossen!›, so zeigt er deutlich, daß man wohl beim Werk der Liebe jemand anderen vorziehen darf.»[18]

In eben dem Zusammenhang muß vor jeglichem Entwurf einer «natürlichen Moral» dringend gewarnt werden. Auch wenn der Vorurteilsbildung, den Ausschlußreaktionen, dem Nepotismus – der «Vetternwirtschaft» – und dem Eigengruppen-Egoismus unter psychogiologischen Perspektiven «sinnvolle» Funktionen zugeschrieben werden können, bedeutet dies *nicht,* daß solches Verhalten als «moralisch wertvoll» zu beurteilen wäre. Zwar wird verständlich, warum beispielsweise die Ablehnung von Fremden schwer abzubauen ist. Daraus kann jedoch keinesfalls gefolgert werden – um wiederum Hubert Markl zu zitieren –, daß «alle diese Neigungen und Äußerungen etwa mit dem moralischen Gütesiegel der Natur, sozusagen dem Zulassungsstempel, der Unbedenklichkeitsbescheinigung der Evolution versehen wären. Daß der Mensch nach moralischen Maßstäben unerwünscht erscheinende Neigungen hat, die er nur allzuleicht aus sich selbst heraus entwickelt, rechtfertigt das Ausleben solcher Neigungen genauso, wie unsere Fähigkeit und Neigung, ein Feuerzeug zu bedienen, Brandstiftung rechtfertigen – eben gar nicht!»[19]

Zweifellos beeinflußt der jeweilige «Zeitgeist» die Entwicklung wissenschaftlicher Ideen. Die Idee von der «Werkzeugherstellung» als Triebfeder menschlicher Evolution kam nicht umsonst im Zeitalter der industriellen Revolution auf. Wahrscheinlich sind die Konzepte der Soziobiologie nicht unabhängig von den Denkschablonen kapitalistischer westlicher Demokratien entstanden, zu deren zentralen Paradigmen just Schlagworte gehören wie «Eigennutz», «Konkurrenz» oder «Kosten-Nutzen-Bilanz».[20] Daß schließlich im «Informationszeitalter» mit einer sich rasant entwikkelnden Technologie Interesse erwacht für Phänomene wie «Kommunikation» und «Manipulation», braucht ebenfalls nicht zu verwundern. Der Wert neuer Modelle wird sich daran messen lassen müssen, wie lange sie geeignet sind, die stets voranschreitende Akkumulation neuer Daten im Sinne der Evolutionsbiologie befriedigend zu strukturieren. Der amerikanische Freilandprimatologe Stuart Altmann räumt ebenfalls ein, die Soziobiologie habe eine ganze Menge Spekulationen nach sich gezogen, sieht das allerdings in gnädigem Licht: «Es war eine natürliche Erforschung der Implikationen kraftvoller neuer Ideen, eine Art Am-Kopf-Kratzen. Jetzt kommt es weit mehr darauf an, die harte Feldarbeit zu leisten, die Konzepte gegen Daten zu testen. Aber die Wissenschaftler sind nun für Phänomene aufmerksam geworden, von denen sie niemals geträumt hätten, wären diese Spekulationen nicht zuvor gemacht worden.»[21]

Es dürfte klar geworden sein, daß Beschäftigung mit der Lüge und Nachzeichnen ihrer evolutiven Karriere nicht bereits gleichbedeutend ist mit ihrer Rechtfertigung. Dessen ungeachtet scheint es allerdings, als ob die moralischen Normen selbst eine Ausgeburt unserer lügnerischen Grundtendenz sind. Diesen vorläufig letzten Mosaikstein gilt es nunmehr einzufügen.

Den ersten beißen die Hunde

Richard Alexander, Evolutionsbiologe und Kurator für Insekten am Zoologischen Museum der Universität Michigan in Ann Arbor, hat sich seit Ende der siebziger Jahre einen Namen gemacht mit zahlreichen Arbeiten über die Ursachen von bestimmten Mustern des Sexual- und Sozialverhaltens bei Tieren und Menschen. In einem seiner letzten Werke – *The Biology of Moral Systems (Die Biologie moralischer Systeme)* – aus dem Jahre 1987 bringt er die Frage einer radikalen Lösung näher, warum wohl alle Gesellschaften von ihren Mitgliedern Wahrhaftigkeit und Aufrichtigkeit im Umgang miteinander fordern. Alexander zieht hierbei Verbindungen von den kooperativen Systemen zu den Anforderungen an die menschliche Psyche, die aus der Konkurrenz unter sozialen Gruppen erwachsen.[22]

Während des letzten Abschnittes der stammesgeschichtlichen Entwicklung des Menschen – das ist Alexanders Überzeugung – war *die* prägende feindliche Macht in seiner natürlichen Umgebung die Gegenwart anderer Menschen. Da es vor allem Gruppen waren, die miteinander konkurrierten, bis hin zum Extrem kriegerischer Auseinandersetzung, war es vorteilhaft, einer größeren Gruppe anzugehören und mit ihren jeweiligen Mitgliedern zusammenzuarbeiten.

Wachsen Gruppen allerdings, wird ihr Zusammenhalt schwieriger, da innere Konflikte unvermeidbar sind. Beim Leben in Familiengruppen oder im übersichtlichen Clan von Blutsverwandten sind Kosten-Nutzen-Abwägungen relativ simpel: Auch wer ohne viel zu überlegen in andere Mitglieder investiert, wird mit großer Wahrscheinlichkeit auf lange Sicht kein genetisches Verlustgeschäft machen. Selbst wenn ein Blutsverwandter auf Kosten eines anderen lebt und sich fortpflanzt, wird zumindest ein Teil der genetischen Information des «Ausgenutzten» in die nächste Generation befördert. Nepotismus kommt im Prinzip ohne «Bewußtsein» aus und läßt sich auch mit «Bewußtsein» nicht wesentlich effizienter gestalten. Eine mentale Kosten-Nutzen-Bilanz ist überflüssig. Es genügt, nach dem Wahrscheinlichkeitsprinzip zu handeln.

Bereits in leicht größeren Gruppen funktioniert Vetternwirtschaft allein nicht mehr, sondern sie muß kombiniert werden mit Reziprozität, mit Hilfeleistungen, die auf Gegenseitigkeit beruhen. Jetzt müssen kurzfristige soziale Kosten übernommen werden, die sich langfristig auszahlen *können,* sich aber nicht auszahlen *müssen.* Bei einem derartigen Austausch von Wohltaten besteht die Schwierigkeit darin, andere aufmerksam zu beobachten und genau Buch zu führen, ob erbrachte Vorleistungen in angemessenem Umfang und angemessener Zeit zurückgezahlt werden. Reziprozität ist in diesen Fällen eine *direkte* Erwiderung des Empfängers einer Hilfeleistung an den ursprünglichen Wohltäter. Das für beide Partner nützliche Wechselspiel funktioniert nach dem Prinzip des «Wie du mir, so ich dir».

Ein solches Prinzip steht im Konflikt mit unserer kurzsichtigen, auf unmittelbaren Vorteil bedachten psychischen Grundausstattung. Normalerweise fungieren Schmerz und Lust als Indikatoren *unmittelbar* zu erwartender Kosten oder Nutzen, die aus einer Handlung erwachsen. Solche primitiven – sprich kurzsichtigen – Prinzipien von Unlustvermeidung und Lustgewinn können jedoch keine Systeme stabilisieren, die auf Reziprozität gründen. Unsere Psyche mußte deshalb ein Arsenal flankierender Mechanismen entwickeln, die – als unmittelbare Wirkursachen – dem mittelbaren Zweck der eigenen genetischen Fitneß dienen. Solche Mechanismen helfen, die kurzsichtigen (und nicht nur dem Menschen eigenen) Kosten-Nutzen-Indikatoren von Schmerz und Lust mental zu überblenden. Zum Repertoire einer solchen «verzögernden Intelligenz» zählen unter anderem ein Gefühl des Selbstinteresses, das Gewissen, ein Empfinden für das, was richtig und falsch, gut oder böse ist, die Fähigkeit, sich emotional in andere hineinversetzen zu können, Dankbarkeit sowie die Fähigkeit und Neigung zu Täuschung und Selbstbetrug. Die an einem System reziproker

Kooperation Beteiligten werden nämlich automatisch dazu neigen, ihren eigenen Beitrag möglichst klein zu halten, den Zeitpunkt der Rückzahlung immer weiter hinauszuschieben oder gar ganz auf eine Erwiderung zu verzichten, wenn der hierdurch zu erwartende Vorteil größer ist als der Nutzen weiterer Zusammenarbeit. Diese Ausbeutung der Hilfsbereitschaft anderer hat natürlich Grenzen: «Communio» bedeutet eigentlich teilen, und wenn jemand sich ein größeres Stück nimmt, als ihm aufgrund von Eigenleistung zusteht, droht ihm konsequenterweise die Gefahr, von zukünftiger «Kommunikation» ausgeschlossen zu werden. «Wo Zusammenarbeit und Zusammenhalt in der Gruppe so lebensnotwendig sind wie etwa bei den Buschleuten der Kalahari», erläutert etwa Wolfgang Wickler, «wird sogar umgekehrt heute noch ‹Exkommunikation› im wahrsten Sinne des Wortes, nämlich Abbruch der Kommunikation, als Strafe über ein Gruppenmitglied verhängt, das sich eine Verfehlung gegenüber der Gruppe zuschulden kommen ließ».[23]

Betrugsgefahr limitiert die Größe von Gruppen, die allein durch den Austausch direkter Hilfeleistungen zusammengehalten werden. Der auf die Entwicklung der Soziologie so einflußreich wirkende Georg Simmel (1858–1918) hatte diese Gefahr klar erkannt: «Wenn die Lüge noch heute bei uns als eine so läßliche Sünde erschiene wie bei den griechischen Göttern, den jüdischen Erzvätern oder den Südseeinsulanern, wenn nicht die äußerste Strenge des Moralgebotes davon abschreckte, so wäre der Aufbau des modernen Lebens schlechthin unmöglich, das in einem viel weiteren Sinne als dem ökonomischen Sinne ‹Kreditwirtschaft› ist.»[24] Zur Bildung großer kooperierender Sozialeinheiten konnte es auch nach Auffassung von Richard Alexander erst durch Einführung «moralischer Systeme» kommen. Derartige Systeme ermöglichen eine Weiterentwicklung des *direkten* Austausches von Hilfsleistungen hin zu *indirekter* Reziprozität. Bei der direkten Reziprozität wird die Wohltat phasenverschoben durch den ursprünglichen Empfänger erwidert – Geber und Nehmer unterhalten eine «direkte» Beziehung. Bei *indirekter* Reziprozität erhält der Geber die Rückzahlung nicht vom ursprünglichen Empfänger, sondern durch ein anderes Individuum.

Gespeist wird dieser Mechanismus vom Bestreben, auf längere Sicht Kooperationspartner – «Alliierte» – zu finden, um mit ihnen eine stabile Beziehung des *direkten* Austausches von Hilfeleistungen aufzubauen. Die Wahrscheinlichkeit, Alliierte zu finden, hängt jedoch vom Ruf ab, den eine Person genießt. Ihre Reputation kann gesteigert werden durch Hilfeleistungen an Mitglieder der Sozietät, von denen gar nicht erwartet wird, daß sie sich direkt revanchieren. Wohltaten, gewährt an Nicht-Alliierte, führen zu einer gesellschaftlichen Aufwertung der Gebenden, steigern die kollektive Wertschätzung und den sozialen Status – und damit die Wahrscheinlichkeit, daß sich andere Individuen als Alliierte anbieten und den

Geber so – indirekt – entschädigen. Ganz ähnliche Gedanken entwickelte Charles Darwin, als er in *Die Abstammung des Menschen* Mutmaßungen anstellte über die Entstehung des moralischen Gefühls, ohne dabei zurückzugreifen auf ein a priori vorgegebenes oder göttlich verordnetes Sittengesetz: «Mit der Zunahme der Erfahrung und des Verstandes lernt der Mensch die Folgen seiner Handlungen berechnen. [...] Schließlich entsteht unser moralisches Gefühl, oder unser Gewissen; ein äußerst kompliziertes Empfinden, entsprungen den sozialen Instinkten, geleitet von der Anerkennung unserer Mitmenschen, geregelt von Verstand, Eigennutz und, in späteren Zeiten, von tiefen religiösen Gefühlen.»[25]

Radikaler ist Richard Alexanders Ansatz insofern, als bei ihm auch religiöse Gefühle als intrapsychische Verlängerung des Genegoismus interpretiert werden. Die Strategie *indirekter* Reziprozität, die sich auf Reputation stützt – «geleitet von der Anerkennung unserer Mitmenschen», wie Darwin sich ausdrückte –, unterscheidet sich von der Verwandtenunterstützung und der direkten Reziprozität, weil der Hilfeleistende sich nicht um die «Zahlungsmoral» des Hilfeempfängers kümmern muß. Es gilt lediglich, die eigene Attraktivität in den Augen Dritter zu steigern.

In größeren Gruppen kann leicht Schaden entstehen, den Nicht-Verwandte oder Individuen, die in keiner Beziehung direkter Reziprozität stehen, einander zufügen. Dieser wahrscheinliche Schaden würde das System destabilisieren und die bei Auseinandersetzungen mit feindlichen Gruppen notwendige Kohäsion der eigenen Gruppe schwächen – und damit die Wahrnehmung eigener Interessen. Da Mitglieder menschlicher Sozietäten nicht genetisch identisch sind, haben sie unterschiedliche Interessen, was zwangsläufig Konflikte nach sich zieht. Ohne Einblick in evolutionäre Zusammenhänge hat das Otto Lipmann erkannt, als er im einleitenden Kapitel zum Sammelband über *Die Lüge* schrieb: «Solange der Mensch neben sozialen auch egoistische und altruistische Regungen hat, und solange es nicht *eine* allumfassende Gemeinschaft aller Wesen gibt, so lange wird es auch Lügen geben [...]. Andrerseits muß jede Gemeinschaft zerfallen, deren Angehörige nicht selbst wenigstens generell die Wahrheit vor der Unwahrheit bevorzugen und nicht davon überzeugt sind, daß jeder andere auch praktisch diese allgemeine Regel im allgemeinen befolgt.»[26]

Moralische Normen helfen nun, den aus unterschiedlichen Interessen erwachsenden möglichen Schaden klein zu halten und Auseinandersetzungen «fair» zu lösen, also bei der Konfliktlösung die Interessen der jeweiligen Parteien nicht zu stark zu beeinträchtigen. Moralische Normen haben eine Chance, auch befolgt zu werden, solange die Kosten, die beim Befolgen der Regeln entstehen, geringer sind als die Kosten, die beim Ausscheren aus der Gruppe entstehen würden oder bei dem Versuch, neue Regeln zu vereinbaren. Regeln zu *ändern* ist deshalb besonders schwierig, weil wir dazu neigen, Pläne zu schmieden unter der Voraussetzung, daß die heute gültigen Regeln noch in Zukunft gelten.[27] Werden die Regeln ohne ausführliche Verhandlungen geändert, wird diejenige Partei Nachteile in Kauf nehmen müssen, die ihr System aufgab – eine Logik, die Menschen in den östlichen Landesteilen Deutschlands seit der Vereinigung mit aller Härte erfahren.

Leute mit überdurchschnittlich gutem Ruf haben nach Meinung Richard Alexanders Vorteile in ihrer jeweiligen Gesellschaft. Da eine mehr als durchschnittliche Reputation durch Verteilen kleiner Wohltaten erreicht werden kann, fördert das aber mit der Zeit den Trend, sogar besonders Hilflosen – jenen, die nicht «zurückzahlen» können – im Interesse eigenen Ansehens unter die Arme zu greifen. Moralisches Verhalten wird so regelrecht aufgeschaukelt. Besonders in den nordatlantischen Gesellschaften setzen sich viele Menschen für die Rechte und das Wohlergehen von Organismen ein, die nicht mit ihnen in einer Beziehung direkter Reziprozität stehen – für Ungeborene, für Menschen im Koma, für Tiere oder Pflanzen.[28] Das muß nicht einmal sonderlich verwundern, da Mitglieder solcher Gruppen mit den Wohltätern nicht um dieselben Ressourcen konkurrieren.

Es ist freilich nicht einfach, sich in einem komplexen sozialen System zurechtzufinden, in dem die Kosten und der Nutzen von Nepotismus, direkter Reziprozität und indirekter Reziprozität miteinander verrechnet werden müssen. Wer sich an einem reziproken System beteiligt, lebt in der beständigen Gefahr, mehr zu investieren, als am Ende zurückkommt, muß andauernd mit Betrügern rechnen. Auf der anderen Seite ist es – aus evolutionsbiologischer Perspektive – genauso wichtig, jederzeit selbst Nutzen aus möglichen eigenen Betrugsmanövern zu ziehen. Wenn es anderen zuweilen gelingt, unser Verhalten in ihrem eigenen Interesse zu manipulieren, steht unseren Gegenstrategien eine neue Art zur Verfügung: Es wird vorteilhaft, sich als hilfreicher auszugeben, als wir sind, oder andere glauben zu machen, sie hätten bereits mehr Wohltaten empfangen, als es tatsächlich der Fall ist. Notwendigerweise verstärkt das wiederum den Druck auf unser Gegenüber, solch geheuchelten Altruismus als Egoismus zu entlarven.

Einige hervorstechende Charakteristika unserer Psyche stehen aufgrund dieser Theorie plötzlich in einem ganz anderen Lichte da. Das «Selbst-Bewußtsein» etwa dient nach Überzeugung von Richard Alexander vor allem dazu, unser soziales Verhalten so unvorhersagbar zu gestalten, daß wir andere, wenn nötig, ausmanövrieren können. Unser Selbst-Bewußtsein hilft, uns so sehen zu können, wie andere uns sehen, «so daß wir sie veranlassen können, uns so zu sehen, wie wir es gerne hätten, anstatt wie sie es gerne hätten».[29] Was wir für «freien Willen» halten, hat nichts zu tun mit dem physikalischen Problem von Ursache und Wirkung, sondern repräsentiert nach Alexanders Auffassung unsere Fähigkeit, geistig Situationen durchzuspielen, die uns größtmöglichen Vorteil bringen. Unser «Gewissen» schließlich kann interpretiert werden als die leise Stimme, die uns warnt vor zu großen Risiken und Kosten, die beim Ausspielen der mental entworfenen egoistischen Szenarien entstehen könnten. Ein Fürst im Zeitalter des Machiavelli brauchte nur wenig schlechtes Gewissen zu haben, denn seine Risiken waren klein, verglichen mit denen eines Politikers in einer parlamentarischen Demokratie. Dessen Altruismus dürfte zwar genauso rudimentär entwickelt sein wie der eines absolutistischen Herrschers; da jedoch über ihm das Damoklesschwert eines parlamentarischen Untersuchungsausschusses schwebt, scheint eine gehörige Portion schlechtes Gewissen adaptiv, weil die puffernde Wirkung von Ehrenworterklärungen nur gering ist in Gesellschaften mit wachen und sensationsgierigen Informationsmedien. Ganz realistisch erkannte allerdings Otto Lipmann: «Durch Strafen kann man nur Lügen bekämpfen – indem man im Lügner die Furcht vor Folgen der (entdeckten!) Lüge erzeugt –, nicht aber *Lügenhaftigkeit*.»[30]

Um unser Eigeninteresse zu wahren, dürfte unserem Bewußtsein unter Umständen weniger scharfe analytische Wachsamkeit abverlangt werden, als wenn es darum geht, die Interessen anderer zu vereiteln. Hier hat die Logik des Selbstbetruges ihren angestammten Platz: Wir wirken besonders überzeugend, wenn wir selbst nicht wissen, daß wir betrügen. Oft kommt es darauf an, Informationen ins Unterbewußte zu drücken, die uns zwar dienlich sind, jedoch in den mentalen Verrechnungsapparaten anderer zu unserem Schaden verwandt werden könnten. Das sind vor allem Informationen, die von unseren Gegenübern oft abgefragt werden und bei deren Leugnen oder Verbergen wir beständig zu willentlichen Lügen gezwungen wären – zu Akten also, die wegen der Furcht, entlarvt zu werden, nicht nur Streß verursachen, sondern zudem mit dem Risiko des Selbstverrats behaftet sind. Deshalb scheint es verständlich, warum wir dazu neigen, grundlegende moralische Normen unserer Gesellschaft zu «internalisieren». Wenn wir solchen Hauptregeln wie «Du sollst nicht lügen» oder «Du sollst nicht töten» quasi automatisch folgen und selbst an ihre Richtigkeit glauben, kassieren wir weitaus mehr soziale Belohnungen, als wenn wir das Prinzip des Genegoismus verbal explizit machten durch Feststellungen wie «Ich werde lügen und sogar töten, wenn das Risiko klein und der Nutzen groß ist».

Diese Sicht der modernen Evolutionsbiologie ist ernüchternd – eine wahrhaft traurige Wahrheit von der Allgegenwart der Lüge. Wozu ein solches Desillusionieren, wo uns die Welt auch ohne diese radikale Ent-Täuschung brutal und rücksichtslos dünkt? Der Göttinger Anthropologe Christian Vogel (geb. 1933) – mein wichtigster akademischer Lehrer auf dem Gebiet der Evolutionsbiologie – ist überzeugt, «daß die bessere

Kenntnis des Hintergrundes unseres moralischen Verhaltens – egal wie unedel uns auch die Befunde erscheinen mögen – unsere praktizierte Moralität verbessern kann, wenn sie auch die ethischen Ideale vom hohen Sockel holt».[31] Obgleich aus erkannten und beschriebenen Ist-Zuständen unserer biologisch-sozialen Natur unmittelbar keine Soll-Werte für unser Handeln abzuleiten sind (jedenfalls dann nicht, wenn wir den «normativen Biologismus» verwerfen), ist doch andererseits ein «Sollen» an ein «Können» geknüpft. Es macht – so erläutert Vogel – eben keinen Sinn, die Norm aufzustellen, daß der Mensch mit drei Stunden Schlaf pro Nacht auskommen müsse. Was für physiologische Eigenschaften gilt, gilt aber auch für unser Verhalten.[32] Ein «falsches Naturbild» bleibt «zwangsläufig mit einem falschen Menschenbild gekoppelt».[33]

Unter praktischen und pragmatischen Gesichtspunkten lebt es sich allerdings gar nicht schlecht mit der traurigen Wahrheit. Denn wenn es im Eigeninteresse darauf ankommt, sich als möglichst selbstloses Glied der Gesellschaft darzustellen, bedeutet das zugleich, daß wir und unsere Mitmenschen – ebenfalls im Eigeninteresse – den sozialen Druck in Richtung auf die Ideale der Moral unterstützen. Sicherlich ohne zu ahnen, wie einmal die Interpretation durch die Evolutionsbiologie sein würde, hat der Psychologe Otto Lipmann diesen «Erziehungsprozeß» hin zu immer universalerer Wahrhaftigkeit folgendermaßen beschrieben: «Das erste, was eine Erziehung zur Wahrhaftigkeit zu tun hat, ist [...], daß in dem ‹Lügner› die Gefühle erweckt werden, mit den Eltern durch eine Familiengemeinschaft, mit den Lehrern durch eine Schulgemeinschaft, mit dem durch die Behörden repräsentierten Staate und seinen sämtlichen Bürgern durch eine Lebensgemeinschaft, mit dem Konkurrenten durch eine Interessengemeinschaft, ja auch mit dem Feinde durch eine die ganze Menschheit umfassende Kulturgemeinschaft verbunden zu sein.»[34]

Auch die *scheinbaren* Altruisten schaukeln einander gegenseitig auf, und es entsteht eine Situation, in der sich eigentlich niemand leisten kann, zu weit hinter dem allgemeinen moralischen Standard zurückzubleiben, der sich beispielsweise in der neuesten Ausgabe der *Brockhaus-Enzyklopädie* unter dem Stichwort «Lüge» folgendermaßen präsentiert: «Da Wahrhaftigkeit eine der Grundlagen des menschlichen Zusammenlebens und eine Forderung der Selbstachtung ist, stimmen alle Richtungen der Ethik in der Verwerfung der Lüge überein.»[35] Mit weniger Pathos und in weitgehender Parallele zu der hinter Alexanders Theorie steckenden Logik hat hingegen bereits die englische Moralphilosophie nachzuweisen versucht, daß das Wohl des anderen zu fördern durchaus im wohlverstandenen Selbstinteresse des einzelnen liegen könnte. Als Begründer eines solchen Utilitarismus in Form eines pseudoethischen, auf der Gleichsetzung von «gut» und «nützlich» beruhenden Systems gilt Jeremias Bentham (1748–1832), demzufolge «the greatest possible quantity of happiness» –

«die größtmögliche Menge an Glück» – erstrebt werden muß. Indem wir aber das Wohl der Gemeinschaft fördern, fördern wir auch uns.[36]

Ohne ein gerüttelt Maß an Mißtrauen werden wir uns dabei jedoch kaum behaupten können – ein Mißtrauen auch und gerade gegenüber Wohltätern und solchen, die neue Regeln und Moralvorstellungen einzuführen versuchen. Der Pädagoge C. G. Salzmann stellte seinem *Krebsbüchlein* sein diesbezüglich nachdenkenswertes Motto voran. Es ist die kluge, weil sehr zurückhaltende Antwort der jungen Krebse auf die Ermahnung eines alten Krebses, *vorwärts* zu gehen: *«Faciam, mi papule, si te idem facientem prius videro* – Ich werde es tun, mein Väterchen, wenn ich dich vorher dasselbe tun sehe.»[37]

Es lohnt sich nur in sehr engen Grenzen, Vorbild zu sein – nämlich eigentlich nur dann, wenn andere dadurch angeregt werden, ihrerseits noch wohltätiger zu sein. «In einer Welt von Egoisten», resümiert Richard Alexander, «hat nur der den Schaden von Forderungen wie ‹Jeder sollte versuchen, zu sein wie Jesus›, der es schafft» – genauer gesagt: der, der diesen hohen moralischen Standard erfüllt, *bevor* er allgemeingültig wird![38] Denn wenn sich Betrüger und Selbstbetrüger anstacheln, immer universalere moralische Normen anzustreben, wird nicht der letzte von den Hunden gebissen, sondern der, der zuerst das Ziel erreicht …

Die «Moral von der Geschicht» wäre, daß wir den Moralaposteln weniger Hochachtung entgegenbringen sollten, da auch deren Psyche genau wie die unsrige durchwebt sein dürfte vom roten Faden der Täuschung und des Selbstbetruges. In diesem Sinne ist die naive Warnung in Georg Paul Hönns *Betrugslexicon* nützlich zu lesen: «Der HERR / bey welchem kein Betrug jemahlen zu finden gewesen / lasse diese Entdeckung denen Betrügern zur Reue und Nimmerthun / denen Betrogenen zu künftiger besserer Vorsichtigkeit / denen Unbetrogenen zu einem Kennzeichen sich vor solchen Fallstricken zu hüten / gereichen.» Und da frommer Glaube – wenn er nur recht selbstbetrügerisch gefestigt ist – durchaus manchen Berg versetzen kann, sei auch der fromme Wunsch nicht verschwiegen, «daß Treue /Aufrichtig- und Redlichkeit einander / so lange noch die Creatur auf besseres Leben hofft / auf Erden begegnen und küssen mögen».[39]

Anhang

Anmerkungen

Sofern keine deutsche Ausgabe angegeben ist, wurden sämtliche Zitate aus englischsprachigen Quellen von VS übersetzt. Die Zitation bedeutender Theologen und Philosophen (etwa Platon, Augustinus, Thomas) folgt den in gängigen Ausgaben üblichen Kapitel- und Verseinteilungen. Bibelzitate nach der *Jerusalemer Bibel* (Arenhoevel et al., Hg., 1968). Falls aus Übersetzungen oder späteren Auflagen zitiert wurde, ist i. A. das Jahr der Erstausgabe eines Werkes in eckigen Klammern angegeben, z. B. Wickler 1973 [1968].

Häufiger benutzte Nachschlagewerke (vgl. Literaturverzeichnis): Brockhaus Enzyklopädie (Brockhaus); Encyclopaedia Brittannica (Brittannica); Paulys Lexikon der Antike (Ziegler & Sontheimer, Hg.); Deutsches Wörterbuch (Grimm & Grimm, Hg.); Kindlers Literaturlexikon (Kindler).

Erstes Kapitel
«Der Welt Wagen und Pflug sind Lug und Betrug»

1 Broder 1990, S. 33
2 Hönn 1981a [1724], Vorrede, S. 4
3 Ebd., S. 47f.
4 Ebd., S. 355ff.
5 Abraham a Sancta Clara 1943ff. [1686–1695] (= Judas I, 354), zit. in: Röhrich 1977 [1973], Bd. 2, S. 611
6 Marx 1958 [1867], S. 258
7 Falk & Torp 1910, zit. in: Thurnwald 1927, S. 411
8 Hönn 1981a [1724], Vorrede, S. 2
9 Vgl. Dawkins 1978 [1976], S. 220
10 Hönn 1981a [1724], S. 292
11 Hönn 1981b [1730], S. 83f.
12 Ebd., S. 86–88
13 Erasmus 1977 [1511], S. 8; vgl. Kindler 1986, Bd. 8, S. 6450f.
14 Erasmus 1977 [1511], S. 9
15 Duden-Redaktion 1972, S. 439f.; Görner & Kempcke 1985, S. 380f.
16 Broder 1990, S. 32
17 Ebd., S. 33
18 Augustinus 1953 [395], S. 1 (= *De mendacio* 1)

Zweites Kapitel
Die Not mit der Notlüge

1 Büchner 1922 [1740], S. 715
2 Sexton 1986, S. 354f.

3 Ranke-Graves 1960 [1955], Bd. 1, S. 55f.; Bd. 2, S. 80f.

4 Xenophon, *Memorabilien* IV, 214–218; zit. in: Keseling 1953, S. VIIf. Die sorgfältige Unterscheidung zwischen dem historischen und literarischen Sokrates braucht uns hier nicht zu interessieren.

5 Platon, *Gorg.* 525a, zit. ebd.; Platon, *Politik* II 382c, III 389b, V 459c, zit. in: Keseling 1953, S. VIIIf.

6 Vgl. Schottländer 1927, S. 109f.; Xenophon behandelt dieses Thema in *Memorabilien* IV, 2, 19–23

7 Aristoteles, *Metaphysik* △, Kap. 29, p. 1024b 17ff.; vgl. Schottländer 1927, S. 110

8 Keseling 1953, S. X

9 Aristoteles, *Politik* 1297a 12, zit. in: Keseling 1953, S. IX

10 Quintilian, *Institutio oratoria* XII, I, 38ff., zit. in: Keseling 1953, S. X

11 Hönn 1981a [1724], Vorrede S. 2f.; vgl. die Bibelstellen *Genesis* 44, *Richter* 16, *Judith* 10, *Matthäus* 2

12 Origines, *Rufinus* I n. 18, in: Migne PL 23, 431, zit. in: Keseling 1953, S. XIV

13 Hieronymus, *Commentarii in Epistula ad Galatii 2, 11, 12* in Migne PL 26, 362, zit. in: Keseling 1953, S. XVIf.

14 *Exodus* 1, 19f.; *Josua* 2, 4; 6, 25

15 Augustinus, *Untersuchungen zum Heptateuch. Quaestionum in Heptateuchum libri septem* III, 68, zit. in: Keseling 1953, S. XXIVf. Interessanterweise hat die protestantische Kirche in Deutschland nach dem Zweiten Weltkrieg eine ähnliche Position bezogen bei der Frage nach der Berechtigung des Widerstandes gegen das Hitlerregime. Ein Tyrannenmord hätte Krieg verhüten und viele Menschenleben durch gewaltsames Beseitigen des Diktators retten können; wer solches Handeln versuche, handele jedoch keineswegs ohne Sünde, sondern müsse sich zur «Schuldübernahme» bereit finden.

16 Augustinus, *Enrichidion ad Laurentium,* zit. in: Keseling 1953, S. XXVIII

17 Chrysostomus, *Homilia* 7, *De Paenit,* in: Migne PG 49, 336f., zit. in: Keseling 1953, S. XV

18 *Genesis* 27. Da Jakob ungestraft davonkommt und durch den Segen zum Stammvater Israels arriviert, mögen wir es als «ausgleichende Gerechtigkeit» empfinden, daß er – wie *Genesis* 29 erzählt – kurze Zeit später selbst betrogen wurde. Sein Onkel Laban versprach ihm die Hand seiner jüngeren, schönen Tochter Rachel nach Ablauf von sieben Jahren. Die Braut blieb während des Festmahls und der Hochzeitsnacht verschleiert. Am Morgen mußte Jakob jedoch feststellen, daß ihm Laban seine ältere Tochter Lea – die durchaus keine Schönheit war – zugeführt hatte. Laban rechtfertigte seinen Betrug damit, es sei nicht Sitte, «die Jüngere vor der Älteren zu geben». Also mußte Jakob in den sauren Apfel beißen und ihm nochmals sieben Jahre um Rachel dienen. Die Art und Weise, in der Jakob betrogen wurde, ist genau jene, die das *Grimmsche Wörterbuch* als Etymologie für das Wort Lügen anführt: «Als eigentliche Bedeutung wird verhüllen, verbergen angenommen» – gestützt auf das gotische *liugan,* heiraten – «bei welcher Handlung das Haupt der Braut verschleiert oder mit einem Tuche verhüllt wurde» (Grimm & Grimm 1984 [1854–1954], Bd. 6 [1911], Sp. 1272).

19 Augustinus 1953 [395], S. 94–96 (= *Contra mendacium* 24); vgl. Neuntes Kapitel zum Problem der figürlichen Rede

20 Augustinus, *De doctrina christiana* I, 36, 40, zit. in: Keseling 1953, S. XXIIf.
21 Augustinus 1953 [395], S. 3 (= *De mendacio* 3)
22 Ebd., S. 6 (= *De mendacio* 4); Übertragung nach Weinrich 1970, S. 75
23 Lindworsky 1927, S. 62
24 Abraham und der Pharao: *Genesis* 12; Abraham und Abimelech: *Genesis* 20; vgl. Augustinus 1953 [395], S. 93f. (= *Contra mendacium* 23); s. auch Wiener 1927, S. 21f.
25 Gregor d. Gr., *Expos. in I Reg.* 2, 3 l. 5c. 3 u. 5, in: Migne PL 76, 40.41, zit. in: Keseling 1953, S. XXXIV
26 Mausbach 1911, S. 112f., zit. in: Lindworsky 1927, S. 66
27 Vgl. Lindworsky 1927, S. 62–66. Mit der Lüge setzten sich natürlich auch andere Religionen auseinander. Einen weniger komplizierten Zugang zum Problem der Notlüge entwickelte beispielsweise der große islamische Geistliche Al-Ghazzali (1058–1111) in seinem Werk *Wiederbelebung der Religionswissenschaften.* Ghazzali sah die Notlüge als erlaubt, ja unter Umständen als sittliche Pflicht an – beispielsweise, wenn ein Muslim vor Tod oder Verwundung zu schützen sei. Angenommen, ein Unhold würde einen Unschuldigen mit dem Schwert verfolgen –, «würdest du nicht», gibt Al-Ghazzali zu bedenken, «wenn der Unhold dich nach dem andern fragt, antworten, du habest ihn nicht gesehen?»; zit. in: Bauer 1927, S. 75f.
28 Paulsen 1906, Bd. II, S. 205f., zit. in: Keseling 1953, S. XL
29 Luther, *Opera exegetica,* Erlanger Sammlung, S. 18, zit. in: Keseling 1953, S. XLI
30 An Joh. Lang vom 18. Aug. 1520; Luther, *Briefwechsel* II, 461, Endres, zit. in: Keseling 1953, S. XLIf.
31 *Briefwechsel* Philipps v. Hessen I, 372f., Lenz, zit. in: Keseling 1953, S. XLI; vgl. Mulert 1927, S. 38f.
32 *Sprüche Salomonis* 17,7, zit. nach: Büchner 1922 [1740], S. 716
33 Lorenz 1927, S. 418f.
34 Vgl. Grimm & Grimm 1984 [1854–1954], Bd. 12 [1885], Sp. 1279
35 Lorenz 1927, S. 418–425
36 Machiavelli 1961 [1532], S. 39; vgl. Kindler 1986, Bd. 9, S. 7769, sowie Barincou 1958
37 Machiavelli 1961 [1532], S. 95
38 Machiavelli 1961 [1532], S. 104
39 Machiavelli 1961 [1532], S. 104
40 Vgl. Freyer, in: Machiavelli 1961 [1532], S. 15f.
41 Vgl. ebd., S. 15f.
42 Machiavelli 1961 [1532], S. 103–105
43 Voltaire, *Œuvres compl. nouv. ed. Garnier* 34, Paris 1880, Corresp. S. 147, 153; zit. in: Keseling 1953, S. XLIV
44 Ihering 1886, II, 458ff., 481ff., zit. in: Keseling 1953, S. XLVII; vgl. auch Häußer 1912
45 Ihering 1886, S. 578–580
46 Ebd., S. 591, 593, 599
47 Ebd., S. 588f.
48 Ebd., S. 582f.

49 Martensen 1878, S. 255, vgl. Ihering 1886, S. 606
50 Vgl. Ihering 1886, S. 607, sowie Fichte 1798, S. 371ff., zit. in: Görland 1927, S. 153
51 Ihering 1886, S. 608; vgl. auch Ihering 1905 [1886], 2. Aufl., II, 458ff., 481ff., zit. in: Keseling 1953, S. XLVII
52 Hönn 1981a [1724], Vorrede, S. 2

Drittes Kapitel
Rüstungswettlauf zwischen Räuber und Beute

1 Augustinus, *Über die wahre Religion* 33,61, zit. in: Keseling 1953, S. XXIf.
2 Wickler 1973 [1968], S. 228
3 Alcock 1989, S. 232
4 Insbesondere Soziologen und Psychologen werten «betrügerische Kommunikation» etwa in Räuber-Beute-Systemen nicht als «Kommunikation», sondern als Fall von «Informationsübermittlung», da sowohl Räuber wie Beute versuchen, die Aussendung des Signales zu unterdrücken. Dieses Bemühen beruht zumindest teilweise auf der Vorstellung, Kommunikation sei eine Form der Informationsübertragung, welche unter einem sowohl für Sender wie für Empfänger positiven Selektionsdruck entstanden ist – eine fragliche Annahme, wie im vierten Kapitel zu diskutieren sein wird; vgl. Helversen & Scherer 1986, S. 21ff.
5 Portmann 1956, Bruns 1952, Wickler 1973 [1968]; vgl. auch die Zusammenfassung in Eibl-Eibesfeldt 1967, S. 190–196, sowie das Standardwerk von Cott 1939
6 Wickler 1973 [1968], S. 11
7 Bruns 1952, S. 8–14
8 Portmann 1956, S. 38–49, 60–62
9 Bruns 1952, S. 39–45
10 Bates 1861; Bruns 1952, S. 44; Portmann 1956, S. 66f.; Wickler 1973 [1968], S. 7ff.
11 Vgl. die Abbildungen in Wickler 1973 [1968], S. 12, 16f., 19f.
12 Broder 1990, S. 33
13 Wickler 1973 [1968], S. 155–166
14 Mühlmann 1934, zit. in: Bruns 1952, S. 81f.
15 Wickler 1973 [1968], S. 228f.
16 Ebd., S. 179
17 Munn 1986
18 Wickler 1973 [1968], S. 179ff.
19 Lloyd 1988 [1981], S. 96; zum Folgenden vgl. auch Lloyd 1986
20 Wickler 1973 [1968], S. 219f.; Originalarbeit von Nelson 1964
21 Wickler 1973 [1968], S. 221–227
22 Ebd., S. 239f.; Portmann 1956, S. 68
23 Alverdes 1927

Viertes Kapitel
Wann haben Lügen lange Beine?

1 Hönn 1981a [1724], Vorrede, S. 6
2 Augustinus, *Enchiridion ad Laurentium sive de fide, spe et caritate liber unus* 19–21, zit. in: Keseling 1953, S. XXVIII
3 Thomas von Aquin, *Summa theol.* 3 set. d. 38 qu. I a. 8 sol., zit. in: Keseling 1953, S. XXXVI
4 Bonaventura, *De fid. orth.* 21, ratio 6, zit. in: Keseling 1953, S. XXXVII
5 Kant 1797, *Metaphysik der Sitten* II, T. I, I. B. 2. Hauptst. § 9; zit. in: Keseling 1953, S. XLIV; vgl. Görland 1927, S. 154
6 Thomas von Aquin, *Summa theol.* 2–2, 114, 2 ad I; 109, 3 ad I, zit. in: Keseling 1953, S. XXXVI
7 *Pesikta rabbati* c. 24, zit. in: Wiener 1927, S. 19
8 Rousseau 1876 [1762], Bd. I, S. 145; vgl. Nolte 1927, S. 187, 197
9 Jean Paul 1892 [1806], zit. in: Kindler 1986, Bd. 7, S. 5639, sowie Nolte 1927, S. 203
10 Fröbel 1927 [1826]; vgl. auch Nolte 1927, S. 205
11 Schopenhauer 1851, Bd. 2, S. 305
12 Kainz 1961, S. 141, zit. in: Wickler 1977 [1971], S. 130
13 Wickler 1977 [1971], S. 131
14 Lipmann & Plaut 1927
15 Görland 1927, S. 139ff.
16 Unold 1896, zit. in: Görland 1927, S. 157
17 Birnbaum 1927, S. 555
18 Vgl. Vogel 1989a
19 Marler 1968, zit. in: Dawkins & Krebs 1981 [1978], S. 224
20 Tinbergen 1964, zit. in: Dawkins & Krebs 1981 [1978], S. 224
21 Smith 1968, zit. in: Dawkins & Krebs 1981 [1978], S. 224
22 Dawkins & Krebs 1981 [1978], S. 222f.
23 Dawkins 1978 [1976], S. 77; Dawkins & Krebs 1981 [1978], S. 227
24 Zit. nach: Büchmann 1956 [1864], S. 463f.; vgl. Weinrich 1970, S. 10, 75. Der Ausspruch wird gelegentlich auch Metternich oder Fouché zugeschrieben.
25 Simrock 1881, Nr. 355, zit. in: Grimm & Grimm 1984 [1854–1954], Bd. 12 [1885], Sp. 1274
26 Vgl. Dawkins 1978 [1976], S. 216–219; das Konzept der evolutionär stabilen Strategien geht zurück auf John Maynard Smith 1976. Die im Rahmen dieser vereinfachten Darstellung gemachte Feststellung, Betrüger würden stets eine Minderheit bleiben, ist nicht ganz korrekt. Sind die Kosten für die Betrogenen sehr gering und der Nutzen für die Betrüger sehr hoch, mag die Betrugsstrategie durchaus von einer Mehrheit der Population «gefahren» werden. Dies hat Mart Gross (1982) errechnet bei seinen Untersuchungen nordamerikanischer Sonnenfische. Etwa 15 Prozent aller Männchen wachsen bei dieser Spezies zu großen Territoriumshaltern heran, die ein Nest bauen und verteidigen, um Weibchen zur Eiablage zu bewegen. 85 Prozent (!) der Männchen bauen keine Nester; sie sind entweder viel kleiner oder nehmen die Größe und Färbung von Weibchen an. Diese Männchen versuchen, als eine Art «Wegelagerer» Befruch-

tungen zu erschleichen. Entweder – wie im Falle der kleinen Männchen, den sogenannten «Stiebitzern» – huschen sie schnell über ein Gelege hinweg oder – wie im Falle der «getarnten» Männchen, den sogenannten «Pseudoweibchen» – sie gaukeln den Territoriumshaltern vor, ebenfalls Eier ablegen zu wollen, befruchten jedoch in Wirklichkeit von echten Weibchen kurz zuvor abgelegte Eier. Die theoretischen Grundlagen intraspezifischen Betrugs behandeln ebenfalls Wade & Breden 1980, Markl 1985a sowie Bond & Robinson 1988.

27 Simpson 1968, zit. in: Dawkins & Krebs 1981 [1978]

28 Kommentkampf aus Sicht der klassischen Verhaltensforschung: Eibl-Eibesfeldt 1967; Lorenz 1963; aus Sicht der modernen Evolutionsbiologie: z. B. Dawkins & Krebs 1981 [1978], S. 230f.; Alcock 1989, S. 237

29 Krebs et al. 1978, zit. in: Alcock 1989, S. 236

30 Krebs 1977, zit. in: Alcock 1989, S. 236

31 Yasukawa 1981, zit. in: Alcock 1989, S. 236

32 Davies & Halliday 1978, in: Alcock 1989, S. 238f.

33 Grimm & Grimm 1984 [1812–1815], Bd. 1, S. 61–64

34 Ohala 1984; vgl. auch Trivers 1991, S. 186

35 Clutton-Brock & Albon 1979; Clutton-Brock et al. 1979, zit. in: Alcock 1989, S. 239

36 Wickler 1977 [1971], S. 132f.

37 Vgl. Trivers 1972

38 Partnerbewachung: Birkhead 1979; Kloaken-Picken: Davies 1983; gehäuftes Kopulieren: Birkhead et al. 1987; erzwungene Kopulationen: Barash 1977

39 Møller 1985, 1989; zum folgenden vgl. Møller 1990

40 Maynard Smith & Harper 1988

41 Wickler 1985 [1981], S. 106

42 Rohwer 1977; Rohwer & Rohwer 1978

43 Vgl. die Zusammenfassungen bei Dawkins & Krebs 1981 [1978], S. 232f.; Trivers 1985, S. 411–415

44 Lloyd 1988 [1981], S. 102, 104

45 Scott 1808 = *Marmion,* Canto VI, Stanze 17, zit. in: Lloyd 1986, S. 126

Fünftes Kapitel
Wie Affen einander Bären aufbinden

1 Nietzsche 1966 [1896], Bd. 3, S. 310

2 Vgl. Whiten & Byrne 1988b, S. 243

3 Lorenz 1959

4 Byrne & Whiten 1990: Episode 104, Level 1. Diese und die im folgenden geschilderten Episoden möglicher taktischer Täuschung unter Primaten sind in dem von Byrne & Whiten 1990 kompilierten Katalog unter «Episodennummern» zusammengefaßt. Die Episoden werden bewertet hinsichtlich der hinter dem Täuschungsmanöver steckenden Intelligenzleistung («Level»), wie sie im sechsten Kapitel – Anm. 36 – diskutiert wird.

5 Byrne & Whiten 1990: Episode 103

6 Byrne & Whiten 1987, S. 54f.; Byrne & Whiten 1988, S. 207

7 Byrne & Whiten 1990: Episode 67; vgl. auch Byrne & Whiten 1988 [1985], S. 208
8 Whiten & Byrne 1988b, S. 211 f.
9 Byrne & Whiten 1990, S. 3: «Acts from the normal repertoire of the agent, deployed such that another individual is likely to misinterpret what the acts signify, to the advantage of the agent.»
10 Whiten & Byrne 1988a, S. 233
11 Whiten & Byrne 1986; Byrne & Whiten 1990
12 Byrne & Whiten 1990, S. 6–9
13 Ebd.: Episode 161, Level 1
14 Ebd.: Episode 193, Level 1; Episode 198, Level 2
15 Ebd.: Episode 195, Level 1
16 Ebd.: Episode 201, Level 1
17 Vgl. ebf. Byrne & Whiten 1990: Episode 60, Level Oc für Savannenpaviane. Neben den bei Byrne & Whiten 1990 verzeichneten Languren-Episoden wurden in dieses Kapitel zusätzliche Beobachtungen aufgenommen. Zur Öko-Ethologie der Jodhpur-Languren vgl. Sommer 1990b.
18 Byrne & Whiten 1990: Episode 136, Level 1; vgl. auch Episode 137, Level Ob
19 Ebd.: Episode 56, Level 1.5; vgl. auch Kummer 1982
20 Ebd.: Episode 202, Level 1.5
21 Ebd.: Episode 169, Level 1
22 Ebd.: Episode 210, Level 1
23 Ebd.: Episode 207, Level Oc
24 Ebd.: Episode 64, Level Oa
25 V. Sommer, unveröffentlichte Beobachtung
26 Byrne & Whiten 1990: Episode 13, Level 1
27 Byrne & Whiten 1990: Episode 67, Level 1; vgl. Byrne & Whiten 1988 [1985], S. 208
28 Byrne & Whiten 1990: Episode 222, Level 2
29 Ebd.: Episode 14, Level 1
30 Ebd.: Kapuzineraffen-Episoden 16–19, Rhesusaffen-Episode 39, Bärenmakaken-Episode 36, Javaneraffen-Episoden 37–38, alle Level Oc
31 Ebd.: Episode 225, Level 1
32 Ebd.: Episode 70, Level Ob
33 Ebd.: Episode 138, Level Ob
34 Ebd.: Episode 5, Level Oa
35 Ebd.: Episode 76, Level 1
36 Ebd.: Episode 189, Level 1
37 Ebd.: Episode 237, Level 1
38 Ebd.: Episode 238, Level 1
39 Ebd.: Episode 139, Level Ob
40 Languren: Sommer 1985, S. 387; Rhesusaffen: Rowell et al. 1964; Grüne Meerkatzen: Struhsaker 1971; Savannenpaviane: Byrne & Whiten 1990: Episode 88, Level Oc
41 Byrne & Whiten 1990: Episode 151, Level 1
42 Ebd.: Bärenmakaken-Episode 42, Japanmakaken-Episoden 43–44, Berberaffen-Episode 45, Savannenpaviane-Episoden 90 und 91; meist Level Oc

43 Ebd.: Episode 248, Level 2. Die Täuschungsproblematik bei «sprach»-unterrichteten Menschenaffen diskutieren z. B. Grennfield & Savage-Rumbaugh 1990, Savage-Rumbaugh & McDonald 1990, Vauclair 1990.
44 Ebd.: Episode 104, Level 1
45 Kummer 1988 [1967], S. 115 f.
46 Wickler 1977 [1971], S. 138 f.; zu Interpretationen des biblischen Gebotes vgl. Albertz 1988
47 Languren: Sommer 1985, S. 205 f.; vgl. Byrne & Whiten 1990: Episode 134, Level 1, für Husarenaffen
48 Byrne & Whiten 1990: Episode 114, Level Oc
49 Ebd.: Episode 107, Level 1
50 Ebd.: Episode 250, Level 1
51 Ebd.: Episode 253, Level 2
52 Byrne & Whiten 1990: Episode 252, Level 2; vgl. Menzel 1988 [1974]
53 Kaysersberg 1510, 92b, zit. in: Grimm & Grimm 1984 [1854–1954], Bd. 12 [1885], Sp. 1267

Sechstes Kapitel
Können Tiere Gedanken lesen?

1 Corneille 1880 [1644] IV.5, zit. in: Weinrich 1970, S. 78
2 Romanes 1977 [1883]; Romanes 1969 [1884]; Morgan 1894; Morgan 1970 [1900]; die Kontroverse ist zusammengefaßt in Mitchell 1986.
3 Schwierigkeiten bereitet die Übersetzung englischer Begriffe, die sich auf Bewußtseinszustände bzw. Intelligenzleistungen beziehen. Englisch *mental* kann «geistig» oder «seelisch» bedeuten. Um Mißverständlichkeiten zu vermeiden, wird meist das Fremdwort «mental» beibehalten. Englisch *mind* kann außer «Geist» und «Seele» auch «Verstand», «Gemüt» oder «Meinung» bedeuten; es wurde meist mit «Verstand» wiedergegeben. Zum Übersetzungsproblem vgl. auch Walther, in: Griffin 1985 [1984], S. 235 f.
4 Romanes 1977 [1883], S. 444, zit. in: Mitchell 1986, S. 6
5 Morgan 1894, S. 53, zit. in: Mitchell 1986, S. 6
6 Morgan 1970 [1900], S. 140, 143, 59, 138, zit. in: Mitchell 1986, S. 6
7 Ebd., S. 280, zit. in: Mitchell 1986, S. 7
8 Watson 1924, S. 2, zit. in: Mitchell 1986, S. 10. Die strikte Position wird erstmals in Watson 1913 deutlich.
9 Washburn 1936, S. 20–23, zit. in: Mitchell 1986, S. 11
10 Vgl. zu diesem Thema Wieser 1976, Apfelbach 1988 sowie Mitchell 1986, S. 12 f.
11 Krebs 1978, S. 23, zit. in: Mitchell & Thompson 1986, S. 361
12 Dawkins 1978 [1976], S. 76
13 Mitchell & Thompson 1986, S. 361
14 Griffin 1988, S. 256; vgl. auch Griffin 1985 [1984]
15 Whiten & Byrne 1988; vgl. das zweite Kapitel zu Machiavelli
16 Reininger 1927, S. 352
17 Scupin & Scupin 1907, S. 49 f., zit. in: Reininger 1927, S. 353
18 Stern & Stern 1922, zit. in: Kainz 1927, S. 236
19 Vgl. den Kommentar von Altmann 1988 zu Byrne & Whiten 1988a: Episode 88

20 Washburn 1908, zit. in: Burghardt 1988, S. 248f.
21 Humphrey 1988 [1976]
22 De Waal 1988, S. 254
23 Whiten & Byrne 1988a, S. 244. Munn 1986 hat diese Kontrolle bei seiner Alarmlaut-Studie an polyspezifischen Assoziationen von Vögeln – s. o., drittes Kapitel – vorgenommen!
24 Zu diesem von Dennett 1988 [1983], S. 197, verwandten Beispiel vgl. auch die Forschungen von Wilson et al. 1958
25 Dunbar 1988, S. 255; Whiten & Byrne 1988a, S. 243; zu den Experiment-Befürwortern zählen z. B. Gallup 1988, S. 255f.; Menzel 1988, S. 258f.; Thomas 1988, S. 265f. oder Kummer et al. 1990.
26 Hausfater & Hrdy 1984; Sommer 1987a
27 De Waal 1986, S. 221
28 Bennett 1988; Dennett 1988 [1983]
29 Whiten & Byrne 1988b, S. 215; 1988a, S. 235; maßgeblich entwickelt wurde dieses Konzept von Premack & Woodruff 1978; vgl. Premack 1988.
30 Whiten & Byrne 1988a, S. 235; vgl. auch Russow 1986, S. 42ff.
31 Dennett 1988 [1983]
32 Ebd., S. 186. In einer Autoreparatur-Werkstatt entdeckte ich eine Plakette mit folgender Aufschrift: «Ich weiß, daß du glaubst, du hättest verstanden, was ich sagte, aber ich bezweifle, daß du verstehst, daß das, was du hörtest, nicht das war, was ich meinte.»
33 Whiten & Byrne 1988b, S. 215. Erinnern wir uns an die gefälschten Alarmlaute, die von den Wächterarten in den großen gemischten Schwärmen peruanischer Vögel ausgestoßen werden. Da die Vögel ihr Verhalten situationsabhängig ändern – also falschen Alarm geben, wenn sie eine Schnabellänge voraus sein wollen vor einem Futterrivalen, um ein Insekt zu schnappen –, erfüllt dies das Kriterium einer taktischen Täuschung der Kategorie Ablenken. Eine mentale Stufe zweiter Ordnung läge vor, wenn das Vogelhirn dächte: «Ich glaube, du glaubst, ein Adler sei in der Nähe, wenn ich den Alarmlaut ausstoße.» Um den gewünschten Effekt zu erzielen – alleinigen Zugang zur Beute –, genügt es jedoch völlig, wenn der Vogel den Alarmlaut gibt, ohne die anderen Vögel zu beobachten oder Annahmen über deren mentale Repräsentation zu machen; Munn 1986; vgl. Whiten & Byrne 1988b, S. 222.
34 Byrne & Whiten 1990: Episode 203, Level 1.5; vgl. Whiten & Byrne 1988b, S. 216
35 Humphrey 1988, S. 257f.; vgl. auch Whiten & Byrne 1988a, S. 269
36 Byrne & Whiten 1990, S. 4ff.: «Absence of evidence is not evidence of absence.» Die von Byrne & Whiten vorgenommenen Wertungen der beschriebenen Episoden potentieller taktischer Täuschung (TT) sind den Quellennachweisen vom fünften und sechsten Kapitel jeweils beigefügt.
Level N: Befund negativ; TT fehlt trotz ausführlicher Beobachtung;
Level ?: TT nicht gesehen, es ist jedoch gut möglich, daß TT der Aufmerksamkeit des Beobachters entgangen ist;
Level O: Alternative Erklärungen vorhanden;
Level 1: Evidenz für TT überwiegt alternative Erklärung;
Level 1.5: Wie 1, zusätzlich dazu hat der Täuschende die Perspektive eines anderen verstanden;

Level 2: Wie 1, zusätzlich dazu hat der Getäuschte die Täuschungsabsicht durchschaut.

37 Chevalier-Skolnikoff 1986; 1988. Ausführlich diskutiert wird die Anwendung der Piaget-Modelle in der Verhaltensforschung an nicht-menschlichen Primaten bei Jolly 1985, S. 386–400, sowie in dem von Parker & Gibson 1990 herausgegebenen Sammelband *‹Language› and Intelligence in Monkeys and Apes*, z. B. von Parker 1990.

38 Piaget & Inhelder 1981 [1966], S. 11–17

39 Chevalier-Skolnikoff 1977

40 Mathieu et al. 1980, zit. in: Jolly 1985, S. 383f.

41 Piaget & Inhelder 1980 [1966], S. 17; Köhler 1921

42 Chevalier Skolnikoff 1988, S. 249; Mitchell 1986, S. 15

43 Fromm 1981, S. 319, zit. in: Mäckler & Schäfers 1989, S. 60, 282

44 Filipp & Frey 1988

45 Phylogenetische Stufenmodelle sind allerdings nicht unproblematisch, da sie oft auf dem Gedanken eines hierarchischen Aufbaus der belebten Welt im Anschluß an die *scala naturae* des Aristoteles beruhen, also eine «Höherentwicklung» postulieren. Stärker berücksicht werden muß, daß Spezies in je verschiedenen Umwelten einem je unterschiedlichen Selektionsdruck ausgesetzt sind. So wäre es denkbar, daß manche Affenspezies die Fähigkeit zur visuellen Selbsterkenntnis ausbilden mußten, während manche Menschenaffen das einfach nicht nötig hatten; vgl. Steklis & Whiteman 1989, S. 419, zur Problematik von Stufenmodellen im Bereich des Sexualverhaltens.

46 Gallup 1980; Gallup et al. 1980; Patterson & Linden 1981. Es sei nicht verschwiegen, daß Skinner-Anhänger mit Fleiß versucht haben, die Beweiskraft von Spiegel-Experimenten hinsichtlich der Fähigkeit zur Selbsterkenntnis zu entkräften: Sie dressierten Tauben, in Gegenwart eines Spiegels auf blaue Punkte in ihrem Gefieder zu picken; Epstein et al. 1981, zit. in: Jolly 1985, S. 394.

47 Vischer 1879, Bd. 1, S. 227, zit. in: Grimm & Grimm 1984 [1854–1954], Bd. 12 [1885], Sp. 2224

48 Augustinus, *Über die christliche Liebe* 1, 26, zit. in: Heilmann & Kraft 1963–1964, Bd. 2, S. 452

49 Paul 1984, S. 324f.

50 Hamann 1758, Bd. 1, 131, zit. in: Grimm & Grimm 1984 [1854–1954], Bd. 12 [1885], Sp. 452

51 Kano 1980; Goodall 1986. Neuere Daten zu wilden Schimpansen präsentiert Nishida 1990.

52 Rodman & Mitani 1987; Gallup 1983; Gallup 1988, S. 255

53 Sozialsystem bei Gibbons: Leighton 1987; Verwandtschafts-Selektion: Hamilton 1964

54 Krallenaffen werden im Labor meist in monogamen Gruppen gehalten. Aus dem Freiland mehren sich Hinweise auf gelegentlich polyandrische Sozialsysteme, bei denen ein Weibchen mit mehreren erwachsenen Männchen lebt. Da Krallenaffen – ungleich anderen Primaten – meist Mehrlinge zur Welt bringen, sind die Gruppenmitglieder bei der Aufzucht stark aufeinander angewiesen; vgl. Goldizen 1987. Smith 1988, S. 264, hält allerdings das Argument, Familien-

mitglieder könnten aus gegenseitigem Betrug kaum Vorteil ziehen, für nicht stichhaltig und macht hier insbesondere auf den von Trivers 1974 beschriebenen Eltern-Kind-Konflikt aufmerksam, wie er sich während der Entwöhnungsphase äußert.

55 Bauchop & Martucci 1968

56 Clutton-Brock & Harvey 1978; vgl. Krebs & Davies 1984 [1981], S. 57. Vgl. auch Milton 1988 [1981], Gibson 1990

57 Andrew 1962; Jolly 1966

58 Zimmermann & Torrey 1965, zit. in: Jolly 1988 [1966], S. 28

59 Washburn et al., 1965. Die Vorstellung, daß komplexe Intelligenzleistungen von Affen und Menschenaffen evolvierten als eine Anpassung an die vielfältigen Anforderungen eines komplexen sozialen Feldes, wurde vor allem von Chance & Mead 1988 [1953], Jolly 1988 [1966] und Humphrey 1988 [1976] vorangetrieben. Neben Byrne & Whiten 1988 sind auch die Arbeiten von Cheney & Seyfarth 1988, 1985 [1988], 1990 von wesentlichem Einfluß auf die gegenwärtige Diskussion.

60 Nietzsche 1966 [1896], Bd. 3, S. 316f.

61 Baumgarten 1927, S. 505–508

62 De Waal 1991 [1989]

63 Hönn 1981a [1724], Vorrede, S. 3f. Thurnwald 1927, S. 400, 411, ist ganz ähnlich der – nach heutigem Kenntnisstand kaum haltbaren – Meinung, die Grundzüge «primitiven Denkens», wie er sie bei Naturvölkern zu erkennen glaubt, seien auf «die Auswirkungen einer viel schwächeren technischen und geistigen Meisterung der Umwelt» zurückzuführen: «Aus allem ergibt sich die enge Gebundenheit von Wahrheit und Lüge an die besondere Geistesverfassung der Menschen, die wieder mit dem Stande der Technik, der Denkfähigkeit und der Gesellschaftsgestaltung zusammenhängt.»

Siebtes Kapitel
Die Logik der Selbsttäuschung

1 Nietzsche 1966 [1896], Bd. 3, S. 314

2 Augustinus, *Enchiridion ad Laurentium sive de fide, spe et caritate liber unus* 18; zit. in: Keseling 1953, S. XXVI

3 Sartre 1958 [1943], S. 49, zit. in: Gur & Sackeim 1979, S. 148

4 Vgl. Trivers 1991, S. 179. Eine präzise Unterscheidung der psychologischen Konzepte von «unbewußt» und «unterbewußt» bzw. «vorbewußt» ist in diesem Zusammenhang nicht notwendig. Psychische Inhalte – wie Vorstellungen, Gedanken, Erinnerungen, Motive und Handlungsbereitschaften –, die im Augenblick nicht aktiviert sind, aber im Bedarfsfall sofort erneut aktiviert werden können, gelten als «Unterbewußtsein», zuweilen auch als «Vorbewußtsein». Durch Abwehrmechanismen werden unter- und vorbewußte psychische Inhalte «unbewußt». Sie können nur schwer und gegen den inneren Widerstand einer Person aktiviert werden – etwa durch Psychotherapie, Psychoanalyse oder Hypnose; Arnold et al. 1987, S. 2396f., 2407, 2502.

5 Vgl. z. B. Alcock 1989, S. 2f., Weinrich 1987, S. 12ff., Sommer 1990a, S. 86f.

6 Gur & Sackeim 1979. Alternative Erklärungen, die Zweifel am Vorliegen von

Selbsttäuschung aufkommen lassen könnten, wurden von den Autoren sorgfältig geprüft und sind hier nicht im Detail diskutiert. Zu der Frage, ob die Interpretation der Ergebnisse haltbar ist, vgl. die Einwände von Douglas & Gibbins 1983, die Erwiderung von Sackeim & Gur 1985 sowie eine erneute Erwiderung von Gibbins & Douglas 1985.

7 In Deutschland, Österreich und der Schweiz ist der Lügendetektor als juristisches Beweismittel nicht erlaubt – nicht etwa, weil Bedenken bestünden gegen die Methode, sondern weil sie gegen den Willen des Beschuldigten in sein Innerstes eindringt und somit die Menschenwürde verletzt; vgl. Brockhaus 1989ff., Bd. 13, Stichwort Lügendetektor.

8 Vgl. auch die Zusammenfassung in Trivers 1985, S. 416f. Hinsichtlich unterschiedlicher Speicher für bewußte und unterbewußte Information wird gelegentlich auf neurologische Befunde verwiesen. Die rechten und linken Hemisphären unseres Gehirns «verwalten» teilweise unterschiedliche «Weltsichten» – die linke etwa vorzugsweise mathematisch-analytische Aspekte, die rechte eher räumliche. Ein und dieselbe Information kann jedoch auch in beiden Hälften gespeichert werden, wobei sie allerdings in der einen bewußt, in der anderen unbewußt sein kann. Zu einiger Berühmtheit gelangte der Fall einer «splitbrain»-Patientin, der wegen eines Epilepsie-Leidens der die Hirnhemisphären verbindende «Balken» durchtrennt worden war: Beim Anziehen knöpfte eine Hand die Kleidung zu, während die andere Hand folgte und die Knöpfe wieder öffnete! Sperry 1969, zit. in: Krebs et al. 1988, S. 108f.; vgl. auch Popper & Eccles 1989 [1977].

9 Trivers 1991, S. 178. Die Diskussion, ob Tiere «bewußt» handeln, bekäme eine paradoxe Dynamik, wenn sich herausstellen sollte, daß sie zur Selbsttäuschung fähig sind!

10 Trivers 1991, S. 178

11 De Waal 1988, S. 254

12 De Waal 1983 [1982], S. 133f.; vgl. Byrne & Whiten 1990: Episode 205, Level 2

13 Freud 1959 [1925], zit. in: La Frenière 1988, S. 244; vgl. Darwin 1965 [1872]

14 Lipmann 1927, S. 2–4; zum «Atmungssymptom» der Lüge vgl. Benussi 1914

15 De Waal 1988, S. 254

16 Konzepte von Ekman & Friesen, 1969, 1974; vgl. die Zusammenfassung in La Frenière 1988, S. 244f.

17 Goffman 1985 [1959], S. 197

18 *Midrasch Tillim* zu *Psalm* 120, 4, zit. in: Wiener 1927, S. 3; vgl. auch *Jeremia* 9, 3

19 Feldman et al. 1979, zit. in: La Frenière 1988, S. 246

20 Saarni 1984, zit. in: La Frenière 1988, S. 246

21 La Frenière 1988, S. 247f.

22 Ihering 1886, S. 614f.

23 Heymans 1924, zit. in: Lipmann 1927, S. 13

24 Brecht 1957

25 Goffman 1985 [1959], S. 231

26 Ebd., S. 5, 49

27 Sartre 1985 [1943], S. 108, zit. in: Goffman 1985 [1959], S. 71

28 Goffman 1985 [1959], S. 10–12

29 Ebd., S. 12

30 Ebd., S. 19f.
31 Ebd., S. 76
32 Ebd., S. 56
33 Park 1950, zit. in: Goffman 1985 [1959], S. 21, 236
34 *Markus* 11, 22f.; *Lukas* 17,6; *Matthäus* 17, 20
35 Krebs et al. 1988, S. 126f.
36 Schiller 1966 [1815], *Demetrius* 2
37 Goffman 1985 [1959], S. 97
38 Übersichtliche Darstellung bei Filipp & Frey 1988
39 Filipp & Frey 1988, S. 434ff.; Swann 1984
40 Weiner et al. 1972; Fiske & Tayler 1984, zit. in: Krebs et al. 1988, S. 116
41 Scholl, im Druck
42 Busch 1874, zit. in: Filipp & Frey 1988, S. 442
43 Larwood 1978; Perloff 1983, 1987; Weinstein 1980, 1983; Davison 1983; vgl. auch die Zusammenfassungen in: Krebs et al. 1988, S. 117f., sowie Degen 1988
44 Cohen & Lazarus 1973
45 Lazarus 1981; vgl. Miltner 1986, S. 46–48
46 Trotter 1987, zit. in: Krebs et al. 1988, S. 128
47 Goleman 1985; vgl. auch Stahlberg et al. 1985
48 Vgl. hierzu die Übersichtsartikel von Miltner 1986, Alloy & Abramson 1988 sowie Ernst 1986. Die tödliche Folge einer realitätsverzerrenden, auf Selbsttäuschung beruhenden Wahrnehmung bei Piloten und Kopiloten eines Passagierflugzeuges diskutieren Trivers & Newton 1982.
49 Tiger 1979, vgl. auch Konner 1983 [1982], S. 257
50 Seligman 1987, zit. in: Krebs et al. 1988. Sensibilität und übergroßes Einfühlungsvermögen, gepaart mit Empörung über die Maskeraden und Schönfärbereien, von denen sich die Menschen so gerne blenden lassen, war Anlaß für den Bücherwurm Robert Burton, im England des Jahres 1621 seine *Anatomie der Melancholie* erscheinen zu lassen, in der eben in der Unfähigkeit, Greuel und Katastrophen verdrängen zu können, eine Ursache der Schwermut gesehen wird; Horstmann in: Burton 1988 [1651], S. 337.
51 Dawkins 1978 [1976]. Der Duktus der Argumentation bezüglich der Adaptivität von Optimismus und Religiosität folgt im wesentlichen Krebs, Denton & Higgins 1988, S. 128ff.
52 Lorenz, zit. in: Mäckler & Schäfers 1988, S. 11; vgl. Camus 1975 [1942], S. 18: «Eine Sekunde lang verstehen wir die Welt nicht mehr: Jahrhundertelang haben wir in ihr nur die Bilder und Gestalten gesehen, die wir zuvor in sie hineingelegt hatten, und nun verfügen wir nicht mehr über die Kraft, von diesem Kunstgriff Gebrauch zu machen. Die Welt entgleitet uns: sie wird wieder sie selbst.» Die entgegengesetzte Überzeugung, unsere Umwelt ständig beeinflussen zu können, nennt die Sozialpsychologin Shelley Taylor hingegen «Kontroll-Illusion»; vgl. Stiegnitz 1991, S. 88.
53 Krebs et al. 1988, S. 128. Besonders nachdenkenswert ist in dieser Hinsicht die religiöse Auffassung von Hinduismus und Buddhismus, wonach alles Leben Illusion – «Maya», «Täuschung» – ist. Die religiöse Selbsttäuschung läge hier zumindest formal darin, Selbsttäuschung als solche zu begreifen! Darüber hinaus wird durch eine solche Philosophie die Vorstellung einer Gegensätzlichkeit von

Lüge und Wahrhaftigkeit aufgehoben: Bei wirklicher Einsicht würden «Wahrheit und Lüge zu unterbrechungslosen Übergängen ein und derselben Wirklichkeit. [...] Es ist ja so, daß das Licht damit, daß es sich selbst zeigt, auch die Dunkelheit zeigt, und es ist ja so, daß das Wissen damit, daß es sich selber zeigt, auch das Nichtwissen der anderen zeigt»; Dahlke 1927, S. 89f.; vgl. auch Zimmer 1972. Traum und Realität, Lüge und Wahrheit werden zu Seiten ein und derselben Medaille – wie auch Friedrich Nietzsches Bemerkung verdeutlicht: «Pascal hat recht, wenn er behauptet, daß wir, wenn uns jede Nacht derselbe Traum käme, davon ebenso beschäftigt würden als von den Dingen, die wir jeden Tag sehen: ‹Wenn ein Handwerker gewiß wäre, jede Nacht zu träumen, volle zwölf Stunden hindurch, daß er König sei, so glaube ich›, sagt Pascal, ‹daß er ebenso glücklich wäre als ein König, welcher alle Nächte während zwölf Stunden träumte, er sei Handwerker.›» Nietzsche 1966 [1896], Bd. 3, S. 319f.

54 Gerard 1984 [1979], S. 256

55 Ebd., S. 250ff.

56 Allport 1954, zit. in: Gerard 1984 [1979], S. 254

57 Rosenthal 1966; vgl. Sossinka et al. 1988, S. 19f.

58 Vgl. Frank 1961; Aronoff & Lesse 1983, zit. in: Krebs et al. 1988, S. 131f.

59 Hönn 1981a [1724], Vorrede, S. 3

60 Zit. in: Lipmann 1927, S. 4f.

61 Lipmann 1927, S. 5

62 Birnbaum 1927, S. 562

63 Delbrück 1891

64 Birnbaum 1927, S. 562f.

65 Ebd., S. 568

66 Henneberg 1900, S. 425–450, zit. in: Birnbaum 1927, S. 563f.

67 Ebd., S. 439, zit. in: Birnbaum 1927, S. 563ff.

68 Ibsen 1907a [1884] (= *Die Wildente,* 5. Akt), zit. in: Kindler 1986, S. 9960f., sowie Rauchfleisch 1988, S. 51

69 Ibsen 1907b [1896], s. auch Kindler 1986, S. 5011; vgl. Aron 1927, S. 257f. An Ibsens Dramen erinnert das Schauspiel *Tod eines Handlungsreisenden,* in dem Arthur Miller die tödlich endende Lebenslüge des Willy Loman schildert; Miller 1967 [1949]. «Menschen, die einem Blindenstock gleich nach der Lüge greifen, um sich an den Ecken und den Enden der eigenen Vergangenheit nicht wundzuschlagen, brauchen ein gutes Gedächtnis und eine lebhafte Phantasie; zumindest dann, wenn sie erfolgreich und dauerhaft lügen wollen.» Sosehr der österreichische Soziologe Peter Stiegnitz zu beglückwünschen ist, weil er den Essay, aus dem diese Feststellung stammt, mit *Lügen lohnt sich* überschrieben hat, so sehr fehlt hier die Einsicht, daß die Vergangenheit sich dauerhaft am effektivsten modulieren läßt durch Ausschalten von Gedächtnis und Phantasie – durch Selbsttäuschung eben (Stiegnitz 1991, S. 63). *The Totalitarian Ego (Das totalitäre Ich)* nannte der amerikanische Psychologe Anthony Greenwald seine Untersuchung über das Verfertigen und Revidieren der persönlichen Lebensläufe. Die eigene Vergangenheit wird egozentrisch und selektiv interpretiert – eine Schuldfrage wird nicht gestellt (Greenwald 1980).

70 Rauchfleisch 1988, S. 64f.

71 Ebd., S. 52

72 Ebd., S. 64
73 Ernst 1986, S. 21, 27
74 Santayana 1922, als Motto zit. in Goffmann 1985 [1959], S. 1
75 Nietzsche 1966 [1896], Bd. 3, S. 322

Achtes Kapitel
Irrung und Wirrung beim Liebeshändel

1 Der Vers von G. A. Bürger (1747–1794) ist als Motto vorangestellt dem Kapitel 44 – «Metaphysik der Geschlechtsliebe» – von *Die Welt als Wille und Vorstellung*, Schopenhauer 1938 [1844], S. 607.
2 Schopenhauer 1938 [1844], S. 611
3 Darwin 1967 [1859]; Trivers 1972
4 Schopenhauer 1938 [1844], S. 611–613; 618
5 Ebd., S. 616. Schopenhauers Erkenntnis wäre nach heutigem evolutionsbiologischem Verständnis perfekt, nähme er nicht an, die Fortpflanzung käme der Arterhaltung – oder, wie er es ausdrückt, «der Gattung» – zugute, während de facto die Individuen bzw. deren Gene als Einheiten der Selektion gelten; vgl. zehntes Kapitel; laut Schopenhauer könne «die Natur ihren Zweck nur dadurch erreichen, daß sie dem Individuo einen gewissen Wahn einpflanzt, vermöge dessen ihm als ein Gut für sich selbst erscheint, was in Wahrheit bloß eines für die Gattung ist, so daß dasselbe dieser dient, während es sich selber zu dienen meint»; Schopenhauer 1938 [1844], S. 616.
6 Guiness 1984, S. 11. In den neuesten Ausgaben des Guiness-Buchs der Rekorde ist der Nachkommen-Rekord für Männer nicht mehr aufgeführt – wohl wegen seiner schweren Überprüfbarkeit, vgl. Guiness 1990, S. 71. Geschlechtsspezifische Reproduktionspotentiale: vgl. z. B. Wickler & Seibt 1983; Krebs & Davies 1984 [1981], S. 181
7 Darwin o. J. [1871], S. 127
8 Darwin 1902 [1871], Bd. I, S. 636
9 Trivers 1972. Der Begriff «sollte» ist in diesem Zusammenhang stets «prädiktiv» gemeint und keinesfalls «normativ»; vgl. zehntes Kapitel.
10 Schopenhauer 1938 [1844], S. 620. Zum Problem der «doppelten Moral» vgl. etwa Vogel 1989b
11 Mit dem Reproduktionswert wandelt sich auch die für bestimmte Lebensabschnitte optimale Strategie der Fortpflanzung; vgl. die von Borries et al. 1991 beschriebenen Verhältnisse bei indischen Langurenaffen.
12 Schopenhauer 1938 [1844], S. 621 f.
13 Ebd., S. 623 f.
14 Buss 1985, 1987
15 Tooke & Camire 1990
16 Hönn 1981a [1724], S. 73–75
17 Caro 1987, S. 271 f.
18 Morris 1968 [1967], S. 69
19 Furuichi 1987, S. 313
20 Low et al. 1987; Caro 1987
21 Schopenhauer 1938 [1844], S. 621 f.

22 Low et al. 1987
23 Überblick bei Caro & Sellen 1990, S. 60–62
24 Low et al. 1987. Um diese Argumentation entspann sich ein schwer entscheidbarer Streit zwischen Caro & Sellen 1990 und Low 1990.
25 Goodall 1971, S. 154, 161; vgl. auch Nishida & Hiraiwa-Hasegawa 1987, S. 167; de Waal 1983 [1982], S. 160–162. Übersichten gegenwärtiger Theorien zum Sexualverhalten bei Primaten einschließlich des Menschen finden sich bei Sommer 1989d, Kap. 3, sowie Sommer 1987b.
26 Darwin 1902 [1871], Bd. II, S. 127f.; Harcourt & Stewart 1977, S. 162
27 Parker 1987, S. 243; Nishida & Hiraiwa-Hasegawa 1987, S. 173; Goodall 1986, S. 449
28 Z. B. Collins 1978, S. 2; Napier & Napier 1985, S. 30
29 Harcourt & Stewart 1977, S. 162; Stewart & Harcourt 1987; Parker 1987, S. 243; Diamond 1985, S. 3; Rodman & Mitani 1987, S. 148; Leighton 1987, S. 137; Short 1981
30 Morris 1968 [1967], S. 60, 83
31 Alberts 1987, S. 401; Leighton 1987, S. 137
32 Symons 1979, S. 138f.; vgl. Hrdy 1983, S. 73, sowie Hrdy 1981
33 Alexander & Noonan 1979, S. 443f.; vgl. auch Turke 1984, S. 33–35; Hrdy 1983, S. 73
34 Strassmann 1981
35 Burley 1978
36 Daniels 1983; Mitchell 1986, S. 17, hält die Verwendung des Ausdrucks «Selbsttäuschung» im Zusammenhang mit der verdeckten Ovulation für nicht korrekt, da es keinen Hinweis darauf gäbe, daß Frauen unterbewußt *wissen,* daß sie ovulieren und diese Information vor dem Bewußtsein verbergen; vgl. auch Krebs et al. 1988, S. 108.
37 Spuhler 1979, S. 461; vgl. Hrdy 1983, S. 73
38 Überblick bei Steklis & Whiteman 1989
39 Hrdy & Whitten 1987; Probleme mit diesem Konzept diskutieren etwa Sommer et al., im Druck.
40 Hönn 1981a [1724], S. 73f.
41 Smith 1984; Einwände hierzu trägt Caro 1987, S. 275, vor.
42 Hönn 1981a [1724], S. 40f.

Neuntes Kapitel
Sprache verkleidet den Gedanken

1 Broder 1990, S. 33
2 Kainz 1927, S. 212, 215
3 Shakespeare 1963 [1623] (= *Heinrich V.*, Akt V, Szene 2)
4 Voltaire, Le Chapon et la Poularde (Der Kapaun und das Masthuhn), S. 116 (Dialog 14) in: *Dialogues et anecdotes philosophiques;* zit. in: Weinrich 1970, S. 10, 75; vgl. Büchmann 1956 [1864], S. 464
5 Aron 1927, S. 249
6 Vgl. Saitschick 1919, S. 8, zit. in: Baumgarten 1927, S. 527
7 Wittgenstein 1922, S. 62

8 Fischart 1866/1867 [1572], S. 546, zit. in: Röhrich 1977 [1973], Bd. 2, S. 612
9 Bismarck, *Reden* IV, 144, zit. in: Röhrich 1977 [1973], Bd. 2, S. 612
10 Schneider 1990
11 Goethe 1966 [1833], S. 184 (= *Faust II,* 67771)
12 Kainz 1927, S. 230f.
13 Ebd., S. 231f.
14 Ebd., S. 226
15 Vgl. Plaut 1927b, S. 463
16 Zit. in: Schneider, 1990, S. 51f.
17 Kainz 1927, S. 227f.
18 Vgl. ebd., S. 215
19 Behr-Brunetti 1927, S. 264, 276
20 *Traktat Chulin* 94b, zit. in: Wiener 1927, S. 19
21 Lipmann 1927, S. 5
22 Nietzsche 1966 [1896], Bd. 3, S. 314; vgl. Kainz 1927, S. 215
23 Weinrich 1970, S. 12f.
24 Ihering 1886, S. 627
25 Comenius, o. J., S. 20, zit. in: Nolte 1927, S. 193
26 Zit. in: Nolte 1927, S. 194f.
27 Keseling 1953, S. 125
28 Augustinus 1953 [395], S. 2 (= *De mendacio* 2)
29 Jacobovits 1914, zit. in: Keseling 1953, S. 125
30 Weinrich 1970, S. 68, 74; Goldoni 1957 [1753], S. 18
31 Augustinus 1953 [420], S. 94 (= *Contra mendacium* 24)
32 Goethe 17, 294, zit. in: Grimm & Grimm 1984 [1854–1954], Bd.12 [1885], Sp. 1278
33 Weinrich 1970, S. 42
34 Bischof 1991, S. 163
35 Ihering 1886, S. 576
36 Hassenstein 1980; Burghardt 1984; Weisfeld 1990. Betrug beim Spiel zwischen Hunden und Menschen diskutieren Mitchell & Thompson 1986, beim Sport Mawby & Mitchell 1986.
37 Behr-Brunetti 1927, S. 265
38 Lipmann 1927, S. 5f.
39 Ebd., S. 7
40 Behr-Brunetti 1927, S. 279f.
41 Zit. in: Nolte 1927, S. 192

Zehntes Kapitel
Psychologie der Moral

1 Nietzsche 1966 [1896], Bd. 3, S. 311
2 Zum folgenden vgl. Sommer 1992
3 Wilson 1980 [1978], S. 6
4 Ruse 1979
5 Hamilton 1964
6 Lorenz 1963

7 Trivers 1971
8 Wilson 1980 [1978], S. 8
9 Zit. in: Rosenbladt 1988, S. 51. Zu den ersten Multiplikatoren und Verfechtern der Soziobiologie zählten z. B. Barash 1977; Alexander 1979; Chagnon & Irons 1979 und im deutschsprachigen Raum Wickler & Seibt 1981 [1977]; heftige Kritik übten z. B. Gould 1976, Sociobiology Study Group of Science for the People 1976, Rose et al. 1984.
10 Vgl. Mühlmann 1984, S. 110–115
11 Graham 1981; Medwedjew 1971 [1969]
12 Machiavelli 1961 [1532], S. 106
13 Vgl. hierzu die ausführliche Diskussion in Sommer 1990a
14 Wilson 1980 [1978], S. 129
15 Ebd., S. 141
16 Markl 1985b, S. 85 f.
17 Büchner 1922 [1740], S. 705
18 Fulgentius von Ruspe, *Predigten* 5, 4–6, zit. in: Heilmann & Kraft 1963–1964, Bd. 3, S. 348; vgl. *Galater* 6, 10; ausführliche Diskussion in Sommer 1989b.
19 Markl 1985b, S. 51. Weitaus virulenter als bei individualselektionistisch orientierten Biologen ist die Gefahr des normativen Biologismus bei gruppenselektionistisch ausgerichteten Human-Ethologen, da deren Auffassungen zufolge die evolutiv vorstrukturierten Regeln des Sozialverhaltens ohnehin den ethisch oft anvisierten Zielen des Gemeinwohls parallel laufen; vgl. etwa die Grundtendenz in Eibl-Eibesfeldt 1984.
20 Vgl. hierzu Vogel 1977 bzw. den – allerdings überzogenen – Ansatz von Haraway 1989, sowie Parker & Baars 1990
21 Altmann, zit. in: Eckholm 1985
22 Alexander 1987, S. 107–129; Zusammenfassung bei Irons 1990
23 Wickler 1971 [1977], S. 136; vgl. Markl 1985a, S. 163
24 Simmel 1908, S. 337 ff., zit. in: Plaut 1927c, S. 487
25 Darwin 1982 [1871], S. 169
26 Lipmann 1927, S. 11
27 Vgl. das von Irons 1990, S. 21 ff., geschilderte «Aushandeln» neuer Heiratsregeln bei den Shitari-Yanomami-Indianern.
28 Alexander 1987, S. 191
29 Ebd., S. 107
30 Lipmann 1927, S. 9
31 Vogel 1990, S. 52
32 Ebd., S. 47, 52
33 Vogel 1989b, S. 58; vgl. auch Vogel 1985
34 Lipmann 1927, S. 9
35 Brockhaus 1989 ff., Bd. 13, Stichwort Lüge
36 Brockhaus 1989 ff., Bd. 1, S. 450; Schmidt 1978, S. 62
37 Salzmann 1896, zit. in: Nolte 1927, S. 208 f.
38 Alexander 1987, S. 127
39 Hönn 1981a [1724], Vorrede, S. 7

Quellennachweis der Abbildungen und Tabellen

Abb. 1: Kunsthalle Hamburg.
Abb. 2: Aus Portmann 1956, S. 25, 26, 27.
Abb. 3: Alle Abbildungen nach Cott 1939. Hier entnommen aus Portmann 1956, S. 43 (Abb. a und c) bzw. Trivers 1985, S. 396 (Abb. b).
Abb. 4: Abb. (a) nach der von H. Kacher aufgrund eines Aquarells von Joy Adamson angefertigten Zeichnung aus Wickler 1973 [1968], S. 71; Abb. (b) nach Moss 1920 aus Eibl-Eibesfeldt 1967, S. 195.
Abb. 5: (a) Aus Portmann 1956, S. 68. (b) Aus Futuyma 1990 [1986], S. 33, nach einer Zeichnung in Wickler 1973 [1968], S. 81, die H. Kacher anfertigte aufgrund von Vorlagen aus Heikertinger 1954 sowie Hesse & Doflein 1943.
Abb. 6: Aus Lloyd 1988 [1981], S. 100 (Abb. a) bzw. S. 97 (Abb. b; Foto: James E. Lloyd, University of Florida).
Abb. 7: Aus Wickler 1973 [1968], S. 219 (Abb. a; nach einer Zeichnung, die H. Kacher anfertigte aufgrund einer Vorlage aus Nelson 1964) bzw. S. 224 (Abb. b; nach einer Zeichnung von H. Kacher aufgrund von Vorlagen W. Wicklers).
Abb. 8: Foto Volker Sommer.
Abb. 9: Zeichnung von Patrica J. Wynne aus Clutton-Brock 1988 [1985], S. 148.
Abb. 10: Aus Trivers 1985, S. 415. Fotos: Sievert Rohwer.
Abb. 11 und *Abb. 12*: Aus Sommer 1989a, S. 150f. Zeichnungen von Manuel Fontegne / GEO-Grafik, nach Vorlagen von David Bygott aus *New Scientist* 3, S. 55 (1987).
Abb. 13 und *Abb. 14*: Fotos Volker Sommer.
Abb. 15: Aus Wickler 1973 [1968], S. 232; Zeichn. v. H. Kacher nach Hans Kummer.
Abb. 16: Aus Sommer 1989a, S. 152f.. Zeichnung von Manuel Fontegne / GEO-Grafik, nach einer Vorlage von David Bygott aus *New Scientist* 3, S. 57 (1987).
Abb. 17: Foto Jennifer M. Byrne, St. Andrews, Scotland.
Abb. 18: Aus Sommer 1989a, S. 152. Zeichnung von Manuel Fontegne / GEO-Grafik, nach einer Vorlage von David Bygott aus *New Scientist* 3, S. 55 (1987).
Abb. 19: Aus Jolly 1985, S. 384 (Abb. a; nach Daten von Suzanne Chevalier-Skolnikoff 1983) bzw. S. 385 (Abb. b; Fotos Jeff Berner und Stephen Longstreth, aus S. Chevalier-Skolnikoff 1982).
Abb. 20 und *Abb. 21*: Foto Volker Sommer.
Abb. 22: Abb. (a): Foto von Frans de Waal aus De Waal 1986, S. 234. Abb. (b): Zeichnung von David Bygott aus *New Scientist* 3, S. 54 (1987).
Abb. 23: Aus Sossinka et al. 1988, S. 20, nach Legewie & Ehlers 1972, S. 12.
Abb. 24: Fotos Amy Parish, Davis, California.

Tab. 1: Abgewandelt nach Alcock 1989, S. 232.
Tab. 2: Abgewandelt nach Byrne & Whiten 1990, S. 6–9.

Literatur

Abraham a Sancta Clara (1943 ff.). Judas der Ertz-Schelm, für ehrliche Leuth. In: Wiener Akademie der Wissenschaften (Hg.), *Werke.* – Erstausgabe 4 Bde., Salzburg (1686–1695).

Alberts, Susan (1987). Parental care in captive siamangs *(Hylobates syndactylus). Zoo Biology* 6, S. 401–406.

Albertz, Heinrich (Hg.) (1988). *Die Zehn Gebote. Eine Reihe mit Gedanken und Texten. Bd. 9: Du sollst nicht falsch Zeugnis reden wider deinen Nächsten.* Stuttgart: Radius.

Alcock, John (1989). *Animal Behavior: An Evolutionary Approach* (4. Aufl.). Sunderland, Mass.: Sinauer Associates.

Alexander, Richard D. (1979). *Darwinism and Human Affairs.* Seattle: University of Washington Press.

Alexander, Richard D. (1987). *The Biology of Moral Systems.* Hawthorne/New York: Aldine de Gruyter.

Alexander, Richard D. und Noonan, Katharine M. (1979). Concealment of ovulation, parental care, and human social evolution. S. 436–453 in: Chagnon, Napoleon A. und Irons, Williams (Hg.), *Evolutionary Biology and Human Social Behavior. An Anthropological Perspective.* North Scituate/Mass.: Duxbury Press.

Alloy, Lauren B. und Abramson, Lyn H. (1988). Depressive realism: four theoretical perspectives. S. 223–265 in: Alloy, Lauren B. (Hg.), *Cognitive Processes in Depression.* New York, London: Guilford.

Allport, Gordon W. (1954). *The Nature of Prejudice.* Cambridge: Addison Wesley. – Deutsch: *Die Natur des Vorurteils.* Köln: Kiepenheuer & Witsch (1971).

Altmann, Stuart A. (1988). Darwin, deceit, and metacommunication. S. 244–245 der Kommentare zu: Whiten, Andrew und Byrne, Richard (1988). Tactical deception in primates. *Behavioral and Brain Sciences* 11, S. 233–273.

Alverdes, Friedrich (1927). Täuschung und «Lüge» im Tierreich. S. 332–350 in: Lipmann, Otto, und Plaut, Paul (Hg.), *Die Lüge.* Leipzig: Johann Ambrosius Barth.

Andrew, R. J. (1962). Evolution of intelligence and vocal micking. *Science* 137, S. 585.

Apfelbach, Raimund (1988). Lernen. *Fernstudium Naturwissenschaften Ethologie,* Bd. 6. Tübingen: Deutsches Institut für Fernstudien an der Universität Tübingen.

Arenhoevel, Diego; Deissler, Alfons und Vögtle, Anton (Hg.) (1968). *Die Bibel.* Deutsche Ausgabe mit den Erläuterungen der Jerusalemer Bibel. Freiburg i. Br.: Herder.

Arnold, Wilhelm; Eysenck, Hans Jürgen und Meili, Richard (1987). *Lexikon der Psychologie.* Neuausgabe. 3 Bde., Freiburg i. Br.: Herder.

Aron, Paul (1927). Die Darstellung der Lüge und ihre Bewertung in der Literatur.

S. 244–261 in: Lipmann, Otto und Plaut, Paul (Hg.), *Die Lüge*. Leipzig: Johann Ambrosius Barth.

Aronoff, M. S. und Lesse, S. (1983). Principles of Psychotherapy. In: Wolman, B. (Hg.), *The Therapist's Handbook: Treatment Methods of Mental Disorders*. New York: Van Nostrand Reinhold.

Augustinus, Aurelius (1953). *Die Lüge (De mendacio). Gegen die Lüge (Contra mendacium).* Abgefaßt um 395 bzw. um 420 n. Chr. Übertr. und Erl.: Keseling, Paul. Würzburg: Augustinus.

Barash, David P. (1977). *Sociobiology and Behaviour.* New York: Elsevier.

Barash, David P. (1977). Sociobiology of rape in mallards *(Anas platyrhynchos):* responses of the mated male. *Science* 197, S. 788–789.

Barincou, Edmond (1958). *Niccolo Machiavelli in Selbstzeugnissen und Bilddokumenten.* rowohlts monographien Bd. 17. Hamburg: Rowohlt.

Bates, Henry Walter (1861). Contributions to an insect fauna of the Amazon valley. Lepidoptera: Heliconidae. *Transactions Linn. Society London* 23, S. 495–566.

Bauer, Hans (1927). Die Lüge im Islam. S. 73–84 in: Lipmann, Otto und Plaut, Paul (Hg.), *Die Lüge*. Leipzig: Johann Ambrosius Barth.

Baumgarten, Franziska (1927). Die Lüge im Beruf. S. 505–531 in: Lipmann, Otto und Plaut, Paul (Hg.), *Die Lüge*. Leipzig: Johann Ambrosius Barth.

Bauchop, T. und Martucci, R. W. (1968). Ruminant-like digestion of the langur monkey. *Science* 161, S. 698–700.

Behr-Brunetti, Isidora von (1927). Die Darstellung der Lüge und ihre ethische Bewertung in der Schundliteratur. S. 262–282 in: Lipmann, Otto und Plaut, Paul (Hg.), *Die Lüge*. Leipzig: Johann Ambrosius Barth.

Bennett, Jonathan (1988). Thoughts about thoughts. S. 246f. der Kommentare zu: Whiten, Andrew u. Byrne, Richard (1988). Tactical deception in primaten. *Behavioral and Brain Sciences* 11, S. 233–273.

Benussi, Vittorio (1914). Die Atmungssymptome der Lüge. *Archiv für die gesamte Psychologie* 31, S. 244–273.

Birkhead, T. R. (1979). Mate guarding in the magpie, *Pica pica. Animal Behaviour* 26, S. 321–331.

Birkhead, T. R., Hunter, F. M., Pellat, J. E. (1989). Sperm competition in the zebra finch, *Taeniapygia guttata. Animal Behaviour* 38, S. 935–950.

Birnbaum, Karl (1927). Die pathologische Lüge. S. 550–570 in: Lipmann, Otto und Plaut, Paul (Hg.), *Die Lüge*. Leipzig: Johann Ambrosius Barth.

Bischof, Norbert (1991). *Gescheiter als alle die Laffen. Ein Psychogramm von Konrad Lorenz.* Hamburg: Rasch & Röhring.

Bond, Charles F. und Robinson, Michael (1988). The evolution of deception. *Journal of Nonverbal Behavior* 12, S. 295–307.

Borries, Carola; Sommer, Volker und Srivastava, Arun (1991). Dominance, age, and reproductive success in free-ranging female Hanuman langurs *(Presbytis entellus). International Journal of Primatology* 12, S. 1–28.

Brecht, Bertold (1957). *Schriften zum Theater.* Frankfurt am Main: Suhrkamp.

Brittannica Inc. (Hg.) (1989). *The New Encyclopaedia Brittannica.* 15. Aufl. 30. 6 Bde. Chicago u. a.: Encyclopaedia Brittannica Inc.

Brockhaus (Hg.) (1989ff.). *Brockhaus Enzyklopädie.* 24 Bde., 19. Aufl. Mannheim: F. A. Brockhaus.

Broder, Henryk M. (1990). Lob der Lüge. *Süddeutsche Zeitung Magazin* 14 (12. Okt. 1990), S. 32–33.

Bruns, Herbert (1952). *Schutztrachten im Tierreich.* Stuttgart: Die Neue Brehm-Bücherei.

Büchmann, Georg (1956). *Geflügelte Worte.* 2. Aufl. Elster, Hanns Martin (Hg.). Stuttgart: Philipp Reclam jun. – Erstausgabe 1864.

Büchner, Gottfried M. (1922). *Hand-Konkordanz. Biblische Real- und Verbal-Konkordanz. Exegetisch-homiletisches Nachschlagewerk.* (1. Aufl. Jena 1740). 28. Aufl., durchges. und verbess. von Heubner, Heinrich Leonhard. Leipzig: M. Heinsius Nachfolger Eger & Sievers.

Burghardt, Gordon M. (1984). On the origins of play. S. 5–42 in: Smith, Peter K. (Hg.), *Play in Animals and Humans.* Oxford/UK, New York: Basil Blackwell.

Burghardt, Gordon M. (1988). Anecdotes and critical anthropomorphism. S. 248–249 der Kommentare zu Whiten, Andrew Byrne, Richard (1988). Tactical deception in primates. *Behavioral and Brain Sciences* 11, S. 233–273.

Burley, Nancy (1978). The evolution of concealed ovulation. *American Naturalist* 114, S. 835–858.

Burton, Robert (1988). *Anatomie der Melancholie. Über die Allgegenwart der Schwermut, ihre Ursachen und Symptome sowie die Kunst, es mit ihr auszuhalten.* Übertr. und Nachwort Horstmann, Ulrich. Zürich, München: Artemis. – Erstausgabe *The Anatomy of Melancholy.* Oxford (1621). Übers. nach 6., verbess. Aufl. 1651.

Busch, Wilhelm (1874). *Kritik des Herzens.* Heidelberg.

Buss, David M. (1985). Human mate selection. *American Scientist* 73, S. 47–51.

Buss, David M. (1987). Sex differences in human mate selection criteria: An evolutionary perspective. S. 335–354 in: Crawford, C.; Smith, M. & Krebs, D. (Hg.), *Sociobiology and Psychology: Ideas, Issues, and Applications.* Hillsdale/N. J.: Erlbaum.

Byrne, Richard und Whiten, Andrew (1985). Tactical deception of familiar individuals in baboons. *Animal Behaviour* 33, S. 669–673. – Nachdruck S. 205–210 in: Byrne, Richard and Whiten Andrew (Hg.), *Machiavellian Intelligence.* Oxford: Clarendon (1988).

Byrne, Richard und Whiten, Andrew (1987). The thinking primate's guide to deception. *New Scientist* 3, S. 54–57.

Byrne, Richard und Whiten, Andrew (1988). *Machiavellian Intelligence.* Oxford: Clarendon.

Byrne, Richard und Whiten, Andrew (1990). Tactical deception in primates: the 1990 database. *Primate Report* 27, S. 1–101.

Caplan, Arthur L. (Hg.) (1978). *The Sociobiology Debate.* New York: Harper & Row.

Camus, Albert (1975). *Der Mythos von Sisyphos. Ein Versuch über das Absurde.* Reinbek bei Hamburg: Rowohlt. – Erstausgabe: *Le Mythe de Sisyphe.* Paris: Gallimard (1942).

Caro, Tim M. (1987). Human breasts: unsupported hypotheses reviewed. *Human Evolution* 2, S. 271–282.

Caro, Tim M. und Sellen, Dan W. (1990). The reproductive advantages of fat in women. *Ethology and Sociobiology* 11, S. 51–66.

Chagnon, Napoleon A. und Irons, William P. (1979). *Evolutionary Biology and Human Social Behavior.* North Scituate, Mass.: Duxbury Press.

Chance, Michael R. A. und Mead, Allan P. (1953). Social behaviour and primate evolution. *Symposia of the Society for Experimental Biology* VII, S. 395–439. – Auszugsweiser Nachdruck S. 34–49 in: Byrne, Richard und Whiten, Andrew (Hg.), *Machiavellian Intelligence.* Oxford: Clarendon (1988).

Cheney, Dorothy L. und Seyfarth, Robert M. (1985). Social and non-social knowledge in vervet monkeys. *Philosophical Transactions of the Royal Society of London* B 308, S. 187–201. – Nachdruck S. 255–270 in: Byrne, Richard und Whiten, Andrew (Hg.), *Machiavellian Intelligence.* Oxford: Clarendon (1988).

Cheney, Dorothy L. und Seyfarth, Robert M. (1988). Do monkeys understand their relations? S. 69–84 in: Byrne, Richard und Whiten, Andrew (Hg.), *Machiavellian Intelligence.* Oxford: Clarendon (1988).

Cheney, Dorothy L. und Seyfarth, Robert M. (1990). *How Monkeys See the World. Inside the Mind of Another Species.* Chicago, London: University of Chicago Press.

Chevalier-Skolnikoff, Suzanne (1977). A Piagetian model for describing and comparing socialization in monkey, ape, and human infants. S. 159–187 in: Chevalier-Skolnikoff, Suzanne und Poirier, Frank E. (Hg.), *Primate Bio-social Development: Biological, Social, and Ecological Determinats.* New York: Garland.

Chevalier-Skolnikoff, Suzanne (1982). A cognitive analysis of facial behavior in Old World monkeys, apes, and humans. S. 308–368 in Snowdon, C., Brown, C. und Peterson, M. (Hg.), *Primate Communication.* Cambridge: Cambridge Univ. Press.

Chevalier-Skolnikoff, Suzanne (1983). Sensimotor development in Orang-utans and other primates. *Journal of Human Evolution* 12, S. 545–561.

Chevalier-Skolnikoff, Suzanne (1986). An exploration of the ontogeny of deception in human beings and nonhuman primates. S. 205–220 in: Mitchell, Robert W. und Thompson, Nicholas S. (Hg.), *Deception. Perspectives on Human and Nonhuman Deceit.* Albany/New York: State University of New York Press.

Chevalier-Skolnikoff, Suzanne (1988). Classification of deceptive behaviour according to levels of cognitive complexity. S. 249–251 der Kommentare zu: Whiten, Andrew and Byrne, Richard (1988). Tactical deception in primates. *Behavioral and Brain Sciences* 11, S. 233–273.

Clutton-Brock, Timothy (1988). Fortpflanzung beim Rothirsch: Kosten-Nutzen-Prinzip. S. 144–151 in: *Biologie des Sozialverhaltens. Kommunikation, Kooperation und Konflikt.* Einf. Franck, Dierk. Reihe Verständliche Forschung. Heidelberg: Spektrum-der-Wissenschaft. – Originalartikel in: *Spektrum der Wissenschaft* 4 (1985).

Clutton-Brock, Timothy H. und Harvey, Paul H. (1978). Evolutionary rules and primate societies. S. 291–310 in: Clutton-Brock, Timothy H., Harvey, Paul H. (Hg.). *Readings in Sociobiology.* Reading: W. H. Freeman. – Erstveröffentlichung 1976.

Clutton-Brock, Timothy H. und Albon, S. D. (1979). The roaring of red deer and the evolution of honest advertisement. *Behaviour* 69, S. 145–170.

Clutton-Brock, Timothy H., Albon, S. D., Gibson, R. M. und Guinness F. E.

(1979). The logical stag: adaptive aspects of fighting in red deers. *Animal Behaviour* 27, S. 211–225.

Cohen, Frances and Lazarus, Richard S. (1973). Active coping processes, coping dispositions, and recovery from surgery. *Psychosomatic Medicine* 35, S. 375–389.

Collins, Tony (1978). Why do some baboons have red bottoms. *New Scientist* (April).

Comenius, Johann Amos (o. J.). Informatorium der Mutterschule. In: Richter, Karl (Hg.). *Ausgewählte Schriften*, Pädagogische Bibliothek. Leipzig.

Corneille, Pierre (o. J. [1880]). *Der Lügner.* Bearb. Bing, A. Leipzig: Reclam. Erstausgabe: *Le Menteur.* Rouen, Paris (1644).

Cott, Hugh Bamford (1939). *Adaptive Coloration in Animals.* London: Methuen.

Dahlke, Paul (1927). Die Lüge im Buddhismus. S. 85–97 in: Lipmann, Otto und Plaut, Paul (Hg.), *Die Lüge.* Leipzig: Johann Ambrosius Barth.

Daniels, Denise (1983). The evolution of concealed ovulation and self-deception. *Ethology and Sociobiology* 4, S. 69–87.

Darwin, Charles (1859). *On the Origin of Species by Means of Natural Selection.* London. – Deutsch: *Die Entstehung der Arten durch natürliche Zuchtwahl.* Übers. Neumann, Carl W. Stuttgart: Philipp Reclam jun. (1967).

Darwin, Charles R. (1871). *The Descent of Man, and Selection in Relation to Sex.* London: John Murray. – Deutsch: *Die Abstammung des Menschen und die geschlechtliche Zuchtwahl.* 2 Bde., Stuttgart: E. Schweizerbart (1902) bzw. Stuttgart: Alfred Kröner (1982).

Darwin, Charles (1965). *The Expression of the Emotions in Man and Animals.* Chicago: University of Chicago Press. – Erstausgabe 1872.

Darwin, Charles (o. J. [ca. 1965]). *Ausgewählte Schriften.* Übers. u. Auswahl von Wyss, Walter. München: Goldmann.

Davies, Nicholas B. (1983). Polyandry, cloaca-pecking and sperm competition in dunnocks. *Nature* 302, S. 334–336.

Davies, Nicholas B. und Halliday, T. R. (1978). Deep croakes fighting assessment in toads *Bufo bufo. Nature* 275, S. 683–685.

Davison, W. Phillips (1983). The thirdperson effect in communication. *Public Opinion Quaterly* 47, S. 1–15.

Dawkins, Richard (1976). *The Selfish Gene.* New York: Oxford University Press. – Deutsch: *Das egoistische Gen.* Berlin, Heidelberg, New York: Springer, 1978.

Dawkins, Richard und Krebs, John (1981). Signale der Tiere: Information oder Manipulation? S. 222–242 in: Krebs, John und Davies, Nicholas (Hg.), *Öko-Ethologie.* Berlin: Parey. – Originalausgabe: *Behavioural Ecology – An Evolutionary Approach.* Oxford: Blackwell, 1978.

Degen, Rolf (1988). Die Illusion «mich trifft es nicht». *Psychologie heute* Oktober, S. 48–55.

Delbrück, Anton (1891). *Die pathologische Lüge und die psychisch abnormen Schwindler.* Stuttgart: Ferdinand Enke.

Dennett, Daniel C. (1983). The intentional stance in theory and practice. *Behavioral and Brain Sciences* 3, S. 343–350. – Erweiterte Fassung S. 180–202 in: Byrne, Richard W. und Whiten, Andrew (Hg.), *Machiavellian Intelligence.* Oxford: Clarendon (1988).

De Waal, Frans B. M. (1983). *Unsere haarigen Vettern.* München: Harnack. – Erstausgabe: *Chimpanzee Politics. Power and Sex Among Apes.* London: Jonathan Cape (1982).

De Waal, Frans B. M. (1986). Deception in the natural communication of chimpanzees. S. 221–244 in: Mitchell, Robert W. und Thompson, Nicholas S. (Hg.), *Deception. Perspectives on Human and Nonhuman Deceit.* Albany: State University of New York Press.

De Waal, Frans B. M. (1988). Emotional control. S. 254 der Kommentare zu Whiten, Andrew und Byrne, Richard (1988), Tactical deception in primates. *Behavioral and Brain Sciences* 11, S. 233–273.

De Waal, Frans B. M. (1991). *Wilde Diplomaten. Versöhnung und Entspannungspolitik bei Affen und Menschen.* München: Hanser. – Erstausgabe: *Peacemaking Among Primates.* Cambridge, Mass.: Harvard University Press (1989).

Diamond, Jared M. (1985). Everything *else* you always wanted to know about sex. *Discover* 6, S. 70–82.

Douglas, William, A. und Gibbins, Keith (1983). Inadequacy of voice recognition as a demonstration of self-deception. *Journal of Personality and Social Psychology* 44, S. 589–592.

Duden-Redaktion (Hg.) (1972). *Sinn- und sachverwandte Wörter und Wendungen.* Duden, Bd. 8. Mannheim, Wien, Zürich: Bibliographisches Institut.

Dunbar, Robin I. M. (1988). How to break moulds. S. 254–255 der Kommentare zu: Whiten, Andrew und Byrne, Richard (1988), Tactical deception in primates. *Behavioral and Brain Sciences* 11, S. 233–273.

Eckholm, Erik (1985). Sociobiology yields fresh insights into the behavior of animals. *New York Times.* 15. Okt. 1985.

Eckholm, Erik (1986). Deceit found pervasive in the natural world. *New York Times,* 14. Jan. 1986, S. C1–C3.

Eibl-Eibelsfeldt, Irenäus (1967). *Grundriß der vergleichenden Verhaltensforschung.* 3. überarb. und verbess. Aufl. München: Piper.

Eibl-Eibelsfeldt, Irenäus (1984). *Die Biologie des menschlichen Verhaltens. Grundriß der Humanethologie.* München, Zürich: Piper.

Ekman, Paul und Friesen, Wallace V. (1969). Nonverbal leakage and clues to deception. *Psychiatry* 32, S. 88–106.

Ekman, Paul und Friesen, Wallace V. (1974). Detecting deception from the body or face. *Journal of Personality and Social Psychology* 29, S. 288–298.

Epstein, Robert, Lanza, Robert P., und Skinner, Burrhus F. (1981). «Self-awareness» in the pigeon. *Sciences* 212, S. 695–696.

Erasmus von Rotterdam (1977). *Das Lob der Torheit. Encomium Moriae.* Übers. und hg. von Gail, Anton J. Stuttgart: Philipp Reclam Jun. – Erstausgabe: *Morias Enkomion Seu Laus Stultitiae.* Straßburg 1511.

Ernst, Heiko (1986). Lebenslüge: Die Psychologie der Selbsttäuschung. *Psychologie heute* September, S. 20–27.

Falk, Hjalmar Jejersted und Torp, All (1910). *Norwegisch-dänisches etymologisches Wörterbuch.* Germanische Bibliothek Abt. I, Bd. 1. Heidelberg: Carl Winter.

Feldman, Robert S.; Jenkins, Larry und Popoola, Oladeji (1979). Detection of deception in adults and children via facial expressions. *Child Development* 50, S. 350–355.

Fichte, Johann Gottlieb (1798). *System der Sittenlehre.* Jena: Gabler.
Filipp, Sigrun-Heide und Frey, Dieter (1988). Das Selbst. S. 412–454 in: Immelmann, Klaus; Scherer, Klaus R. und Vogel, Christian (Hg.), *Psychobiologie.* Stuttgart: G. Fischer/Weinheim, München: Psychologie Verlagsunion.
Fischart, Johann (1866/1867). Aller Praktik Großmutter. In: Kurtz, H. (Hg.), *Sämtliche Dichtungen.* Halle. – Erstausgabe 1572.
Fisher, Ronald Aylmer (1930). *The Genetic Theory of Natural Selection.* Oxford: Clarendon Press.
Fiske, Susan T. und Taylor, Shelley E. (1984). *Social Cognition.* Reading, Mass.: Addison-Wesley.
Frank, David Jerome (1961). *Persuasion and Healing: A Comparative Study of Psychotherapy.* Baltimore: Johns Hopkins University Press.
Freud, Siegmund (1959). Fragment of an analysis of a case of hysteria. *Collected Papers,* Bd. 3. New York: Basic Books. – Erstausgabe 1925.
Fröbel, Friedrich (1927). *Die Menschenerziehung, die Erziehungs-, Unterrichts- und Lehrkunst, angestrebt in der allgemeinen deutschen Erziehungsanstalt zu Keilhau.* Zimmermann, Hans (Hg.). Leipzig: Philipp Reclam jun. – Erstausgabe 1826.
Fromm, Erich (1981). Die moralische Verantwortung des modernen Menschen. In: Funk R. (Hg.), *Sozialistischer Humanismus und Humanistische Ethik.* Gesamtausgabe Bd. 9. Stuttgart: Deutsche Verlags-Anstalt.
Furuichi, Takeshi (1987). Sexual swelling, receptivity and grouping of wild pygmy chimpanzee females at Wamba, Zaire. *Primates* 28, S. 309–318.
Futuyma, Doglas J. (1990). *Evolutionsbiologie.* Übers. König, Barbara. Basel: Birkhäuser. – Erstveröffentlichung: *Evolutionary Biology,* Sunderland, Mass.: Sinauer (1986).
Gallup, Gordon G. (1980). Chimpanzees and self-awareness. S. 223–243 in: Roy, M. A. (Hg.), *Species Identity and Attachment: A Phylogenetic Evolution.* New York: Garland STPM.
Gallup, Gordon G. (1983). Towards a comparative psychology of mind. In: Mellgren, R. L. (Hg.), *Animal Cognition and Behavior.* North-Holland.
Gallup, Gordon G. (1988). Towards a taxonomy of mind in primates. S. 255–256 der Kommentare zu: Whiten, Andrew and Byrne, Richard (1988), Tactical deception in primates. *Behavioral and Brain Sciences* 11, S. 233–273.
Gallup, Gordon G., Wallnau, L. B. & Suarez, Susan D. (1980). Failure to find self-recognition in mother-infant and infant-infant rhesus monkey pairs. *Folia primatol.* 33, S. 223–243.
Gerard, Harold B. (1984). Funktion und Entwicklung von Vorurteilen. S. 250–263 in: Heigl-Evers, Annelise (Hg.), Sozialpsychologie, Bd. 1. Weinheim, Basel: Beltz, S. 250–263. – Erstausgabe: *Kindlers Psychologie des 20. Jahrhunderts;* Zürich: Kindler (1979).
Gibbins, K. und Douglas, W. (1985). Voice recognition and self-deception: A reply to Sackeim and Gur. *Journal of Personality and Social Psychology* 48, S. 1369–1372.
Gibson, Kathleen Rita (1990). New perspectives on instincts and intelligence: Brain size and the emergence of hierarchical mental constructional skills. S. 97–129 in: Parker, Sue Taylor und Gibson, Kathleen Rita (Hg.), *«Language» and*

Intelligence in Monkeys and Apes. Cambridge, New York: Cambridge University Press.

Goethe, Johann Wolfgang (1966). *Faust. Der Tragödie erster und zweiter Teil.* Stuttgart: Alfred Kröner. – Erstausgabe 1808/1833.

Görland, Albert (1927). Der Begriff der Lüge im System der Ethiker von Spinoza bis zur Gegenwart. S. 122–157 in: Lipmann, Otto und Plaut, Paul (Hg.), *Die Lüge.* Leipzig: Johann Ambrosius Barth.

Görner, Herbert und Kempcke, Günter (Hg.) (1985). *Synonym-Wörterbuch. Sinnverwandte Ausdrücke der deutschen Sprache.* Wiesbaden: Drei Lilien.

Goffman, Erving (1985). *Wir alle spielen Theater. Die Selbstdarstellung im Alltag.* 5. Aufl. München, Zürich: R. Piper & Co. – Erstausgabe: *The Presentation of Self in Everyday Life.* New York: Doubleday (1959).

Goldizen, Anne Wilson (1987). Tamarins and marmosets: communal care of offspring. S. 34–43 in: Smuts, Barbara B.; Cheney, Dorothy L., Seyfarth, Robert M.; Wrangham, Richard W. und Thomas T. Struhsacker (Hg.), *Primate Societies.* Chicago: The University of Chicago Press.

Goldoni, Carlo (1957). Der Lügner. S. 1–108 in: *Lustspiele,* Bd. 2. Übers. Lorme, Lola. Darmstadt: Wissenschaftliche Buchgesellschaft. – Erstausgabe: *Il Bugiardo.* Venedig (1753).

Goleman, Daniel (1985). *Vital Lies, Simple Truths.* Oregon: Touchstone. – Deutsch: *Lebenslügen. Warum wir uns immer wieder selbst täuschen.* Übers. Schibel, Karl-Ludwig. Weinheim, Basel: Beltz (1991).

Goodall, Jane van Lawick (1971). *Wilde Schimpansen.* Reinbek bei Hamburg: Rowohlt. – Erstausgabe: *In the Shadow of Man.* London: Collins (1971).

Goodall, Jane (1986). *The Chimpanzees of Gombe. Patterns of Behavior.* Cambridge, Mass.: Belknap Press of Harvard University Press.

Gould, Stephen Jay (1976). Biological potential vs. biological determinism. *Natural History Magazine,* May. Nachdruck S. 343–351 in: Caplan, Arthur L. (Hg.), *The Sociobiology Debate.* New York: Harper & Row (1978).

Graham, L. (1981). *Between Science and Values.* New York: Columbia University Press.

Greenfield, Patricia Marks und Savage-Rumbaugh, E. Sue (1990). Grammatical combination in *Pan paniscus:* Processes of learning and invention in the evolution and development of language. S. 540–578 in: Parker, Sue Taylor und Gibson, Kathleen Rita (Hg.), *«Language» and Intelligence in Monkeys and Apes.* Cambridge, New York: Cambridge University Press.

Greenwald, Anthony G. (1980). The totalitarian ego. Fabrication and revision of personal history. *American Psychologist* 35, S. 603–618.

Griffin, Donald R. (1985). *Wie Tiere denken. Ein Vorstoß ins Bewußtsein der Tiere.* Übers. Walther, Elisabeth M. München, Wien, Zürich: BLV. – Erstausgabe: *Animal Thinking.* Cambridge, Mass. (1984).

Griffin, Donald R. (1988). Subjective reality. S. 256 der Kommentare zu: Whiten, Andrew und Byrne, Richard (1988), Tactical deception in primates. *Behavioral and Brain Sciences* 11, S. 233–273.

Grimm, Jacob und Grimm, Wilhelm (1984). *Kinder- und Hausmärchen.* 3 Bde., Frankfurt am Main: Insel. – Erstausgabe Berlin (1812–1815).

Grimm, Jacob und Grimm, Wilhelm (1984). *Deutsches Wörterbuch.* München: dtv.

Nachdruck in 33 Bde., Dt. Akademie der Wissenschaften in Berlin in Zusammenarbeit mit der Akademie der Wissenschaften zu Göttingen (Hg.). – Erstausgabe: 16 Bde., Leipzig: S. Hirzel (1854–1954).

Gross, Mart R. (1982). Sneakers, satellites and parentals: Polymorphic mating strategies in North American sunfishes. *Zeitschrift für Tierpsychologie* 60, S. 1–26.

Guiness-Publishing Ltd. (1990). *Das neue Guinness-Buch der Rekorde 1991.* Frankfurt am Main: Ullstein.

Gur, C. Ruben und Sackeim, Harold A. (1979). Self-deception: a concept in search of a phenomenon. *Journal of Personality and Social Psychology* 37, S. 147–169.

Hamann, Johann Georg (1758). *Poetisches Lexikon.* Leipzig.

Hamilton, William D. (1964). The genetical evolution of social behavior. *Journal of Theoretical Biology* 7, S. 1–52.

Haraway, Donna (1989). *Primate Visions, Gender, Race, and Nature in the World of Modern Science.* New York, London: Routledge.

Harcourt, Alexander H. und Stewart, Kelly J. (1977). Apes, sex, and societies. *New Scientist* 76, S. 160–163.

Hassenstein, Bernhard (1980). *Instinkt, Lernen, Spielen, Einsicht.* München: R. Piper.

Hausfater, Glenn und Hrdy, Sarah Blaffer (1984). *Infanticide. Comparative and Evolutionary Perspectives.* New York: Aldine.

Häußer, Karl (1912). *Die Lüge in der neueren Ethik.* Diss. Erlangen.

Heikertinger, F. (1954). *Das Rätsel der Mimikry und seine Lösung.* Jena.

Heilmann, Alfons und Kraft, Heinrich (Hg.) (1963–64). *Texte der Kirchenväter.* 5 Bde., München: Kösel.

Helversen, Otto von und Scherer, Klaus R. (1986). Nonverbale Kommunikation. S. 11–56 in: Immelmann, Klaus; Scherer, Klaus R. und Vogel, Christian (Hg.), *Funkkolleg Psychologie – Verhalten bei Tier und Mensch.* Studienbegleitbrief 11. Tübingen: Deutsches Institut für Fernstudien.

Henneberg, R. (1900). Zur forensischen und klinischen Beurteilung der Pseudologia phantastica. *Charité-Annalen* 25, S. 424–460.

Hesse, H. und Doflein, F. (1943). *Tierbau und Tierleben.* Jena.

Heymanns, Gerardus (1924). *Die Psychologie der Frauen.* 2. Aufl. Heidelberg: Carl Winter.

Hönn, Georg Paul (1981a). *Betrugs-Lexikon worinnen die meisten Betrügereyen in allen Ständen nebst denen darwider guten Theils dienenden Mitteln entdecket.* Gütersloh: Prisma. Fotomechanischer Nachdruck der Erstausgabe Coburg: Paul Günther Pfotenhauer und Sohn (1724).

Hönn, Georg Paul (1981b). *Fortgesetztes Betrugs-Lexicon.* Nachwort Grundke, Günter. Gütersloh: Prisma. Fotomechanischer Nachdruck der Erstausgabe Coburg: Paul Günther Pfotenhauer und Sohn (1730).

Hrdy, Sarah Blaffer (1981). *The Woman That Never Evolved.* Cambridge, Mass.: Harvard University Press.

Hrdy, Sarah Blaffer (1983). Heat loss. *Science* 10, S. 69–73.

Hrdy, Sarah und Whitten, Patricia (1987). Patterning of sexual activity. S. 370–384 in: Smuts, Barbara B.; Cheney, Dorothy L.; Seyfarth, Robert M.; Wrangham, Richard W. und Thomas T. Struhsaker (Hg.), *Primate Societies.* Chicago: The University of Chicago Press.

Humphrey, Nicholas K. (1976). The social function of intellect. S. 303–317 in: Bateson, P. P. G. und Hinde, Robert A. (Hg.), *Growing Points in Ethology.* Cambridge: Cambridge University Press. – Nachdruck S. 13–26 in: Byrne, Richard und Whiten, Andrew (Hg.), *Machiavellian Intelligence.* Oxford: Clarendon (1988).

Humphrey, Nicholas (1988). Lies, damned lies and anecdotal evidence. S. 257–258 der Kommentare zu: Whiten, Andrew und Byrne, Richard (1988). Tactical deception in primates. *Behavioral and Brain Sciences* 11, S. 233–273.

Ibsen, Henrik (1907a). Die Wildente. In: Brandes, G.; Elias, J. und Schlenther, P. (Hg.), *Sämtliche Werke. Volksausgabe.* Bd. 4. Berlin. – Erstausgabe *Vildanden.* Kopenhagen (1884).

Ibsen, Henrik (1907b). John Gabriel Borkman. In: Brandes, G.; Elias, J., und Schlenther, P. (Hg.), *Sämtliche Werke. Volksausgabe.* Bd. 5. Berlin. – Erstausgabe *John Gabriel Borkman.* Kopenhagen (1896).

Ihering, Rudolf von (1886). *Der Zweck im Recht.* Bd. 2. 2. Aufl. Leipzig: Breitkopf & Härtel.

Irons, William (1990). Where did morality come from? S. 6–34 in: May, Hans; Striegnitz, Meinfried und Hefner, Philip (Hg.), *Menschliche Natur und moralische Paradoxa aus der Sicht von Biologie, Sozialwissenschaften und Theologie.* Loccumer Protokolle 78/'89.

Jakobovits, Julius (1914). *Die Lüge im Urteil der neuesten deutschen Ethiker.* Paderborn.

Jean Paul [Richter, Johann Paul Friedrich] (1892). Levana oder Erziehungslehre. In: Mann (Hg.), *Bibliothek pädagogischer Klassiker.* Langensalza. – Erstveröffentlichung: Braunschweig (1806).

Jolly, Alison (1966). Lemur social behaviour and primate intelligence. *Science* 153, S. 501–506. – Auszugsweiser Nachdruck S. 27–33 in: Byrne, Richard und Whiten, Andrew (Hg.), *Machiavellian Intelligence.* Oxford: Clarendon (1988).

Jolly, Alison (1985). *The Evolution of Primate Behavior.* New York: Macmillan.

Kainz, Friedrich (1927). Lügenerscheinungen im Sprachleben. S. 212–243 in: Lipmann, Otto und Plaut, Paul (Hg.), *Die Lüge.* Leipzig: Johann Ambrosius Barth.

Kainz, Friedrich (1961). *Die «Sprache» der Tiere. Tatsachen – Problemschau – Theorie.* Stuttgart: Ferdinand Enke.

Kano, Takayoshi (1980). Social behavior of wild pymgy chimpanzees *(Pan paniscus)* of Wamba: A preliminary report. *Journal of Human Evolution* 9, S. 243–260.

Kant, Immanuel (1797). *Die Metaphysik der Sitten.* Königsberg.

Kaysersberg, Johann Geiler von (1510). *Der Sellen Paradiß.* Otther, J. (Hg.), Straßburg.

Keseling, Paul (1953). *Einführung und Erläuterungen zu Aurelius Augustinus, Die Lüge und Gegen die Lüge.* Würzburg: Augustinus.

Kindlers Literaturlexikon im dtv (1986). 14 Bde., München: dtv.

Köhler, Wolfgang (1921). *Intelligenzprüfungen an Menschenaffen.* Berlin: Springer.

Konner, Melvin (1983). *Die unvollkommene Gattung. Biologische Grundlagen und die Natur des Menschen.* Übers. Westermayr, Toni. Basel, Boston, Stuttgart: Birkhäuser. – Erstausgabe: *The Tangled Wing.* New York: Holt, Rinehart and Winston, 1982.

Krebs, John R. (1977). The significance of song repertoires: the Beau Geste hypothesis. *Animal Behaviour* 25, S. 475–478.

Krebs, John R. (1978). Optimal foraging: decision rules for predators. S. 23–63 in: Krebs, John R. und Davies, Nicholas B. (Hg.), *Behavioural Ecology*, Oxford: Blackwell.

Krebs, John R.; Ashcroft, R. und Webber, M. (1978). Song repertoires and territory defense in the great tit. *Nature* 271, S. 539–542.

Krebs, John R. und Davies, Nicholas B. (1984). *Einführung in die Verhaltensökologie*. Stuttgart: Thieme. – Erstausgabe: *An Introduction to Behavioural Ecology*. Oxford: Blackwell (1981).

Krebs, Dennis; Denton, Kathy und Higgins, Nancy C. (1988). On the evolution of self-knowledge and self-deception. S. 103–139 in: Mac Donald, Kevin B. (Hg.), *Sociobiological Perspectives on Human Development*. New York, Berlin, Heidelberg: Springer.

Kummer, Hans (1982). Social knowledge in free ranging primates. S. 113–130 in: Griffin, Donald R. (Hg.), *Animal Mind – Human Mind*. Dahlem Konferenzen, 1982. Berlin: Springer.

Kummer, Hans und Kurt, Fred (1965). A comparison in social behaviour in captive and wild hamadryas baboons. S. 65–80 in: Vagtborg, H. (Hg.), *The Baboon in Medical Research*. Austin Texas: University of Texas Press.

Kummer, Hans; Dasser, Verena und Hoyningen-Huene, Paul (1990). Exploring primate social cognition: some critical remarks. *Behaviour* 112, S. 84–98.

La Frenière, Peter J. (1988). The ontogeny of tactical deception in humans. S. 238–252 in: Byrne, Richard W. und Whiten, Andrew (Hg.), *Machiavellian Intelligence*. Oxford: Clarendon (1988).

Larwood, L. (1978). Swine flu. A field study of self-serving biases. *Journal of Applied Social Psychology* 39, S. 806–820.

Legewie, Heiner und Ehlers, Wolfram (1972). *Knaurs moderne Psychologie*. München, Zürich: Droemer Knaur.

Leighton, Donna Robbins (1987). Gibbons: territoriality and monogamy. S. 135–145 in: Smuts, Barbara B.; Cheney, Dorothy L.; Seyfarth, Robert M.; Wrangham, Richard W. und Thomas T. Struhsaker (Hg.), *Primate Societies*. Chicago: The University of Chicago Press.

Lindworsky, Johannes (1927). Das Problem der Lüge bei katholischen Ethikern und Moralisten. S. 53–72 in: Lipmann, Otto und Plaut, Paul (Hg.), *Die Lüge*. Leipzig: Johann Ambrosius Barth.

Lipmann, Otto (1927). Zur Psychologie der Lüge. S. 1–14 in: Lipmann, Otto und Plaut, Paul (Hg.), *Die Lüge*. Leipzig: Johann Ambrosius Barth.

Lipmann, Otto und Plaut, Paul (Hg.) (1927). *Die Lüge in psychologischer, philosophischer, juristischer, pädagogischer, historischer, soziologischer, sprach- und literaturwissenschaftlicher und entwicklungsgeschichtlicher Betrachtung*. Leipzig: Johann Ambrosius Barth.

Lloyd, James E. (1986). Firefly communication and deception: «Oh, what a tangled web». S. 113–128 in: Mitchell, Robert W. und Thompson, Nicholas S. (Hg.), *Deception. Perspectives on Human and Nonhuman Deceit*. Albany/New York: State University of New York Press.

Lloyd, James E. (1988). Die gefälschten Signale der Glühwürmchen. S. 96–104 in:

Biologie des Sozialverhaltens. Kommunikation, Kooperation und Konflikt. Einf. Franck, Dierk. Reihe Verständliche Forschung. Heidelberg: Spektrum-der-Wissenschaft. – Originalartikel: *Spektrum der Wissenschaft* 9 (1981).

Lorenz, Konrad (1959). Die Gestaltwahrnehmung als Quelle wissenschaftlicher Erkenntnis. *Zeitschrift für angewandte und experimentelle Psychologie* 6, S. 118–165. – Nachdruck S. 255–300 in: Lorenz, Konrad (1965). Über tierisches und menschliches Verhalten II. München: Piper.

Lorenz, Konrad (1963). *Das sogenannte Böse. Zur Naturgeschichte der Aggression.* Wien: Borotha-Schoeler.

Lorenz, Reinhold (unter Mitwirkung von Erwin Mayer-Löwenschwerd) (1927). Die geschichtliche Lüge. S. 414–432 in: Lipmann, Otto und Plaut, Paul (Hg.), *Die Lüge.* Leipzig: Johann Ambrosius Barth.

Low, Bobbi S. (1990). Fat and deception. Response to Caro and Sellen's (1990) comments on Low, Alexander, and Noonan (1987). *Ethology and Sociobiology* 11, S. 67–74.

Low, Bobbi S.; Alexander, Richard D. und Noonan, Katherine M. (1987). Human Hips, Breasts and Buttocks: Is Fat Deceptive? *Ethology and Sociobiology* 8, S. 249–257.

Machiavelli, Niccolo (1961). *Der Fürst.* Übertr. Merian-Genast, Ernst. Stuttgart: Philipp Reclam Jun. – Erstausgabe: *Il Principe.* Rom 1532.

Mäckler, Andreas und Schäfers, Christiane (Hg.) (1989). *Was ist der Mensch ...? 1111 Zitate geben 1111 Antworten.* Vorwort und Einführungen von Volker Sommer. Köln: DuMont.

Markl, Hubert (1985a). Manipulation, modulation, information, cognition: some of the riddles of communication. S. 163–194 in: Hölldobler, Bert und Lindauer, Martin (Hg.), *Experimental Behavioral Ecology. Fortschritte der Zoologie* 31. Stuttgart, New York: G. Fischer.

Markl, Hubert (1985b). *Evolution, Genetik und menschliches Verhalten.* München, Zürich: Piper.

Marler, Peter R. (1968). Visual systems. S. 103–126 in: Sebeok, Thomas A. (Hg.), *Animal Communications.* Bloomington und London: Indiana University Press.

Martensen, Hans Laasen (1878). Die individuelle Ethik. In: *Die christliche Ethik. Specieller Teil.* Abt. I. Karlsruhe, Leipzig: H. Reuther.

Marx, Karl (1958). *Das Kapital.* Bd. 1. – Erstausgabe: Hamburg (1867).

Mathieu, M.; Daudelin, N.; Dagenais, Y. und Décarie, T. (1980). Piagetian causality in two house-reared chimpanzees *(Pan troglodytes). Canadian Journal of Psychology* 34, S. 179–186.

Mausbach, Joseph (1911). *Die katholische Moral. Ihre Methoden, Grundsätze und Aufgaben.* Köln: J. P. Bachem.

Mawby, Ronald und Mitchell, Robert W. (1986). Feints and ruses: An analysis of deception in sports. S. 313–322 in: Mitchell, Robert W. und Thompson, Nicholas S. (Hg.), *Deception. Perspectives on Human and Nonhuman Deceit.* Albany: State University of New York Press.

Maynard Smith, John (1976). Evolution and the theory of games. *American Scientist* 64, S. 41–45.

Maynard Smith, John (1985). The birth of sociobiology. *New Scientist* 107, S. 48–50.

Maynard Smith, John und Harper, D. G. C. (1988). The evolution of aggression: can selection alternate variability? *Philosophical Transaction of the Royal Society, London* 319, S. 557–570.

Medwedjew, Shores A. (1969). *The Rise and Fall of T. D. Lyssenko.* New York, London: Columbia University Press. – Deutsch: *Der Fall Lyssenko.* Hamburg: Hoffmann und Campe (1971).

Menzel, Emil W. (1974). A group of young chimpanzees in a 1-acre field: leadership and communication. S. 83–153 in Schrier, Allan M. und Stollnitz, Fred (Hg.), *Behavior of Nonhuman Primates,* Bd. 5. New York: Aacemic Press. – Auszugsweiser Nachdruck S. 155–189 in: Byrne, Richard und Whiten, Andrew (Hg.), *Machiavellian Intelligence.* Oxford: Clarendon (1988).

Menzel, Emil W. (1988). Mindless behaviorism, bodiless cognitivsm, or primatology? S. 258–259 der Kommentare zu: Whiten, Andrew und Byrne, Richard (1988), Tactical deception in primates. *Behavioral and Brain Sciences* 11, S. 233–273.

Migne, J. P. (1850–1874). *Patrologia latina (PL);* 222 Bde., *Patrologia graeca (PG);* 166 Bde., Cursus completus. Paris.

Miles, H. Lyn White (1990). The cognitive foundations for reference in a signing orang-utan. S. 511–539 in: Parker, Sue Taylor und Gibson, Kathleen Rita (Hg.), *«Language» and Intelligence in Monkeys and Apes.* Cambridge, New York: Cambridge University Press.

Miller, Arthur (1967). *Death of a Salesman.* Kritische Ausgabe. Weales, Gerald (Hg.), New York: Viking. – Erstausgabe: New York (1949). – Deutsch: *Der Tod des Handlungsreisenden.* Übers. Janecke, K. Frankfurt am Main (1950).

Miltner, W. (1986). Streßbewältigung, subliminale Wahrnehmung und Krankheit. S. 38–60 in: Miltner, W.; Birnbaumer, N. und Gerber, W.-D. (Hg.), *Verhaltensmedizin.* Berlin, Heidelberg, New York: Springer.

Milton, Katharine (1981). Foraging behaviour and the evolution of primate intelligence. *American Anthropologist* 83, S. 535–543. – Erweiterter Nachdruck S. 287–305 in: Byrne, Richard und Whiten, Andrew (Hg.), *Machiavellian Intelligence.* Oxford: Clarendon (1988).

Mitchell, Robert W. (1986). A framework for discussing deception. S. 3–40 in: Mitchell, Robert W. und Thompson, Nicholas S. (Hg.), *Deception. Perspectives on Human and Nonhuman Deceit.* Albany/New York: State University of New York Press.

Mitchell, Robert W. und Thompson, Nicholas S. (Hg.) (1986). *Deception. Perspectives on Human and Nonhuman Deceit.* Albany/New York: State University of New York Press.

Mitchell, Robert W. und Thompson, Nicholas S. (1986). Deception in play between dogs and people. S. 193–204 in: Mitchell, Robert W. und Thompson, Nicholas S. (Hg.), *Deception. Perspectives on Human and Nonhuman Deceit.* Albany/New York: State University of New York Press.

Møller, Anders P. (1987). Mixed reproductive strategy and mate guarding in a semicolonial passarine, the swallow, *Hirunda rustico. Behavioral Ecology and Sociobiology* 17, S. 401–408.

Møller, Anders P. (1989). Frequency of extra-pair paternity in birds estimated from sex-differential heritability of tarsus length: reply to Lifjeld and Slagsvold's critique. *Oikos* 56, S. 247–249.

Møller, Anders P. (1990). Deceptive use of alarm calls by male swallows, *Hirundo rustica:* a new paternity guard. *Behavioral Ecology* 1, S. 1–6.

Morgan, C. Lloyd (1894). *An Introdcution to Comparative Psychology.* London: Walter Scott.

Morgan, C. Lloyd (1970). *Animal Behaviour.* New York: Johnson Reprint Corp. – Erstausgabe: 1900.

Morris, Desmond (1968). *Der nackte Affe.* München: Droemer/Knaur. – Erstausgabe: *The Naked Ape.* London: Cape (1967).

Moss, A. Miles (1920). Sphingidae of Parà, Brazil. *Novitates Zoologicae* 27, S. 333–424.

Mühlmann, H. (1934). Im Modellversuch künstlich erzeugte Mimikry und ihre Bedeutung für den Nachahmer. *Zeitschrift für Morphologie und Ökologie* 28.

Mühlmann, Wilhelm E. (1984). *Geschichte der Anthropologie,* 3. Aufl. Wiesbaden: Aula.

Mulert, Hermann (1927). Die Bewertung der Lüge in der Ethik des Neuen Testaments und des evangelischen Christentums. S. 32–52 in: Lipmann, Otto und Plaut, Paul (Hg.), *Die Lüge.* Leipzig: Johann Ambrosius Barth.

Müller, Fritz (1879). Ituna und Thyridia. Ein merkwürdiges Beispiel von Mimikry bei Schmetterlingen. *Kosmos* 5.

Munn, Charles A. (1986). The deceptive use of alarm calls by sentinel species in mixed-species flocks of neotropical birds. S. 169–176 in: Mitchell, Robert W. und Thompson, Nicholas S. (Hg.), *Deception. Perspectives on Human and Nonhuman Deceit.* Albany/New York: State University of New York Press.

Napier, John R. und Napier, Prudence Hero (1985). *The Natural History of the Primates.* London: British Museum/Natural History.

Nelson, K. (1964). Behavior and morphology in the glandulocaudine fishes. *Univ. California Publ. Zoology* 75, S. 59–162.

Nietzsche, Friedrich (1966). Über Wahrheit und Lüge im außermoralischen Sinn. S. 309–322 in: *Werke in 3 Bd.,* Schlechta, K. (Hg.), Bd. 3. München: Hanser. – Erstausgabe Leipzig (1896).

Nishida, Toshisada (1990). Deceptive behaviour in young chimpanzees: An essay. S. 290–295 in: Nishida, Toshisada (Hg.), *The Chimpanzees of the Mahale Mountains. Sexual and Life History Strategies.* Tokyo: University of Tokyo Press.

Nishida, Toshisada und Hiraiwa-Hasegawa, Mariko (1987). Chimpanzees and bonobos: cooperative relationships among males. S. 165–178 in: Smuts, Barbara B.; Cheney, Dorothy L.; Seyfarth, Robert M.; Wrangham, Richard W. und Thomas T. Struhsaker (Hg.), *Primate Societies.* Chicago: The University of Chicago Press.

Nolte, Wilhelm (1927). Die Bewertung der Lüge in der theoretischen Pädagogik. S. 187–211 in: Lipmann, Otto und Plaut, Paul (Hg.), *Die Lüge.* Leipzig: Johann Ambrosius Barth.

Ohala, John J. (1984). An ethological perspective on common cross-language utilization of F_0 of voice. *Phonetica* 41, S. 1–16.

Park, Robert Ezra (1950). *Race and Culture.* Glencoe, Ill.: The Free Press.

Parker, G. A. (1984). Sperm competition and the evolution of the animal mating strategies. S. 2–60 in: Smith, R. L. (Hg.), *Sperm Competition and the Evolution of Animal Mating Strategies.* Orlando: Academic Press.

Parker, S. T. (1987). A sexual selection model for hominid evolution. *Human Evolution* 3, S. 235–253.

Parker, Sue Taylor (1990). Origins of comparative developmental evolutionary studies of primate mental abilities. S. 3–64 in: Parker, Sue Taylor und Gibson, Kathleen Rita (Hg.), *«Language» and Intelligence in Monkeys and Apes*. Cambridge, New York: Cambridge University Press.

Parker, Sue Taylor und Baars, Bernard (1990). How scientific usages reflect implicit theories: Adaptation, development, instinct, learning, cognition, and intelligence. S. 65–96 in: Parker, Sue Taylor und Gibson, Kathleen Rita (Hg.), *«Language» and Intelligence in Monkeys and Apes*. Cambridge, New York: Cambridge University Press.

Parker, Sue Taylor und Gibson, Kathleen Rita (Hg.) (1990). *«Language» and Intelligence in Monkeys and Apes. Comparative Developmental Perspectives*. Cambridge, New York: Cambridge University Press.

Patterson, Francine und Linden, Eugene (1981). *The Education of Koko*. New York: Holt, Rinehart & Winston.

Paul, Andreas (1984). *Zur Sozialstruktur und Sozialisation semi-freilebender Berberaffen (Macaca sylvanus L. 1758)*. Diss. Kiel.

Paulsen, Friedrich (1906). *System der Ethik*. 1. Aufl., Bd. 2. Berlin: Hertz.

Perloff, Linda S. (1983). Perception of vulnerability to victimization. *Journal of Social Issues* 39, S. 41–61.

Perloff, Linda S. (1987). Social comparison and the illusion of invulnarability to negative life events. In: Snyder, C. R. und Ford, Carol E. (Hg.). *Coping with negative events*. New York: Plenum.

Piaget, Jean und Inhelder, Bärbel (1980). *Die Psychologie des Kindes*. Frankfurt a. M. (Fischer Taschenbuch). – Erstausgabe: *La Psychologie de l'Enfant*. Paris (Presses Universitaires de France) 1966.

Plaut, Paul (1927a). Die Lüge in der Politik. S. 433–455 in: Lipmann, Otto und Plaut, Paul (Hg.), *Die Lüge*. Leipzig: Johann Ambrosius Barth.

Plaut, Paul (1927b). Die Lüge in der Wirtschaft. S. 456–481 in: Lipmann, Otto und Plaut, Paul (Hg.), *Die Lüge*. Leipzig: Johann Ambrosius Barth.

Plaut, Paul (1927c). Die Lüge in der Gesellschaft. S. 482–504 in: Lipmann, Otto und Plaut, Paul (Hg.), *Die Lüge*. Leipzig: Johann Ambrosius Barth.

Popper, Karl R. und Eccles, John C. (1989). *Das Ich und sein Gehirn*. München, Zürich: Piper. – Erstausgabe: *The Self and Its Brain*. Heidelberg u. a.: Springer 1977.

Portmann, Adolf (1956). *Tarnung im Tierreich*. Verständliche Wissenschaft, Bd. 61. Berlin, Göttingen, Heidelberg: Springer.

Premack, David und Woodruff, G. (1988). Does the chimpanzee have a theory of mind? *The Behavioral and Brain Sciences* 1, S. 512–526.

Premack, David (1988). ‹Does the chimpanzee have a theory of mind?› revisited. S. 160–179 in: Byrne, Richard und Whiten, Andrew (Hg.), *Machiavellian Intelligence*. Oxford: Clarendon (1988).

Ranke-Graves, Robert von (1960). *Griechische Mythologie. Quellen und Deutungen*. Übers. Seinfeld, Hugo. Reinbek bei Hamburg: Rowohlt. – Erstausgabe: 1955.

Rauchfleisch, Udo (1988). Die psychodynamische Bedeutung der Lebenslüge: ihre kompensatorische und stabilisierende Funktion. S. 51–65 in: Bütztner, Christian und Ende, Aurel (Hg.), *Und wenn sie nicht gestorben sind … – Lebensgeschichte und historische Realität.* Jahrbuch der Kindheit 5. Weinheim, Basel: Beltz.

Reininger, Karl (1927). Die Lüge beim Kind und beim Jugendlichen als psychologisches und pädagogisches System. S. 351–395 in: Lipmann, Otto und Plaut, Paul (Hg.), *Die Lüge.* Leipzig: Johann Ambrosius Barth.

Rodman, Peter S. und Mitani, John C. (1987). Orang-utans: Sexual dimorphism in a solitary species. S. 146–154 in: Smuts, Barbara B.; Cheney, Dorothy L.; Seyfarth, Robert M.; Wrangham, Richard W. und Thomas T. Struhsaker (Hg.), *Primate Societies.* Chicago: The University of Chicago Press.

Röhrich, Lutz (1977). *Lexikon der sprichwörtlichen Redensarten.* 4 Bde., Freiburg, Basel, Wien: Herder. – Erstausgabe Freiburg: Herder (1973).

Rohwer, Sievert (1977). Status signalling in Harris sparrows: Some experiments in deception. *Behaviour* LXI, 107–129.

Rohwer, Sievert und Rohwer, Frank C. (1978). Status signalling in Harris sparrows: Experimental deceptions achieved. *Animal Behaviour* 26, S. 1012–1022.

Romanes, Georg John (1969). *Mental Evolution in Animals.* New York: AMS Press. – Erstausgabe: 1884.

Romanes, Georg John (1977). *Animal Intelligence.* Washington, D.C.: University Publications of America. – Erstausgabe: 1883.

Rose, Steven; Lewontin, Richard C. und Kamin, Leon J. (1984). *Not in Our Genes.* Harmondsworth, England: Penguin.

Rosenbladt, Sabine (1988). Genokratie. *natur* 5, S. 50–51.

Rosenthal, Robert (1966). *Experimental Effects in Behavioral Research.* New York: Appleton – Century – Crofts.

Rousseau, Jean-Jacques (1876). *Emile oder Über die Erziehung.* Bibliothek pädagogischer Klassiker. Mann, Friedrich (Hg.), Bd. 1. Langensalza: Hermann Beyer. – Erstausgabe: *Emile ou de l'éducation.* 4 Bde., Den Haag, Amsterdam (1762).

Rowe, David C. (1986). Genetic and environmental components or antisocial behavior: a study of 265 twin pairs. *Criminology* 24, S. 513–532.

Rowell, Thelma E.; Hinde, Robert A. und Spencer-Booth, Y. (1964). «Aunt»-infant interaction in captive rhesus monkeys. *Journal of Animal Behavior* 12, S. 219–226.

Ruse, Michael (1979). *Sociobiology: Sense or Nonsense?* Massachusetts, Boston: D. Reidel.

Russow, Lilly-Marlene (1986). Deception: A philosophical perspective. S. 41–42 in: Mitchell, Robert W. und Thompson, Nicholas S. (Hg.), *Deception, Perspectives on Human and Nonhuman Deceit.* Albany/New York: State University of New York Press.

Saarni, Carolyn (1984). An observational study of children's attempts to monitor their expressive behavior. *Child Development* 55, S. 1504–1513.

Sackeim, Harold A. und Gur, Ruben C. (1985). Voice recognition and the ontological status of self-deception. *Journal of Personality and Social Psychology* 48, S. 1365–1368.

Saitschick, Robert (1919). *Der Staat und was mehr ist als er.* München: Beck'sche Verlagsbuchhandlung.

Salzmann, Christ. Gotth. (1896). *Krebsbüchlein.* In: Tupetz, Theodor (Hg.), Schulausgaben pädagogischer Klassiker, Bd. 3. Wien: F. Tempsky, Leipzig: Freytag.

Santayana, George (1922). *Soliloquies in England and Later Soliloquies.* New York: Scribner's.

Sartre, Jean-Paul (1958). *Being and Nothingness: An Essay on Phenomenological Ontology.* Übers. H. Barnes. London: Methuen. – Deutsch: *Das Sein und das Nichts.* Hamburg: Rowohlt (1952). – Erstausgabe *L'être et le néant.* Paris (1943).

Savage-Rumbaugh, Sue und McDonald, Kelly (1988). Deception and social manipulation in symbol-using apes. S. 224–237 in: Byrne, Richard W. und Whiten, Andrew (Hg.), *Machiavellian Intelligence.* Oxford: Clarendon.

Schiller, Friedrich (1966). Demetrius. S. 437–478 in: Kraft, Herbert (Hg.), *Werke.* Frankfurt am Main: Insel. – Erstausgabe: Tübingen, Stuttgart (1815).

Schneider, Wolf (1990). *Unsere tägliche Desinformation. Wie die Massenmedien uns in die Irre führen.* 4. Aufl. Hamburg: Gruner & Jahr.

Scholl, Wolfgang (im Druck). Informationspathologien. In: Frese, E. (Hg.), *Handwörterbuch der Organisation.* 3. Aufl. Stuttgart: Poesche.

Schopenhauer, Arthur (1938). *Die Welt als Wille und Vorstellung.* Bd. 2, in: Arthur Hübscher (Hg.), *Sämtliche Werke.* Leipzig: F. A. Brockhaus. – Erstausgabe 1844.

Schopenhauer, Arthur (1851). Der Wille zum Leben. In: *Parerga und Paralipomena: Kleinere philosophische Schriften,* Bd. 2. Berlin.

Schottländer, Rudolf (1927). Die Lüge in der Ethik der griechisch-römischen Philosophie. S. 98–121 in: Lipmann, Otto und Plaut, Paul (Hg.), *Die Lüge.* Leipzig: Johann Ambrosius Barth.

Schmidt, Heinrich (Hg.) (1978). *Philosophisches Wörterbuch.* 20. Aufl., Neubearbeitung Schischkoff, Georgi. Stuttgart: Alfred Kröner.

Scupin, E. und Scupin, G. (1907). *Bubi im 1. bis 3. Lebensjahr.* Leipzig: Grieben.

Seligman, M. E. P. (1987). *Learned Helplessness and Depression. Invited Address Given to the Psychological Departement.* Vancouver, B. C.: The University of British Columbia.

Sexton, Donald J. (1986). The theory and psychology of military deception. S. 349–361 in: Mitchell, Robert W. und Thompson, Nicholas S. (Hg.), *Deception. Perspectives on Human and Nonhuman Deceit.* Albany/New York: State University of New York Press.

Shakespeare, William (1963). *Heinrich V.* in: Rothe, H. (Hg.), *Dramen,* Bd. 2. München. – Erstausgabe London (1623).

Short, Roger V. (1981). Sexual selection in man and the great apes. S. 319–341 in: Graham, C. E. (Hg.), *Reproductive Biology of Great Apes.* New York: Academic Press.

Simmel, Georg (1908). *Soziologie. Untersuchungen über die Formen der Vergesellschaftung.* Leipzig: Dunker & Humblot.

Simrock, Carl Joseph (1881). *Die deutschen Sprichwörter.* Frankfurt am Main.

Simpson, M. J. A. (1968). The display of Siamese fighting fish, *Betta splendens. Animal Behavior Monogr.* 1, S. 1–73.

Smith, C. C. (1968). The adaptive nature of social organisation in the genius of tree squirrels *Tamiasciurus. Ecol. Monogr.* 38, S. 31–64.

Smith, Peter K. (1988). Family life and opportunities for deception. S. 264 der Kommentare zu: Whiten, Andrew und Byrne, Richard (1988). Tactical deception in primates. *Behavioral and Brain Sciences* 11, S. 233–273.

Sociobiology Study Group of Science for the People (1976). Sociobiology – another biological determinism. *BioScience* 26. Nachdruck S. 270–280 in: Caplan, Arthur L. (Hg.), *The Sociobiology Debate.* New York: Harper and Row (1978).

Sommer, Volker (1985). *Weibliche und männliche Reproduktionsstrategien der Hanuman-Languren (Presbytis entellus) von Jodhpur, Rajasthan/Indien.* Diss. Göttingen.

Sommer, Volker (1987a). Infanticide among free-ranging langurs *(Presbytis entellus)* at Jodhpur (Rajasthan/India): Recent observations and a reconsideration of hypotheses. *Primates* 28, S. 163–197.

Sommer, Volker (1987b). Die Wissenschaft vom außerehelichen Sex. Zur Biologie des Ehebruchs. S. 63–80 in: Albertz, Heinrich (Hg.), *Die Zehn Gebote.* Eine Reihe mit Gedanken und Texten. Bd. 7 (Du sollst nicht ehebrechen). Stuttgart: Radius.

Sommer, Volker (1989a). Lügen haben lange Beine. Information und Manipulation von Artgenossen. *GEO-Wissen* 2 (Kommunikation), S. 148–157.

Sommer, Volker (1989b). Das Selbst und die anderen. Zur Biologie der Nächstenliebe. S. 72–88 in: Albertz, Heinrich (Hg.), *Die Zehn Gebote. Eine Reihe mit Gedanken und Texten.* Bd. 11 (Du sollst deinen Nächsten lieben). Stuttgart: Radius.

Sommer, Volker (1989c). Kooperation und Konkurrenz – Zur Evolution des Sozialverhaltens. S. 260–273 in: May, Hans und Striegnitz, Meinfried (Hg.), *Kooperation und Wettbewerb. Zur Ethik und Biologie menschlichen Sozialverhaltens.* Loccumer Protokolle 75/'88.

Sommer, Volker (1989d). *Die Affen – Unsere wilde Verwandtschaft.* Hamburg: GEO/Gruner & Jahr.

Sommer, Volker (1990a). *Wider die Natur? Homosexualität und Evolution.* München: C. H. Beck.

Sommer, Volker (1990b). Sozialverhalten indischer Languren. Mitteilungen der Alexander von Humboldt-Stiftung. *AvH Magazin* 56, S. 3–16.

Sommer, Volker (1992). Soziobiologie: Wissenschaftliche Innovation oder ideologischer Anachronismus? S. 51–73 in: Voland, Eckart (Hg.), *Fortpflanzung: Natur und Kultur im Wechselspiel. Versuch eines Dialoges zwischen Biologen und Sozialwissenschaftlern.* Frankfurt am Main: Suhrkamp.

Sommer, Volker; Srivastava, Arun und Borries, Carola (im Druck): Cycles, sexuality, and conception in free-ranging female langurs *(Presbytis entellus). American Journal of Primatology.*

Sossinka, Roland; Zimmer, Manfred u. Kühnemund, Harm (1988). Einführung in die Ethologie. *Fernstudium Naturwissenschaften Ethologie,* Bd. 1. Tübingen: Deutsches Institut für Fernstudien an der Universität Tübingen.

Sperry, Roger W. (1969). A modified concept of consciousness. *Psychological review* 76, S. 532–536.

Spuhler, James N. (1979). Continuities and discontinuities in anthropoid-hominid behavioral evolution: bipedal locomotion and sexual receptivity. S. 454–461 in

Chagnon, Napoleon A. und Irons, William (Hg.), *Evolutionary Biology and Human Social Behavior.* North Scituate, Mass.: Duxbury.

Stahlberg, Dagmar; Osnabrügge, Gabriele und Frey, Dieter (1985). Die Theorie des Selbstwertschutzes und der Selbstwerterhöhung. In: Frey, Dieter und Irle, Martin (Hg.), *Theorien der Sozialpsychologie.* Bd. III: Motivations- und Informationsverarbeitungstheorien. Bern.

Steklis, Horst D. und Whiteman, Catherine H. (1989). Loss of estrus in human evolution: too many answers, too few questions. *Ethology and Sociobiology* 10, S. 417–434.

Stern, Clara und Stern, William (1922). *Die Kindersprache.* 3. Aufl. Leipzig: Johann Ambrosius Barth.

Stewart, Kelly J. und Harcourt, Alexander H. (1987). Gorillas: Variation in female relationships. S. 155–164 in: Smuts, Barbara B.; Cheney, Dorothy L.; Seyfarth, Robert M.; Wrangham, Richard W. und Thomas T. Struhsaker (Hg.), *Primate Societies.* Chicago: The University of Chicago Press.

Stiegnitz, Peter (1991). *Lügen lohnt sich. Lüge – Wahrheit – Wirklichkeit. Eine sozialanalytische Studie.* Frankfurt a. M.: Haag & Herchen.

Strassman, Beverly I. (1981). Sexual selection, parental care, and concealed ovulation in humans. *Ethology and Sociobiology* 2, S. 31–40.

Stroebe, Wolfgang (1987). Vorurteile. S. 95–140 in: Deutsches Institut für Fernstudien (Hg.), *Funkkolleg Psychobiologie.* Studienbegleitbrief 8. Weinheim, Basel: Beltz.

Struhsaker, Thomas T. (1971). Social behavior of mother and infant vervet monkeys *(Cercopithecus aethiops). Animal Behaviour* 19, S. 233–250.

Symons, Donald (1979). *The Evolution of Human Sexuality.* New York: Oxford University Press.

Thomas, Roger K. (1988). Misdescription and misuse of anecdotes and mental state concepts. S. 265–266 der Kommentare zu: Whiten, Andrew und Byrne, Richard (1988), Tactical deception in primates. *Behavioral and Brain Sciences* 11, S. 233–273.

Thurnwald, Richard (1927). Die Lüge in der primitiven Kultur. S. 396–413 in: Lipmann, Otto und Plaut, Paul (Hg.), *Die Lüge.* Leipzig: Johann Ambrosius Barth.

Tiger, Lionel (1979). *Optimism: The Biology of Hope.* New York.

Tinbergen, Nikolaas (1964). The evolution of signaling devices. S. 206–230 in: Etkin, W. (Hg.), *Social Organisation and Behavior among Vertebrates.* Chicago und London: Chicago University Press.

Tooke, William und Camire, Lori (im Druck). Patterns of deception in intersexual and intrasexual mating strategies. Manuscript, 2nd Meeting Human Behavior and Evolution Society. Los Angeles, August 1990.

Trivers, Robert L. (1971). The evolution of reciprocal altruism. *Quarterly Review of Biology* 46, S. 35–57.

Trivers, Robert L. (1972). Parental investment and sexual selection. S. 136–179 in: Campbell, Donald (Hg.), *Sexual Selection and The Descent of Man, 1871–1971.* Illinois, Chicago: Aldine Press.

Trivers, Robert L. (1974). Parent-offspring conflict. *American Zoologist* 14, S. 249–264.

Trivers, Robert L. (1985). *Social Evolution.* Menlo Park: Benjamin Cummings.

Trivers, Robert L. und Newton, Huey P. (1982). The crash of flight 90: doomed by self-deception? *Science Digest* November, S. 66–67, 111.

Trivers, Robert (1991). Deceit and self-deception. The relationship between communication and consciousness. S. 175–191 in: Robinson, M. und Tiger, Lionel (Hg.), *Man and Beast Revisited.* Washington, D.C.: Smithsonian.

Trotter, R. J. (1987). Stop blaming yourself. *Psychology Today* 21, S. 30–39.

Turke, Paul W. (1984). Effects of ovulatory concealment and synchrony on protohominid mating systems and parental roles. *Ethology and Sociobiology* 5, S. 33–44.

Unold, Johannes (1896). *Grundlegung für eine moderne praktisch-ethische Weltanschauung.* Leipzig: S. Hirzel.

Vauclair, Jacques (1990). Primate cognition: From representation to language. S. 312–329 in: Parker, Sue Taylor und Gibson, Kathleen Rita (Hg.), *«Language» and Intelligence in Monkeys and Apes. Comparative Developmental Perspectives.* Cambridge, New York: Cambridge University Press.

Vischer, Friedrich Theodor (1879). *Auch einer. Eine Reisebekanntschaft.* 2 Bde. Stuttgart. Leipzig.

Vogel, Christian (1977). Zum biologischen Selbstverständnis des Menschen. *Naturwissenschaftliche Rundschau* 30, S. 241–250.

Vogel, Christian (1985). Evolution und Moral. S. 467–507 in: Maier-Leibnitz, H. (Hg.), *Zeugen des Wissens.* Mainz: V. Hase & Koehler.

Vogel, Christian (1989a). Eigennutz und Gemeinwohl: eine evolutionsbiologische Kontroverse. *Unterricht Biologie* 141, S. 39–42.

Vogel, Christian (1989b). *Vom Töten zum Mord. Das wirkliche Böse in der Evolutionsgeschichte.* München: Hanser.

Vogel, Christian (1990). Evolutionsbiologie und Moral. S. 35–56 in: May, Hans; Striegnitz, Meinfried und Hefner, Philip (Hg.), *Menschliche Natur und moralische Paradoxa aus der Sicht von Biologie, Sozialwissenschaften und Theologie.* Loccumer Protokolle 78/'89.

Wade, Michael J. und Breden, Felix (1980). The evolution of cheating and selfish behavior. *Behavioral Ecology and Sociobiology* 7, S. 167–172.

Watson, John Broadus (1924). *Psychology from the Standpoint of a Behaviorist.* 2. Aufl. Philadelphia: J. P. Lippincott Co.

Washburn, Margaret F. (1908). *The Animal Mind.* New York: Macmillan.

Washburn, Margaret F. (1936). *The Animal Mind: A Text-Book of Comparative Psychology.* 4. Aufl. New York: Macmillan.

Washburn, Sherwood L.; Jay, Phillis C. und Lancaster, Jane (1965). Field studies of Old World monkeys and apes. *Science* 150, S. 1541.

Watson, John Broadus (1913). Psychology as the behaviorist views it. *Psychological Review* 20, S. 158–177.

Watson, John Broadus (1914). *Behavior: An Introduction to Comparative Psychology.* New York: Henry Holt & Co.

Weiner, B.; Frieze, I.; Kukla, A.; Read, L.; Rest, S. und Rosenbaum, R. M. (1972). Perceiving the causes of success and failure. In: Jones, Edward E.; Kanouse, D. E.; Kelley, H. H.; Nisbett, R. E.; Valins, S. und Weiner, B. (Hg.), *Attribution: Perceiving the Causes of Behavior.* Morristown, NJ: General Learning Press.

Weinrich, Harald (1970). *Linguistik der Lüge. Kann Sprache die Gedanken verbergen?* Antwort auf die Preisfrage der Deutschen Akademie für Sprache und Dichtung vom Jahre 1964. 4. Aufl. Heidelberg: Lambert Schneider.

Weinrich, James D. (1987). *Sexual Landscapes: Why We Are What We Are, Why We Love Whom We Love.* New York: Charles Scribner's Sons.

Weinstein, Neil D. (1980). Unrealistic optimism about future life events. *Journal of Personality and Social Psychology* 35, S. 270–293.

Weinstein, Neil D. (1983). Reducing unrealistic optimism about illness susceptibility. *Health Psychology* 2, S. 11–20.

Weisfeld, Glenn E. (1990). *The adaptive value of humor and laughter.* Paper presented at the 2nd Meeting of the Evolution and Human Behavior Society, Los Angeles, August 1990.

Whiten, Andrew and Byrne, Richard (1986). The St. Andrews catalogue of tactical deception in primates. *St. Andrews Psychological Reports* 10, S. 1-47.

Whiten, Andrew und Byrne, Richard (1988a). Tactical deception in primates. *Behavioral and Brain Sciences* 11, S. 233–273.

Whiten, Andrew und Byrne, Richard W. (1988b). The manipulation of attention in primate tactical deception. S. 211–223 in: Byrne, Richard W. und Whiten, Andrew (Hg.), *Machiavellian Intelligence.* Oxford: Clarendon (1988).

Wickler, Wolfgang (1973). *Mimikry. Nachahmung und Täuschung in der Natur.* Frankfurt a. M.: Fischer Taschenbuch. – Erstausgabe: München: Kindler (1968).

Wickler, Wolfgang (1971). *Die Biologie der Zehn Gebote.* München: Piper; zit. nach 2. Aufl. (1977). – Überarbeitete Neuausgabe München: Piper (1981), zit. nach 6. Aufl. (1985).

Wickler, Wolfgang und Seibt, Uta (1981). *Das Prinzip Eigennutz. Ursachen und Konsequenzen sozialen Verhaltens.* München: Deutscher Taschenbuch Verlag. – Erstausgabe: Hamburg: Hoffmann und Campe (1977).

Wickler, Wolfgang und Seibt, Uta (1983). *männlich weiblich. Der große Unterschied und seine Folgen.* München, Zürich: Piper.

Wiener, Max (1927). Wahrhaftigkeit und Lüge in der israelitisch-jüdischen Religion. S. 15–31 in: Lipmann, Otto und Plaut, Paul (Hg.), *Die Lüge.* Leipzig: Johann Ambrosius Barth.

Wieser, Wolfgang (1976). *Konrad Lorenz und seine Kritiker.* München: Piper.

Wilson, Edward D. (1975). *Sociobiology: The New Synthesis.* Cambridge Mass.: Harvard University Press.

Wilson, Edward O. (1978). *On Human Nature,* Massachusetts, Cambridge/Mass.: Harvard University Press. – Deutsch: *Biologie als Schicksal.* Frankfurt am Main, Berlin, Wien: Ullstein (1980).

Wilson, Edward O.; Durlach, N. I. und Roth, L. M. (1958). Chemical releasers of necrophoric behaviour in ants. *Psyche* 65, S. 108–114.

Wittgenstein, Ludwig (1922). *Tractatus Logico-Philosophicus.* London: Kegan Paul, Trench, Trubner.

Wynne-Edwards, Vero C. (1962). *Animal Dispersion in Relation to Social Behavior,* Edinburgh: Oliver and Boyd.

Yasukawa, Ken (1981). Song repertoires in the red-winged blackbird *(Agelaius phoeniceus):* a test of the Beau Geste hypothesis. *Animal Behaviour* 29, S. 114–125.

Ziegler, Konrad und Sontheimer, Walter (Hg.) (1979). *Der Kleine Pauly. Lexikon der Antike.* 5 Bde. München: Artemis.

Zimmer, Heinrich (1972). *Indische Mythen und Symbole.* Übertr. Eschmann, Ernst Wilhelm. Düsseldorf: Eugen Diederichs. – Erstausgabe *Myths and Symbols in Indian Art and Civilization.* New York: Bollingen Foundation (1946).

Zimmermann, Robert R. und Torrey, Charles C. (1965). Ontogeny of learning. S. 405–445 in: Schrier Allan M.; Harlow, Harry F. und Stollnitz, Fred (Hg.), *Behavior of Nonhuman Primates,* Bd. 2. New York: Academic Press.

Register

Namen- und Personenverzeichnis
(biblische Gestalten s. Sachverzeichnis/Bibel)

Ortsverzeichnis

Sachverzeichnis